新视野电子电气科技丛书

电子元器件应用

◎刘纪红 沈鸿媛 等 编著

U0234966

清华大学出版社

北京

内 容 简 介

本书结合课程实践性较强的特点进行内容和章节的设计,采取图文并茂的方式介绍知识点。将大学物理、模拟电子技术和电路分析的概念和理论基础融合在章节内容之中,并利用 Multisim 仿真软件作为电子元器件的应用仿真测试平台,达到理论和实践的有效结合。器件类型分为电阻器、电容器、电感器、二极管、三极管、场效应管、晶振、声音输出器件、微处理器等,并配有综合设计实例章节。通过本书的学习,使读者了解和掌握各类电子元器件类型、符号、主要参数、工作机理、性能特点、检测方法及典型应用电路。

本书可作为电子科学与技术、电子信息工程及相关专业本科生的教材或教学参考书,同时也可作为相关领域工程技术人员和电子设计爱好者的参考书。

图书在版编目(CIP)数据

电子元器件应用/刘纪红等编著. —北京:清华大学出版社,2019(2024.9重印)

(新视野电子电气科技丛书)

ISBN 978-7-302-51615-6

Ⅰ. ①电…　Ⅱ. ①刘…　Ⅲ. ①电子元器件　Ⅳ. ①TN6

中国版本图书馆 CIP 数据核字(2018)第 257369 号

责任编辑:文　怡
封面设计:台禹微
责任校对:李建庄
责任印制:沈　露

出版发行:清华大学出版社
　　　　网　　　址:https://www.tup.com.cn,https://www.wqxuetang.com
　　　　地　　　址:北京清华大学学研大厦 A 座　　　　　　邮　　编:100084
　　　　社 总 机:010-83470000　　　　　　　　　　　　　邮　　购:010-62786544
　　　　投稿与读者服务:010-62776969,c-service@tup.tsinghua.edu.cn
　　　　质量反馈:010-62772015,zhiliang@tup.tsinghua.edu.cn
　　　　课件下载:https://www.tup.com.cn ,010-62795954
印 装 者:三河市龙大印装有限公司
经　　销:全国新华书店
开　　本:185mm×260mm　　　印　张:18.25　　　　字　　数:441 千字
版　　次:2019 年 2 月第 1 版　　　　　　　　　　　印　　次:2024 年 9 月第 3 次印刷
定　　价:59.00 元

产品编号:067311-01

前 言

FOREWORD

　　随着物联网技术和人工智能技术的飞速发展,我们的生活已经离不开智能电子产品。电子元器件的理论和应用技术日益受到重视,相关应用人才的需求也日益增加。本书正是为了适应广大电子信息类专业本科生、研究生和相关电子技术工作者的需求而编写。

　　本书结合电子元器件应用课程实践性较强的特点进行内容和章节的设计,采取图文并茂的方式介绍知识点。利用 Multisim 仿真软件作为电子元器件的应用仿真测试平台,达到理论和实践的有效结合。本书共分为 11 章,分别介绍了电子元器件的发展、电阻器、电容器、电感器、二极管、三极管、场效应管、晶振、声音输出器件、微处理器等,并配有综合设计实例章节,重点介绍了各类电子元器件类型、符号、主要参数、工作机理、性能特点、检测方法及典型应用电路。

　　Multisim 是一种学习和应用电子元器件、设计电子电路的有效和方便的计算机辅助设计平台,因此本书突出了对此平台的应用。读者通过书中各章配套的实例可以更好、更快地掌握电子元器件的理论和计算机辅助设计技术。

　　本书主要面向电子科学与技术、电子信息工程和相关专业本科生,同时也能供相关领域工程技术人员和电子设计爱好者参考。

　　本书由刘纪红、沈鸿媛、岳宏宇、张明哲、周晓阳、孙炜翔、徐超、张海峰和郑轶共同完成编写。刘纪红对全书进行了统稿和审阅。

　　感谢电子科学与信息光学研究所同仁提出的宝贵意见。

　　限于编者的水平,对书中不妥和错误之处,殷切希望读者不吝指正。

刘纪红

2018 年 11 月

于东北大学

目 录

第1章

绪　　论

为方便本书读者对电子元器件的应用,本书将采用 Multisim 作为电路设计的仿真平台。Multisim 是美国国家仪器(NI)公司推出的以 Windows 为基础的仿真工具,它包含了电路原理图的图形输入、电路硬件描述语言输入方式,具有丰富的仿真分析能力。Multisim 是一种 SPICE 仿真标准环境。使用 Multisim 设计方法可以帮助用户在设计过程中更及时地优化电路设计及印制电路板(PCB)设计。

Multisim 平台提供了非常丰富的元器件,给电路设计和仿真实验带来了极大的便利。元件库分为两大类:虚拟元件库和真实元件库。虚拟元件库用蓝绿色图标,元件的参数可以随意调整;真实元件库用黑色图标,元件的参数已经确定,是不可以改变的。虚拟元器件分 10 族,真实元器件分 13 族,每一族又分若干系列。单击某元件库的图标,即可打开该元件库,如图 1.1 所示。

(a) 真实元件库

(b) 虚拟元件库

图 1.1　元件库的图标

真实元件库的类别:电源库(Source)、基本元件库(Basic)、二极管库(Diode)、晶体管库(Transistor)、模拟元件库(Analog)、TTL 元件库(TTL)、CMOS 元件库(CMOS)、数字元件库(Miscellaneous Digital)、混合元件库(Mixed)、指示元件库(Indicator)、其他元件库(Miscellaneous)、射频元件库(RP)和机电类元件库(Electromechanical)。

虚拟元件库的类别:电源库(Power Source)、信号源库(Signal Source)、基本元件库(Basic)、二极管库(Diodes)、晶体管库(Transistors)、模拟元件库(Analog)、其他元件库(Miscellaneous)、常用虚拟元件库(Rated Virtual Components)、3D 元件库(3D Components)和测量元件库(Measurement Components)。

详细介绍可以参见软件中的帮助说明信息。

第2章

电 阻 器

电阻(Resistance,通常用字母 R 表示)是一个物理量,在物理学中表示导体对电流阻碍作用的大小。导体的电阻越大,表示导体对电流的阻碍作用越大。不同的导体,电阻一般不同,电阻是导体本身的一种特性。电阻会导致电子流通量的变化,电阻越小,电子流通量越大,反之亦然,而超导体则没有电阻。在物理学中,加在电阻器两端的电压(U)与电流(I)有确定函数关系,体现电能转化为其他形式能量的二端器件,单位为欧姆(Ω),实际器件如灯泡、电热丝等均可表示为电阻器元件。

电阻器元件的电阻值大小一般与温度、材料、长度以及横截面积有关,衡量电阻器受温度影响大小的物理量是温度系数,其定义为温度每升高 1℃时电阻值发生变化的百分数。电阻器的主要物理特征是变电能为热能,也可说它是一个耗能元件,电流经过电阻器就产生内能。电阻器在电路中通常起分压、分流的作用。对信号来说,交流与直流信号都可以通过电阻器。

电阻器根据阻值的变化可以分为固定电阻器和可变电阻器;根据电阻器的功能可以分成通用型、精密型、高压型、高频型、高阻型、功率型和敏感型电阻器等。

本章主要介绍电阻器的电路符号、参数、型号、命名、识别方法、特点及测量与替换以及具体分类下不同电阻器的结构特点、主要参数、检测和应用。

2.1 概述

2.1.1 电阻器的符号以及参数

1. 电阻器的电路符号

具有一定的阻值、几何形状、性能参数,在电路中起电阻作用的实体元件称为电阻器。在电路中,它的主要作用是稳定和调节电路中的电流和电压,作为分流器、分压器和消耗电能的负载使用。大部分电阻器的引出线为轴向引线,一小部分为径向引线,为了适应现代表面组装技术(SMT)的需要,还有无引出线的片状电阻器(或称无脚零件)。片状电阻器像米粒般大小、形状扁平,一般用自动贴片机摆放。电阻器是非极性元件,其阻值可在元件体通过色环或工程编码来鉴别。

衡量电阻器的两个最基本的参数是阻值和功率。阻值用来表示电阻器对电流阻碍作用的大小,用欧姆表示。除基本单位欧姆(Ω)外,还有千欧($k\Omega$)、兆欧($M\Omega$)、吉欧($G\Omega$)、太欧($T\Omega$)等,它们的关系如下:

$1T\Omega = 1000G\Omega$;$1G\Omega = 1000M\Omega$;$1M\Omega = 1000k\Omega$;$1k\Omega = 1000\Omega$

电阻器的常用符号如图 2.1 所示,图 2.1(a)为我国国标电阻器符号,图 2.1(b)为国际常用电阻器符号。

(a) 我国国标电阻器符号   (b) 国际常用电阻器符号

图 2.1　电阻器的常用符号

2. 电阻器的型号命名方法

国产电阻器的型号由四部分组成(不适用敏感电阻器)。

第一部分:主称,用字母表示,表示产品的名字。例如,R 表示电阻,W 表示电位器。

第二部分:材料,用字母表示,表示电阻体用什么材料组成。例如,T-碳膜,H-合成碳膜,S-有机实心,N-无机实心,J-金属膜,Y-氧化膜,C-沉积膜,I-玻璃釉膜,X-线绕。

第三部分:分类,一般用数字表示,个别类型用字母表示,表示产品属于什么类型。例如,1-普通,2-普通,3-超高频,4-高阻,5-高温,6-精密,7-精密,8-高压,9-特殊,G-高功率,T-可调。

第四部分:序列号,用数字表示,表示同类产品中的不同品种,以区分产品的外形尺寸和性能指标等。

根据 GB2470-81 规定,具体的国产电阻器的命名方法如表 2.1 所列。

表 2.1　国产电阻器型号命名方法

第一部分:主称		第二部分:电阻器材料		第三部分:产品分类		第四部分:序列号
字母	含义	字母	含义	符号	产品类型	用数字表示
R	电阻器	T	碳膜	1	普通	
		H	合成碳膜	2	普通	
		I	玻璃釉膜	3	超高频	
		J	金属膜	4	高阻	
		N	无机实心	5	高温	
W	电位器	S	有机实心	6	精密	
		X	绕线	7	精密	
		Y	氧化膜	8	高压	
		C	沉积膜	9	特殊	
				G	高功率	
				T	可调	
				W	微调	
				D	多圈可调	

例如,RT11 为普通碳膜电阻器。

3. 主要特性参数

(1) 标称阻值：电阻器上面所标示的阻值。为了便于工业上大量生产和使用者在一定范围内选用，国家规定了一系列值作为电阻器的阻值标准，即标称阻值系列。

我国电阻器的标称阻值有 E6、E12、E24、E48、E96、E192 系列，其中 E6、E12、E24 比较常用，如表 2.2 所列。标称值不连续分布，若将表中各数乘 10^n，可得到不同阻值的电阻器，如 1.1×10^3 为 1.1kΩ 电阻器。

表 2.2　电阻器标称阻值参数表

系列	允许误差	标　称　值	精度等级
E6	±20%	1.0,1.5,2.2,3.3,4.7,6.8	Ⅲ
E12	±10%	1.0,1.2,1.5,1.8,2.2,2.7,3.3,3.9,4.7,5.6,6.8,8.2	Ⅱ
E24	±5%	1.1,1.2,1.3,1.5,1.6,1.8,2.0,2.2,2.4,2.7,3.0 3.3,3.6,3.9,4.3,4.7,5.1,5.6,6.2,6.8,7.5,8.2,9.1	Ⅰ

(2) 允许误差：实际阻值与标称阻值的差值跟标称阻值之比的百分数，也称为阻值偏差，它表示电阻器的精度。在电阻器的生产过程中，由于技术原因实际阻值与标称阻值之间难免存在偏差，因而规定了一个允许误差参数，也称为精度。

$$电阻器的允许误差 = \frac{电阻器的实际阻值 - 电阻器标称阻值}{电阻器标称阻值} \times 100\%$$

允许误差与精度等级对应关系如下。

精度等级	0.05	0.1(或 00)	0.2(或 0)	Ⅰ 级	Ⅱ 级	Ⅲ 级
允许误差	±0.5%	±1%	±2%	±5%	±10%	±20%

(3) 额定功率：在正常的大气压力为 90～106.6kPa 及环境温度为 −55～+70℃ 的条件下，电阻器长期工作所允许耗散的最大功率。额定功率的大小也称瓦（W）数的大小，如 1/2W、1W、2W 等，一般用数字印在电阻器的表面上，如图 2.2 所示。如果无此标识，则可由电阻器的体积大致判断其额定功率的大小，例如，1/8W 电阻器的外形长为 8mm、直径为 2.5mm；1/4W 电阻器的外形长为 12mm、直径为 2.5mm。

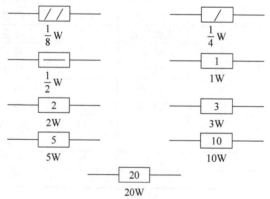

图 2.2　标有额定功率的电阻器[1]

线绕电阻器额定功率系列为(W):1/20,1/8,1/4,1/2,1,2,4,8,10,16,25,40,50,75,100,150,250,500。

非线绕电阻器额定功率系列为(W):1/20,1/8,1/4,1/2,1,2,5,10,25,50,100。

(4)额定电压:由阻值和额定功率换算出的电压。

(5)最高工作电压:允许的最大连续工作电压。在低气压工作时,最高工作电压较低。

(6)温度系数:温度每变化1℃所引起的电阻值的相对变化。温度系数越小,电阻的稳定性越好。阻值随温度升高而增大的为正温度系数,反之为负温度系数。

(7)老化系数:电阻器在额定功率长期负荷下,阻值相对变化的百分数,它是表示电阻器寿命长短的参数。

(8)电压系数:在规定的电压范围内,电压每变化1V,电阻器阻值的相对变化量。

(9)噪声:产生于电阻器中的一种不规则的电压起伏,包括热噪声和电流噪声两部分。热噪声是由于导体内部不规则的电子自由运动,使导体任意两点的电压产生不规则变化。

此外,电阻器的参数还有最高工作温度、稳定性、绝缘电阻、绝缘耐压、高频特性和机械强度等。

2.1.2 电阻器的分类

电阻器的分类多种多样,通常分为三大类:固定电阻器、可变电阻器、特种电阻器。

按用途分类有限流电阻器、降压电阻器、分压电阻器、保护电阻器、启动电阻器、取样电阻器、去耦电阻器、信号衰减电阻器等。

按外形及制作材料分类有碳膜电阻器、硼碳膜电阻器、硅碳膜电阻器、合成膜电阻器、金属膜电阻器、氧化膜电阻器、实心(包括有机和无机)电阻器、压敏电阻器、光敏电阻器、热敏电阻器、水泥电阻器、拉线电阻器、贴片电阻器等类型。

按其制造材料和结构的不同,可有不同的分类方式。不同类型的电阻器,其特点、用途不同。阻值可变电阻器是指阻值可以人工地进行调节或随外界环境的变化而变化,常见的阻值可变电阻器有可调电阻器、压敏电阻器、热敏电阻器、湿敏电阻器、光敏电阻器、气敏电阻器等。

2.1.3 电阻器阻值标示方法

电阻器的主要参数(标称阻值和允许误差)可标在电阻器上,以供识别。固定电阻器的常用标示方法有以下五种。

1. 直接标示法

直接标示法是指将电阻器的主要参数和技术性能指标直接印制在电阻器表面上,其允许误差直接用百分数表示,若电阻上未注偏差,则均为±20%。使用时,可以从电阻器表面直接读出其电阻值及允许误差,如图2.3所示。

图2.3 直接标示法示意图

2. 文字符号法

文字符号法是用阿拉伯数字和文字符号两者有规律的组合来表示标称阻值,其允许偏差也用文字符号表示。符号前面的数字表示整数阻值,后面的数字依次表示第一位小数阻值和第二位小数阻值。

表示允许误差的文字符号如下。

文字符号	D	F	G	J	K	M
允许偏差	±0.5%	±1%	±2%	±5%	±10%	±20%

3. 数码法

数码法是在电阻器上用三位数码表示标称值的标示方法。数码从左到右,第一、二位为有效值,第三位为指数,即零的个数,单位为欧(Ω)。偏差通常采用文字符号表示。

4. 色标法

目前国标上普遍流行色环标示电阻,色环在电阻器上有不同的含义,它具有简单、直观、方便等特点。色环电阻中最常见的是四环电阻和五环电阻。

国外电阻大部分采用色标法,用不同颜色的带或点在电阻器表面标出标称阻值和允许偏差,黑-0、棕-1、红-2、橙-3、黄-4、绿-5、蓝-6、紫-7、灰-8、白-9、金-±5%、银-±10%、无色-±20%。当电阻为四环时,最后一环必为金色或银色,前两位为有效数字,第三位为乘方数,第四位为偏差。当电阻为五环时,最后一环与前面四环距离较大,前三位为有效数字,第四位为乘方数,第五位为偏差。

1) 四环电阻(碳膜电阻)

四环电阻有 2 条重要数据环、1 条倍乘环和 1 条误差环,如图 2.4 所示。

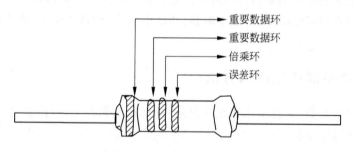

重要数据环
重要数据环
倍乘环
误差环

图 2.4 四环电阻标示法示意图

第一道色环印在电阻的金属帽上,表示电阻有效数字的最高位,也表示电阻值色标法读数的方向;第二道色环表示电阻有效数字的次高位;第三道色环表示相乘的倍率;第四道色环表示误差,金色为±5%,银色为±10%。

值得注意的是,第四道色环的位置国内外的标法有异,国外有些厂家把第四道色环也标在另一端的金属帽上,遇此情况切记:金色或银色的一端不是第一环。第一环是离元件体端部最近的一环。

例如,某电阻的色环依次为黄、紫、红、银,则该电阻的阻值为 $4700\Omega=4.7k\Omega$,误差为 $\pm10\%$。具体电阻器用色环标示的种类及含义见表 2.3。

表 2.3　电阻器用色环标示的种类及含义

颜　　色	color	有 效 数 字	乘　　数	精度/%
棕色	brown	1	10^1	±1
红色	red	2	10^2	±2
橙色	orange	3	10^3	—
黄色	yellow	4	10^4	—
绿色	green	5	10^5	±0.5
蓝色	blue	6	10^6	±0.2
紫色	violet	7	10^7	±0.1
灰色	gray	8	10^8	—
白色	white	9	10^9	—
黑色	black	0	10^0	—
金色	gold	—	10^{-1}	±5
银色	silver	—	10^{-2}	±10

2)五环电阻(精密电阻)

五环电阻的标示与四环电阻基本相同,只不过它多了一条数据环和多了一些误差,五环电阻的误差在 $\pm2\%$ 以下。

例如,某电阻的色环依次为黄、紫、黑、棕、棕,则该电阻的阻值为 $4.7k\Omega$,误差为 $\pm1\%$。

除了四环电阻和五环电阻,还有六环电阻,阻值读法与五环电阻一样,最后一环表示温度系数。

5. 工程编码

大多数的电阻用色环标示,而功率电阻和线绕电阻用工程编码来标示,如图 2.5 所示。

图 2.5　工程编码标示法示意

工程编码可表示 5 种特性:形式、种类、阻值、误差、功率。

(1)形式:由两个英文字母与跟着的两个数据标示。字母 RW 表示功率电阻,两个字母标示了电阻的物理结构。

(2)种类:电阻的种类由一个单独的字母表示。

(3)阻值:对于误差大于 $\pm2\%$ 的电阻,用三位数字表示,前两位数字代表重要数据,最后一位数字表示加零的个数。例如,253 表示 $25\,000\Omega$ 或 $25k\Omega$。

字母 R 代表小数点,后面跟着有效数字。例如,R10 表示 0.10Ω。

对于误差小于 $\pm2\%$ 的电阻,阻值用四位数字表示,前三位数字代表重要数据,最后一位表示加零的个数。例如,2672 表示 $26\,700\Omega$ 或 $26.7k\Omega$。

字母 R 表示小数点,连接重要的数据。例如,1R37 表示 1.37Ω。

7

（4）误差：误差用一个单独字母表示，如表 2.4 所列。

表 2.4　工程编码标示法误差字母的种类及含义

字母	C	D	F	G	J	K	M
误差/±%	0.25	0.5	1	2	5	10	20

（5）功率：功率用三数字表示，读作 XX 瓦特。例如，005 读作 5 瓦特。

2.1.4　电阻器的作用

电阻器是在电子电路中起阻碍电流作用的元器件，其工作原理为将电能转化为热能来实现限流限压的功能。通常电阻器在电路中用作分压器、分流器和负载电阻；它与电容器一起可以组成滤波器及延时电路，在电源电路或控制电路中用作取样电阻；在半导体管电路中用偏置电阻确定工作点；用电阻器进行电路的阻抗匹配；用电阻器进行降压或限流；在电源电路中作为去耦电阻使用等。总之，电阻器在电路中的作用很多，电路无处不用电阻。下面介绍一些应用电阻器的基本电路。

1. 分压电路

分压电路实际上是电阻的串联电路，如图 2.6 所示。它具有以下几个特点。

（1）通过各电阻的电流是同一电流，即各电阻中的电流相等 $I=I_1=I_2=I_3$；

（2）在串联电路中，电阻大的导体，它两端的电压也大，电压的分配与导体的电阻成正比，因此，导体串联具有分压作用，总电压等于各电阻上的电压降之和，即 $U=U_1+U_2+U_3$；

（3）总电阻等于各电阻之和，即 $R=R_1+R_2+R_3$。

2. 分流电路

分流电路实际上是电阻器的并联电路，如图 2.7 所示。它具有以下特点：

（1）各支路的电压等于总电压；

（2）总电流等于各支路电流之和，即 $I=I_1+I_2+I_3$；

（3）总电阻的倒数等于各支路电阻倒数之和，即 $1/R=1/R_1+1/R_2+1/R_3$。

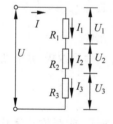　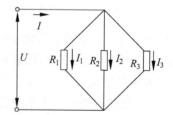

图 2.6　电阻的串联电路　　　　　图 2.7　电阻的并联电路

在实际应用中经常利用电阻器的并联电路组成分流电路，以对电路中的电流进行分配。

3. 阻抗匹配电路

长线传输中电阻不匹配容易引起反射干扰，加上电阻器匹配，可以有效抑制反射波干扰。图 2.8 所示为由电阻器组成的阻抗匹配衰减器,它接在特性阻抗不同的两个网络中间,可以起到匹配阻抗的作用。

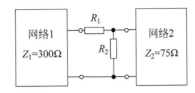

图 2.8 由电阻器组成的阻抗匹配衰减器的串联电路

匹配器中电阻器的阻值可由式(2-1)确定,即

$$\begin{cases} R_1 = \sqrt{Z_1(Z_1 - Z_2)}\,(\Omega) \\ R_2 = Z_2\sqrt{\dfrac{Z_1}{Z_1 - Z_2}}\,(\Omega) \end{cases} \tag{2-1}$$

式中,Z_1 和 Z_2 为网络 1 和网络 2 的阻抗,分别为 300Ω 和 75Ω。将它们代入上面两个公式中,求得 $R_1 = 259.8\Omega$,$R_2 = 86.6\Omega$。

4. RC 充放电电路

RC 充放电电路是电阻器应用的基础电路,在电子电路中常会见到,因此了解 RC 充放电特性是非常有用的。

RC 充放电电路如图 2.9 所示。图中开关 S 原来停留在 B 点位置,电容器 C 上没有电荷,它两端的电压等于零。当开关接到 A 点时,电源 E 通过 R 向电容器 C 充电,在电路接通的瞬间,电容器电压 $U_C = 0$,充电电流最大值等于 Z/R。随着电容器两极上电荷的积累,U_C 逐渐增大,电阻器 R 上的电压 $U_R = E - U_C$,充电电流 $i = (E - U_C)/R$ 且随着 U_C 的增大而越来越小,U_C 的上升也越来越慢。当 $U_C = E$ 时,$i = 0$,充电过程结束。充电

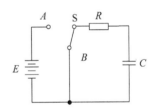

图 2.9 RC 充放电电路

的快慢取决于 R 和 C 的大小。当电路开关 S 在 C 充满电荷后由 A 端置于 B 端时,电容 C 上的电荷通过 R 放电。

利用 RC 充放电特性可组成很多应用电路,如积分电路、微分电路、去耦电路以及定时电路等。

5. 上拉和下拉电阻的作用

(1)预设空间状态和缺省电平。在一些 CMOS 输入端接上拉或下拉电阻是为了预设缺省电平,当不用这些引脚时,这些输入端下拉接 0 或上拉接 1。在 I^2C 总线上,空闲时的状态是由上拉、下拉电阻获得的。

(2)提高芯片输入信号的噪声容限。输入端如果是高阻状态或者高阻抗输入端处于悬空状态,此时需要加上拉或下拉电阻,以免受到随机电平影响电路工作;同样,如果输出端处于被动状态,需加上拉或下拉电阻,从而提高芯片输入信号的噪声容限,增强抗干扰能力。

(3)提高电压电平。①当 TTL 电路驱动 CMOS 电路时,如果 TTL 电路输出高电平低

于 CMOS 电路最低电平,这时 TTL 的输出端接上拉电阻,提高输出电平;②OC 门电路必须接上拉电阻,提高输出电平。

(4) 加大输出引脚的驱动能力。

(5) N/A(不用的)引脚防静电、防干扰。在 CMOS 芯片上,为了防止静电造成损坏,不用的引脚不能悬空,一般接上拉电阻降低输入阻抗,提供泄荷通路,同时引脚悬空也比较容易受外界电磁干扰。

2.2 可变电阻器

可变电阻器是阻值可以调节的电阻器,用于需要调节电路电流或需要改变电路阻值的场合。可变电阻器的阻值在规定的范围内可任意调节,其作用是改变电路中电压、电流的大小,进一步实现信号发生器特性的改变,使灯光变暗,启动电动机或控制它的转速。可变电阻器的电路符号如图 2.10 所示。

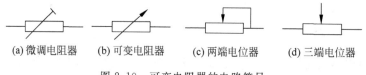

(a) 微调电阻器　(b) 可变电阻器　(c) 两端电位器　(d) 三端电位器

图 2.10　可变电阻器的电路符号

可变电阻器可以分为半可调电阻器和电位器两类。半可调电阻器又称微调电阻器,它是指电阻值虽然可以调节,但在使用时经常固定在某一阻值上的电阻器。这种电阻器一经装配,其阻值就固定在某一数值上,如晶体管应用电路中的偏流电阻。在电路中,如果需进行偏置电流的调整,只要微调阻值即可。电位器(Potentiometer)是在一定范围内阻值连续可变的一种电阻器,是可变电阻器应用最为广泛的一种,下面进行详细介绍。

2.2.1　电位器的概述以及分类

电位器通常由电阻体与转动或滑动系统(如可移动的电刷)组成,即靠一个动触点在电阻体上移动,获得部分电压输出,具有三个引出端、阻值可按某种变化规律调节的电阻元件。当电刷沿电阻体移动时,在电位器输出端即获得与位移量成一定关系的电阻值或电压。

电位器既可作三端元件使用也可作二端元件使用。后者可视作可变电阻器,由于它在电路中的作用是获得与输入电压(外加电压)成一定关系的输出电压,因此称之为电位器。

电位器的作用是调节电压(含直流电压与信号电压)和电流的大小。

电位器的结构特点:电位器的电阻体有两个固定端,通过手动调节转轴或滑柄,改变动触点在电阻体上的位置,则改变了动触点与任一个固定端之间的电阻值,从而改变了电压与电流的大小。

用于分压的可变电阻器:在裸露的电阻体上,紧压着一两个可移动金属触点。触点位置确定电阻体任一端与触点间的阻值。按材料分线绕、碳膜、实心式电位器;按输出/输入电压比与旋转角度的关系分直线式电位器(呈线性关系)、函数电位器(呈曲线关系)。其主要参数为阻值、容差、额定功率。广泛用于电子设备,在音响和接收机中作音量控制用。

1. 合成碳膜电位器

合成膜电位器是在绝缘基体(玻璃釉纤维板或胶纸)上涂敷一层合成碳膜(用碳膜、石墨、石英粉和有机黏合剂等配成的悬浮液),经加温聚合后形成碳膜片,再与其他零件组合而成的电阻体。合成碳膜电位器的电阻体制作工艺简单,是目前应用最广泛的电位器。合成碳膜电位器的优点:阻值变化连续,阻值范围宽(几百欧至几兆欧),分辨率高,成本低,稳定性好,噪声低,易于制成符合需要的电阻,能制成各种类型的电位器。缺点:功率不太高,一般能做到2W,耐高温性、耐湿性差,阻值低的电位器不容易制作,使用寿命短,其实物如图2.11所示。

2. 有机实心电位器

有机实心电位器是一种由导电材料与有机填料、热固性树脂配制成电阻粉,经过热压,在基座上形成的实心电阻体,是一种新型电位器。它是用加热塑压的方法,将有机电阻粉压在绝缘体的凹槽内。有机实心电位器的优点是阻值连续可调,分辨率高(大大优于线绕电阻),阻值范围宽(100Ω~4.7MΩ),结构简单,耐高温,功率大,体积小,寿命长,可靠性高,耐磨性好,通常焊接在电路板上作微调使用。缺点是温度稳定性较差,耐压低,动噪声大,耐潮性能差,制造工艺复杂,阻值精度较差。有机实心电位器在小型化、高可靠、高耐磨性的电子设备以及交、直流电路中用于调节电压、电流,其实物如图2.12所示。

图2.11 合成碳膜电位器实物　　　　图2.12 有机实心电位器实物

3. 金属膜电位器

金属膜电位器是由金属合成膜、金属氧化膜、金属合金膜和氧化钽膜等几种材料经过真空技术沉积在陶瓷基体上而制作的。优点:分辨率高,耐热性好,温度系数小,平滑性好,分布电感和分布电容小,噪声电动势很低。缺点:耐磨性不好,阻值范围小(10Ω~100kΩ)。其实物如图2.13所示。

4. 绕线电位器

绕线电位器是将康铜丝或镍铬合金丝作为电阻体,并把它绕在绝缘骨架上制成的。绕线电位器优点:接触电阻小,精度高,温度系数小。缺点:分辨率差,阻值偏低,高频特性差。其主要用作分压器、变压器、仪器中调零和调整工作点等。其实物如图2.14所示。

图 2.13　金属膜电位器实物

图 2.14　绕线电位器实物

5. 数字电位器

数字电位器(Digital Potentiometer)亦称数控可编程电阻器,是一种代替传统机械电位器(模拟电位器)的新型 CMOS 数字、模拟混合信号处理的集成电路。数字电位器由数字输入控制,产生一个模拟量的输出。依据数字电位器的不同,抽头电流最大值可以从几百微安到几毫安。数字电位器采用数控方式调节电阻值,具有使用灵活、调节精度高、无触点、低噪声、不易污损、抗振动、抗干扰、体积小、寿命长、无机械磨损、数据可读/写、具有配置寄存器和数据寄存器、多电平量存储功能、易于软件控制、易于装配等显著优点,可在许多领域取代机械电位器。它适用于家庭影院系统、音频环绕控制、音响功放和有线电视设备,其实物如图 2.15 所示。

图 2.15　数字电位器实物[8]

2.2.2　电位器的主要参数

电位器的主要参数有标称阻值、零位电阻、额定功率、分辨率、滑动噪声、阻值变化特性、耐磨性和温度系数等。

(1) 标称阻值:是指电位器上标注的电阻值,它等于电阻体两个固定端之间的电阻值。其单位有欧姆(Ω)、千欧($k\Omega$)、兆欧($M\Omega$)。

(2) 零位电阻:是指电位器的最小阻值,即动片端与任一定片端之间最小阻值。

(3) 额定功率:是指电位器在交流或直流电路中,在规定的大气压下(即大气压力为 $650 \sim 800$mmHg,1mmHg $= 1.3332 \times 10^{2}$ Pa)和产品标准规定的温度下,长期连续正常工作时所允许消耗的最大功率,一般为 0.1W、0.25W、0.5W、1W、1.6W、2W、3W、5W、10W、16W、25W 等。非线绕电位器的额定功率系列为 0.05W、0.1W、0.25W、0.5W、1W、2W、3W。

(4) 阻值变化特性:是指电位器的电阻值随滑动触点旋转角度或滑动行程之间的变化关系,即阻值输出函数特性。常用有 3 种,如图 2.16 所示。

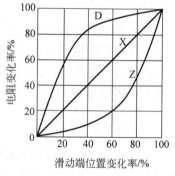

图 2.16　电阻变化率与滑动端位置变化率的 3 种关系曲线

① 直线式电位器(用 X 表示):其阻值变化与动触点位置的变化呈线性关系。其电阻体上的导电物质分布均匀,单位长度的阻值大致相等,电阻值的变化与电位器的旋转角度呈直线关系。它适用于要求调节均匀的场合,多用于分压。

② 对数式电位器(用 D 表示):其阻值变化与动触点位置的变化呈对数关系。其电阻体上的导电物质分布不均匀,刚开始转动时,阻值的变化较快;转动角度到行程后半段时,阻值的变化较慢。对数式电位器适用于与指数式电位器要求相反的电子电路,如电视机的对比度控制线路、音调控制电路。

③ 指数式电位器(用 Z 表示):其阻值变化与动触点位置的变化呈指数关系。指数式电位器因电阻体上导电物质分布不均匀,电位器开始转动时,阻值变化较慢,转动角度到行程后半段时,阻值变化较快。指数式电位器适用于音量调节电路,因为人耳对声音响度的听觉最灵敏,当音量达到一定程度后.人耳的听觉逐渐变迟钝。所以,音量调节一般采用指数式电位器,使声音的变化显得平稳、舒适。

(5) 最大工作电压(又称额定工作电压):是指电位器在规定的条件下,能长期可靠地工作时所允许承受的最高工作电压。电位器的实际工作电压应小于额定工作电压。

(6) 分辨率:电位器的分辨率也称分辨力,是指电位器的阻值连续变化时,其阻值变化量与输出电压的比值。对绕线电位器来讲,当动触点每移动一圈时,输出电压的变化量与输出电压的比值为分辨率。自线式绕线电位器的理论分辨率为绕线总匝数的倒数,并以百分数表示。电位器的总匝数越多,分辨率越高。非线绕电位器的分辨率较线绕电位器的分辨率要高。

(7) 噪声:这是衡量电位器性能的一个重要参数,电位器的噪声有 3 种:①热噪声。②电流噪声。热噪声和电流噪声是动片触点不滑动时两个定片之间的噪声,又称静噪声。静噪声是电位器的固定噪声,通常很小。③动噪声,是电位器在外加电压作用下,其动片触点在电阻体上滑动时,产生的电噪声。动噪声是电位器的特有噪声,是主要噪声。产生动噪声的原因很多,主要原因是电阻体的结构不均匀,以及动片触点与电阻体的接触噪声,后者随着电位器使用时间的延长而变得越来越大。动噪声是滑动噪声的主要参数,其大小与转轴速度、接触点和电阻体之间的接触电阻、电阻体的电阻率不均匀变化、动接触点的数目以及外加电压的大小有关。

2.2.3　电位器的结构和种类

电位器靠一个动触点在电阻体上移动,获得部分电压输出。机械式电位器简称电位器,它属于传统的可调式电阻元件。

1. 电位器的内部结构

旋转式电位器的内部结构如图 2.17 所示,主要包括由金属膜或碳膜构成的马鞍形电阻体、滑动臂、滑动端(亦称触头或电刷)、转轴、转柄、焊片等。焊片A、C 之间的电阻值即为电位器的总阻值。滑动端的一端接焊片 B,另一端与电阻体紧密接触。当滑动端

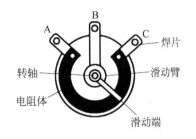

图 2.17　旋转式电位器的内部结构图

13

位置改变时,A-B 和 B-C 之间的电阻值就发生变化。有的电位器上还带有开关,通过转柄可控制开关的通断。普通电位器的旋转角度为 270°,不能对电阻值做精细调节。

2. 电位器的产品分类

电位器的种类繁多。按调节方式可分为旋转式电位器(见图 2.18)、直滑式电位器(见图 2.19)、精密多圈电位器(见图 2.20)等。按用途可分为普通型电位器、精密型电位器、微调型电位器、功率型电位器、步进型电位器。按电阻体材料可分为线绕电位器、薄膜型电位器、合成型电位器及合金型电位器。按结构特点可分为单联电位器、同轴电位器(如双联电位器(见图 2.21)、三联电位器)、带开关式电位器、带指针式电位器、自锁式电位器等。按电位器的阻值与转角的关系可分为直线型(X)、指数型(Z)、对数型(D)电位器。

图 2.18　旋转式电位器

图 2.19　直滑式电位器

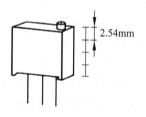

图 2.20　精密多圈电位器典型产品的外形

图 2.21　双联电位器[7]

直线型电位器简称线性电位器,其特点是输出电阻与滑动端位置(或转动角度)成比例关系,电阻值是按等量增加的。例如:将 100kΩ 线性电位器滑动到中间位置时,其输出电阻值为 100kΩ/2＝50kΩ,依此类推。这种电位器适合构成线性调节电路,例如,可编程增益放大器、分压器等。

对数型电位器的特点是起始电阻的变化率很大,越往后变化率越小,电阻值的变化呈对数规律。例如,将 100kΩ 对数型电位器滑动到中间位置时,输出电阻值等于 lg(100/2)×100/2kΩ≈85kΩ。由于人耳对声强(或声压)的响应特性呈对数关系,当声强增加 10 倍时,人耳听起来音量只增加了 1 倍(lg10＝1),因此在设计 MP3、网络收音机等便携式音频设备时,可采用对数电位器进行音量控制。

对数型电位器还适用于高保真(High-Fidelity,Hi-Fi)音响设备中的音量调节,可为具有非线性响应特性的人耳建立一个线性变化的音量控制。

指数型电位器特点与对数型电位器恰好相反,其起始电阻的变化率很小,越往后变化率越大,电阻值的变化呈指数规律。例如,将100kΩ指数型电位器滑动到中间位置时,输出电阻值并不等于50kΩ,而是15kΩ。

为了对电位器的阻值进行精细调节,人们设计了精密多圈电位器,其典型产品的外形如图2.20所示。它的机械转角行程可达3600°(10圈)～7200°(20圈)。图中每格代表2.54mm,精密多圈电位器有线绕型、合成型、超小型、片状等多种类型。

2.2.4　电位器的检测

对电位器的主要要求是:

(1) 阻值符合要求。

(2) 中心滑动端与电阻体之间接触良好,转动平滑。对带开关的电位器,开关部分应动作准确、可靠、灵活。因此在使用前必须检查电位器性能的好坏。

对电位器的检测步骤如下:

(1) 测量阻值。首先根据被测电位器阻值的大小,选择万用表的合适电阻挡位,测量一下阻值,即A、C两端片之间的电阻值,与标称阻值比较,看二者是否一致。同时旋动滑动触头,其阻值应固定不变。如果阻值无穷大,则此电位器已损坏。

(2) 再测量其中心端与电阻体的接触情况,即B、C两端之间电阻值。方法是选择万用表欧姆挡适当量程,测量过程中,慢慢旋转转轴,注意观察万用表的读数,正常情况下,读数应平稳地朝一个方向变化,若出现跳动、跌落或不通等现象,说明活动触点有接触不良的故障。

(3) 当中心端滑到首端或末端,理想状态下中心端与重合端的电阻值为0,在实际测量中,会有一定的残留值(视标称而定,一般小于5Ω),属正常现象。

当电位器转动噪声过大时,将无水酒精滴到电阻体上,反复转动滑动片,再滴入一滴润滑油以减小摩擦,可减小转动噪声。

2.3　特种电阻器

特种电阻器是一种对光照强度、压力、湿度等模拟量敏感的特殊电阻。选用时不仅要注意其额定功率、最大工作电压、标称阻值,更要注意最高工作温度和电阻温度系数等参数,并注意阻值变化方向。

2.3.1　热敏电阻器

普通电阻器的阻值受温度变化影响很小,但是热敏电阻器完全不同,它的阻值随温度的变化而变化,是一种用温度控制电阻阻值大小的元件。

1. 热敏电阻器的定义

常见热敏电阻器(Thermistor)型号有MZ、MF。

热敏电阻器是一种对温度反应较敏感、阻值会随着温度的变化而变化的非线性电阻器,通常由单晶、多晶半导体材料制成。热敏电阻器用热敏半导体材料经一定烧结工艺制成,这种电阻器受热时,阻值会随着温度的变化而变化。热敏电阻器有正、负温度系数型之分。正温度系数型电阻器(用字母 PTC 表示)随着温度的升高,阻值增大;负温度系数型电阻器(用字母 NTC 表示)随着温度的升高,阻值反而下降。

热敏电阻器文字符号:RT 或 R。

热敏电阻器的电路符号:在一个普通电阻器符号基础上加一个箭头和字母,以与普通电阻器区分,如图 2.22 所示。

图 2.22 热敏电阻器
的电路符号

2. 热敏电阻器的种类

(1) 按结构及形状分类:圆片形(片状)、圆柱形(柱形)、圆圈形(垫圈形)等,如图 2.23 所示。

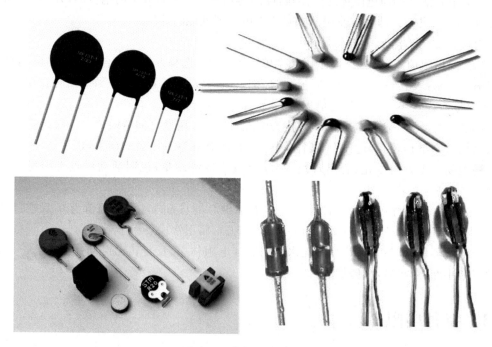

图 2.23 热敏电阻器实物

(2) 按温度变化的灵敏度分类:高灵敏度型(突变型)、低灵敏度型(缓变型)热敏电阻器。

(3) 按受热方式分类:直热式、旁热式热敏电阻器。

(4) 按温变(温度变化)特性分类:正温度系数(PTC)、负温度系数(NTC)热敏电阻器。PTC 热敏电阻器的阻值随着温度升高而增大,NTC 热敏电阻器的阻值随着温度升高而减小。目前应用最广泛的是 NTC 热敏电阻器。

3. 热敏电阻器的主要参数

(1) 标称阻值:指电阻器在常温(20℃)时的阻值,通常标在电阻体外壳上,如图 2.24 中热敏电阻器标称阻值为 10Ω。

(2) 测量功率:指在规定的环境温度下,电阻体受测量电源加热而引起阻值变化不超过 0.1%时所消耗的功率。

(3) 材料常数:反映热敏电阻器热灵敏度的指标。通常,该值越大,热敏电阻器的灵敏度和电阻率越高。

(4) 电阻温度系数:表示热敏电阻器在零功率条件下,其温度每变化 1℃所引起电阻值的相对变化量。

(5) 热时间常数:指热敏电阻器的热惰性。即在无功功率状态下,当环境温度突变时,电阻体温度由初值变化到最终温度之差的 63.2%所需的时间。

图 2.24　标称阻值为 10Ω 的热敏电阻器

(6) 耗散系数:指热敏电阻器的温度每增加 1℃所耗散的功率。

(7) 开关温度:指热敏电阻器的零功率电阻值为最低电阻值 2 倍时所对应的温度。

(8) 最高工作温度:指热敏电阻器在规定的标准条件下,长期连续工作时所允许承受的最高温度。

(9) 标称电压:指稳压用热敏电阻器在规定的温度下,与标称工作电流所对应的电压值。

(10) 工作电流:指稳压用热敏电阻器在正常工作状态下的规定电流值。

(11) 稳压范围:指稳压用热敏电阻器在规定的环境温度范围内稳定电压的范围。

(12) 最大电压:在规定的环境温度下,热敏电阻器正常工作时所允许连续施加的最高电压值。

(13) 绝缘电阻:在规定的环境条件下,热敏电阻器的电阻体与绝缘外壳之间的电阻值。

4. 热敏电阻器的应用

热敏电阻器常用于电路作温度补偿、过热保护、稳压及发热源的定温控制等。正温度系数热敏电阻器和负温度系数热敏电阻器有不同的应用。

1) 正温度系数热敏电阻器

结构:用钛酸钡($BaTiO_3$)、锶(Sr)、锆(Zr)等材料制成,属于直热式热敏电阻器。

特性:电阻值与温度变化呈正比关系,即当温度升高时电阻值随之增大。在常温下,其电阻值较小,仅有几欧姆至几十欧姆;当流经它的电流超过额定值时,其电阻值能在几秒内迅速增大至数百欧姆至数千欧姆。

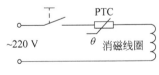

图 2.25　PTC 在彩电消磁电路中的应用[1]

作用与应用:广泛应用于彩色电视机消磁电路、电冰箱压缩机启动电路及过热或过电流保护等电路中,还可用于电驱蚊器和卷发器、电热垫、电暖器等小家电中。图 2.25 是正温度系数热敏电阻器在彩电消磁电路中的应用。图中热敏电阻器与消磁线圈串联,在开机瞬间,因常温下热敏电阻器阻值很小,其提供消磁电流,对显像管进行消磁,使屏幕不带干扰色斑。热敏电阻器流过消磁电流的时刻,大电流使其温度迅速升高,阻值随即急剧增大,从而终止消磁线圈中的电流,完成消磁任务,随后彩电正常工作。故称此处的 PTC 电阻器为消磁电阻器。

2) 负温度系数热敏电阻器

结构:用锰(Mn)、钴(Co)、镍(Ni)、铜(Cu)、铝(Al)等的金属氧化物(具有半导体性质)

17

或碳化硅(SiC)等材料采用陶瓷工艺制成。

特性：电阻值与温度变化呈反比关系，即当温度升高时，电阻值随之减小。

作用与应用：广泛应用于电冰箱、空调器、微波炉、电烤箱、复印机、打印机等家电及办公产品中，作温度检测、温度补偿、温度控制、微波功率测量及稳压控制用。

5. 热敏电阻器的检测

当外界温度变化时，热敏电阻器的阻值也会随之变化，因此在使用万用表对热敏电阻器进行检测时，要进行常温与加温测试。热敏电阻器的测试方法如下。

(1) 常温检测法(室内温度接近 25℃)。将指针式万用表挡位调至电阻挡，根据电阻器上的标称阻值(热敏电阻器的标称阻值通过直接标示方法标注在电阻器的表面)选择万用表的量程(如 R×1k 挡)，然后将万用表红黑表笔分别接在热敏电阻器两端的两个引脚上测其阻值，正常时所测的电阻值应接近热敏电阻器的标称阻值(两者相差在±2Ω 内即为正常)；若测得的阻值与标称值相差较远，则说明该电阻器性能不良或已损坏。图 2.26 所示为热敏电阻器常温检测法。

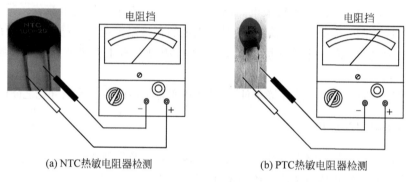

(a) NTC热敏电阻器检测　　　　　　　(b) PTC热敏电阻器检测

图 2.26　热敏电阻器常温检测法检测

(2) 加温检测法。在常温测试正常的基础上，即可进行第二步测试，即加温检测。将热源(如电烙铁、电吹风等)靠近热敏电阻器对其加热，同时观察万用表指针的指示阻值是否随温度的升高而增大(或减少)，若是则说明热敏电阻器正常；若阻值无变化，说明热敏电阻器性能不良。图 2.27 所示为热敏电阻器加温检测法。

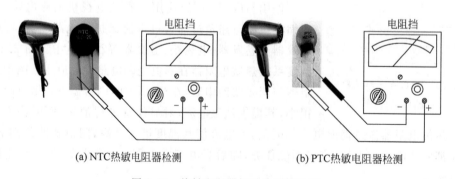

(a) NTC热敏电阻器检测　　　　　　　(b) PTC热敏电阻器检测

图 2.27　热敏电阻器加温检测法检测

提示：①在进行加温检测法时，当温度升高时所测得的阻值比正常温度下所测得的阻值大,则表明该热敏电阻器为正温度系数(NTC)热敏电阻器。如果当温度升高时所测得的阻值比正常温度下测得的阻值小,则表明该热敏电阻器为负温度系数(PTC)热敏电阻器。②加热时不要使热源与热敏电阻器靠得过近或直接接触热敏电阻器,以防将其烫坏。

2.3.2　压敏电阻器

1. 压敏电阻的定义

压敏电阻器(Voltage-Dependent Resistor,VDR)是对电压变化非常敏感的非线性电阻器,图 2.28 为压敏电阻器的电路符号和实物图。

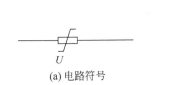

(a) 电路符号　　　　　　　　　　　(b) 实物图

图 2.28　压敏电阻器的电路符号和实物图[2]

文字符号:RZ 或 VDR。

结构:根据半导体材料的非线性特性制成。

特性:压敏电阻器的电压与电流不遵守欧姆定律,而呈特殊的非线性关系。当两端所加电压低于标称额定电压时,压敏电阻器的电阻值接近无穷大,内部几乎无电流通过;当两端所加电压略高于标称额定电压时,压敏电阻器将迅速击穿导通,并由高阻状态变为低阻状态,工作电流也急剧增大;当两端所加电压低于标称额定电压时,压敏电阻器又恢复为高阻状态;当两端所加电压超过最大限制电压时,压敏电阻器将完全击穿损坏,无法再自行恢复。

作用与应用:广泛应用于家用电器及其他电子产品中,起过电压保护、防雷、抑制浪涌电流、吸收尖峰脉冲、限幅、高压灭弧、消噪、保护半导体元器件等作用。

2. 压敏电阻器的种类

(1) 按结构分类:结型压敏电阻器(因电阻体与金属电极之间的特殊接触,因此具有非线性特性)、体型压敏电阻器(因电阻体本身的半导体性质,因此具有非线性特性)、单颗粒层压敏电阻器和薄膜压敏电阻器。

(2) 按使用材料分类:氧化锌压敏电阻器、碳化硅压敏电阻器、金属氧化物压敏电阻器、锗(硅)压敏电阻器和钛酸钡压敏电阻器。

(3) 按伏安特性分类:对称型压敏电阻器(无极性)和非对称型压敏电阻器(有极性)。

3. 压敏电阻器的主要参数

除标称阻值、额定功率和允许偏差等基本参数指标外,还有如下参数指标。

(1) 标称电压(V):指通过 1mA 直流电流时压敏电阻器两端的电压值。

(2) 电压比:指压敏电阻器的电流为 1mA 时产生的电压值与压敏电阻器的电流为

0.1mA时产生的电压值之比。

（3）最大限制电压（V）：指压敏电阻器两端所能承受的最高电压值。

（4）残压比：通过压敏电阻器的电流为某一值时，在它两端所产生的电压称为这一电流值的残压。残压比则是残压与标称电压之比。

（5）通流容量（kA）：通流容量也称通流量，是指在规定的条件（规定的时间间隔和次数，施加标准的冲击电流）下，允许通过压敏电阻器上的最大脉冲（峰值）电流值。超过该值，压敏电阻器就会烧坏。

（6）漏电流（mA）：漏电流也称等待电流，是指压敏电阻器在规定的温度和最大直流电压下，流过压敏电阻器的电流。

（7）电压温度系数：指在规定的温度范围（20～70℃）内，压敏电阻器标称电压的变化率，即通过压敏电阻器的电流保持恒定时，温度改变1℃时，压敏电阻器两端电压的相对变化。

（8）电流温度系数：指在压敏电阻器的两端电压保持恒定时，温度改变1℃时，流过压敏电阻器电流的相对变化。

（9）电压非线性系数：指压敏电阻器在给定的外加电压作用下，其静态电阻值与动态电阻值之比。

（10）绝缘电阻：指压敏电阻器的引出线（引脚）与电阻体绝缘表面之间的电阻值。

（11）静态电容量（pF）：指压敏电阻器本身固有的电容容量。

4. 压敏电阻器的应用

压敏电阻器广泛应用于各种电子电路中作保护器件。与其他过压保护器件相比，它具有耐浪涌电流大、非线性系数大、抑制过电压能力强、响应速度快、漏电流小、特性曲线对称、温度特性好、使用电压范围宽等突出特点，且体积小、可靠性强、价格低。

（1）用于彩电电源保护电路。压敏电阻器用于彩电电源保护电路原理如图2.29所示。当由雷电或机内自感电势等引起过电压加至压敏电阻器两端时，它立即导通将过压泄放掉，从而保护彩电免受损坏。

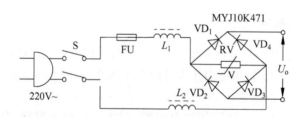

图2.29 压敏电阻器用于彩电电源保护电路原理图

（2）用于家用电器的过压保护。家用电器过压保护电路如图2.30所示。压敏电阻器接在室电经保险管后的回路中，其额定工作电压应符合家用电器的安全使用电压范围。电阻 R 与氖灯 LA 串联后与 FU 并联。当室电超过压敏电阻器标称电压时，在毫微秒时间内，压敏电阻器的阻值急剧下降，流过其电流急剧增加，使 FU 瞬间熔断，家用电器因断电而得到保护，同时 LA 点亮，发出 FU 已熔断的报警信号。

（3）用于感性负载的过压保护。在切断电感性负载电路时，例如电磁接触器、继电器和脱

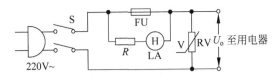

图 2.30　家用电器过压保护电路原理图

扣器励磁线圈两端将出现高达额定电压数倍的过电压,这对线圈本身及电路元件的绝缘是十分有害的。若在线圈两端并联压敏电阻器,在正常工作时其功耗较小,而切断电路时又能把过压限制在安全范围内。

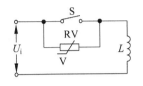

　　压敏电阻器用于保护开关触点电路如图 2.31 所示。在感性负载电路中,将压敏电阻器并联在开关触点两端,因抑制了过电压,所以能防止电火花或电弧放电,使开关触点免受烧蚀,从而增加其可靠性和延长使用寿命。

图 2.31　压敏电阻器用于保护开关触点电路原理图

2.3.3　其他敏感电阻器

1. 光敏电阻器

图 2.32　光敏电阻器实物

　　光敏电阻器又称光导管,其特性是在特定光的照射下,其阻值迅速减小,可用于检测可见光。光敏电阻器是利用半导体的光电效应制成的一种电阻值随入射光的强弱而改变的电阻器,入射光强,电阻值减小;入射光弱,电阻值增大。如用硫化镉制成的光敏电阻器,无光线照射时,阻值为 1.5MΩ;而有光线照射时,其阻值明显减小;在强光照射时,其阻值可小至 1kΩ。光敏电阻器一般用于光的测量、光的控制和光电转换。如图 2.32 所示为光敏电阻器实物图。

主要参数如下。

(1) 亮电阻(kΩ):指光敏电阻器受到光照射时的电阻值。

(2) 暗电阻(MΩ):指光敏电阻器在无光照射(黑暗环境)时的电阻值。

(3) 最高工作电压(V):指光敏电阻器在额定功率下所允许承受的最高电压。

(4) 亮电流:指光敏电阻器在规定的外加电压下受到光照射时所通过的电流。

(5) 暗电流(mA):指在无光照射时,光敏电阻器在规定的外加电压下通过的电流。

(6) 时间常数(s):指光敏电阻器从光照跃变开始到稳定亮电流的 63% 时所需的时间。

(7) 电阻温度系数:指光敏电阻器在环境温度改变 1℃时,其电阻值的相对变化。

(8) 灵敏度:指光敏电阻器在有光照射和无光照射时电阻值的相对变化。

　　结构:通常由光敏层、玻璃基片和电极等组成。一般光敏电阻器都制成薄片结构,以便吸收更多的光能。当它受到光的照射时,半导体片(光敏层)内就激发出电子—空穴对,参与导电,使电路中电流增强。

　　特性:光敏电阻器是利用半导体光电效应制成的一种特殊电阻器,对光线十分敏感,其电阻值能随着外界光照强弱（明暗）变化而变化。它在无光照射时，呈高阻状态；当有光照射时，其电阻值迅速减小。

应用：光敏电阻器广泛用于天文探测、非接触测量、人体病变探测、红外光谱、红外通信等国防、科学研究和工农业生产中。另外，光敏电阻器也应用于各种自动控制电路、家用电器、光电开关、光电报警器及各种测量仪器中。

2. 湿敏电阻器

湿敏电阻器是阻值随环境相对湿度而变化的敏感元件，湿敏电阻器的基本结构由湿敏层、电极和具有一定强度的基片组成。湿敏电阻器是利用湿敏材料吸收空气中的水分而导致本身电阻值发生变化这一原理而制成的。工业上流行的湿敏电阻器主要有半导体陶瓷湿敏元件、氯化锂湿敏电阻和有机高分子膜湿敏电阻。

湿敏电阻器的特点是在基片上覆盖一层用感湿材料制成的薄膜，当空气中的水蒸气吸附在感湿膜上时，元件的电阻率和电阻值都发生变化，利用这一特性即可测量湿度。

湿敏电阻器广泛用于空调器、恒湿机等家电中作湿度的检测；应用于时钟、天气预报计、小型轻便的干燥机等。如图 2.33 所示为湿敏电阻器电路符号、结构图和实物图。

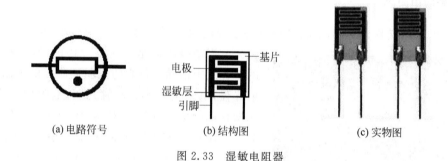

(a) 电路符号　　　　(b) 结构图　　　　(c) 实物图

图 2.33　湿敏电阻器

3. 气敏电阻器

气敏电阻器是电阻值随外界气体种类和浓度变化而明显变化的气敏元件。气敏电阻器是一种对特殊气体敏感的元件，可以将被测气体的浓度和成分信号转变为相应的电信号。现在主要使用的气体分析方法和检测方法包括电化学方法、光学方法和电子学方法。而使用最多的是电子学方法中的半导体法，即用气敏电阻器进行分析和检测的方法。气敏电阻器是利用半导体表面吸收某种气体分子后，发生氧化或还原反应而使电阻率改变的特性制成的元件。

接触燃烧式气体的气敏电阻器，其检测元件一般为铂金属丝，使用时对铂丝通以电流，保持 300～400℃ 的高温，此时若与可燃性气体接触，可燃性气体就会在稀有金属催化层上燃烧，因此铂丝的温度会上升，电阻值也随之上升；通过测量铂丝电阻值变化的大小，就能知道可燃性气体的浓度。

电化学气敏传感器一般利用液体（或固体、有机凝胶等）电解质，其输出形式可以是气体直接氧化或还原产生的电流，也可以是离子作用于离子电极产生的电动势。半导体气敏传感器具有灵敏度高、响应快、稳定性好、使用简单的特点，应用极其广泛。半导体气敏元件有

N型和P型之分。

N型气敏电阻器在检测到甲烷、一氧化碳、天然气、煤气、乙炔、氢气等气体时,其电阻值减小;P型气敏电阻器在检测到可燃性气体时,其电阻值增大,而在检测到氧气、氯气、二氧化碳等气体时,其电阻值减小。

如图2.34所示为气敏电阻器电路符号和实物图,其中E、F为外加电压输入端,A、B为感应电压输出端。

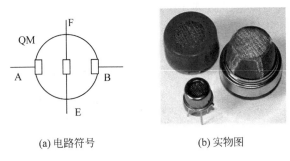

(a)电路符号   (b)实物图

图2.34 气敏电阻器

各种用途的气敏电阻器应满足以下要求:能对气体允许浓度和其他标准值的气体浓度检测报警;能够长时间的稳定工作,对漏气的探测和报警迅速,成本低等。利用气敏电阻器制成的气体探测器,可用于各种管道和密封系统的探漏、环境污染监测、安全防火、自动控制等许多方面。目前在半导体工业、石油工业、化工及科研等方面也有广泛的应用。

4. 磁敏电阻器

磁敏电阻器的阻值随磁场强度的变化而变化,利用磁敏电阻器阻值的变化,可精确地测试出磁场的相对位移。

磁敏电阻器采用具有磁阻效应的材料(如锑化钢)制成,它的阻值会随着磁感应强度的增大而增大,是一种磁电转换元件,具有体积小、重量轻、灵敏度高、可靠性好和寿命长等优点。磁敏电阻器实物如图2.35所示。

磁敏电阻器参数如下。

(1)磁阻比:指在某一规定的磁感应强度下,磁敏电阻器的阻值与零磁感应强度下的阻值之比。

(2)磁阻系数:指在某一规定的磁感应强度下,磁敏电阻器的阻值与其标称阻值之比。

图2.35 磁敏电阻器实物

(3)磁阻灵敏度:指在某一规定的磁感应强度下,磁敏电阻器的电阻值随磁感应强度的相对变化率。

磁敏电阻器一般用于磁场强度、漏磁的检测;在交流变换器、频率变换器、功率电压变换器、位移电压变换器等电路中作控制元件;还可用于接近开关、磁卡文字识别、磁电编码器、电动机测速等方面或制作磁敏传感器。

5. 力敏电阻器

力敏电阻器是一种能将机械力转换为电信号的特殊元件,它是利用半导体材料的压力电阻效应制成的。所谓压力电阻效应即半导体材料的电阻率随机械应力的变化而变化的效应。利用力敏电阻器可制成各种力矩计、半导体话筒、压力传感器等,主要类型有硅力敏电阻器、硒碲合金力敏电阻器。相对而言,合金力敏电阻器具有更高的灵敏度。

通常电子秤中就有力敏电阻器,常用的压力传感器有金属应变片和半导体力敏电阻器。力敏电阻器一般以桥式连接,受力后就破坏了电桥的平衡,使之输出电信号。

力敏电阻器电路符号和实物如图 2.36 所示。

(a) 电路符号   (b) 实物

图 2.36 力敏电阻器

2.3.4 熔断电阻器

熔断电阻器又称为保险丝电阻器,是一种新型的双功能元件,具有电阻器和熔断器双重功能,在电路中用字母 RF 或 R 表示。它在正常情况下使用时,具有普通电阻器的电气特性,一旦电路发生过电流现象时,就会在规定的时间内熔断开路,从而起到防止故障进一步扩大和保护元器件免遭损坏的作用。熔断电阻器主要应用于彩色电视机、录像机及检测仪表的电源电路、彩色电视机的行扫描及场扫描电路。

1. 熔断电阻器的符号

熔断电阻器是一种敏感电阻器,在电路中起着熔丝和电阻器的双重作用。图 2.37 和图 2.38 为熔断电阻器的电路符号以及实物图。

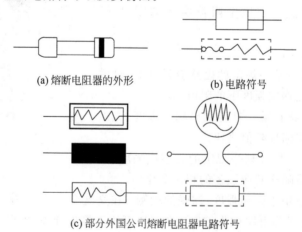

(a) 熔断电阻器的外形   (b) 电路符号

(c) 部分外国公司熔断电阻器电路符号

图 2.37 熔断电阻器的电路符号

图 2.38 熔断电阻器的实物图

2. 熔断电阻器的主要参数

（1）熔断电流：指熔断电阻器允许通过的最大电流。

（2）额定电流：指熔断电阻器正常条件下工作时通过的电流，其值小于熔断电流值。

（3）标称阻值：与普通电阻器的阻值参数相同。熔断电阻器的标称阻值一般为几欧至几十欧。功率较小，一般为 $1/8\sim 1\mathrm{W}$。

3. 熔断电阻器分类

熔断电阻器的种类很多，按其工作方式不同分为不可修复型和可修复型两种。

（1）不可修复型熔断电阻器：当电阻器过负荷造成温升并达到某一温度时，涂有熔断材料的电阻膜层或绕组线匝熔断，引起电阻器断路。这种电阻器在使用时，必须悬空安装在印制电路板上。一旦熔断，只有换上新的熔断电阻器后，才能保证电路正常工作。

（2）可修复型熔断电阻器：它是一只圆柱形薄膜电阻器，在电阻器的一端采用低熔点焊料焊接一根弹性金属片（或金属丝），过热时焊点首先熔化，弹性金属片（或金属丝）与电阻器断开。当维修人员排除故障后，按照要求修复好可继续使用。

目前国内外一般采用不可修复型熔断电阻器。

熔断电阻器按电阻材料分为两种：线绕型熔断电阻器和膜式熔断电阻器。

（1）线绕型熔断电阻器。线绕型熔断电阻器属于功率型涂釉电阻器，其阻值较小，通常应用于工作电流较大的电路中。

在制作过程中，将功率型涂釉电阻器的一部分用细线绕制或裸露部分（不涂釉质保护层），在被保护电路出现过电流故障时，电阻器的细线部分或裸露部分（不涂釉部分）将会因过热而烧断，从而对电路进行保护。

（2）膜式熔断电阻器。膜式熔断电阻器是使用最多的熔断电阻器，它又分为碳膜熔断电阻器、金属膜熔断电阻器、氧化膜熔断电阻器、化学沉积膜熔断电阻器等多种。

4. 熔断电阻器的应用

随着电子计算机、彩色电视机、程控交换机等现代电子产品的发展，熔断电阻器的用途越来越广泛。熔断电阻器主要应用在电源电路输出和二次电源输出电路中，其功能就是在过流时及时熔断，保护电路中其他元件免受损坏。近年来多种新型电子产品已广泛进入家庭，电子线路中的防火保护装置对其安全性负有很大责任。在电路负载发生短路故障、出现过电流时，熔断电阻器的温度在很短的时间内就会升高到 550～600℃，这时电阻层便受热剥落而熔断，起到保险作用，保护整机安全。下面仅从几个侧面介绍熔断电阻器的应用概况。

（1）在电视机上的应用。在彩色电视机中主要用于保护行输出变压器的电路中，以日立机型为例，熔断电阻器使用如图 2.39 所示。

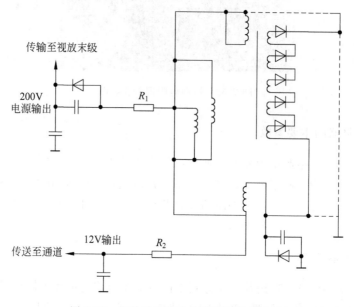

图 2.39　行输出线路中熔断电阻器的应用

图 2.39 中 R_1、R_2 分别为 2.2Ω 和 1Ω 的涂复型熔断电阻器，整个通路的电源为 12V，视放输出电源为 200V，都由行输出变压器输出，当 12V 和 200V 发生短路和过流时，就会烧毁行输出变压器。在行输出端接入熔断电阻器 R_1 和 R_2 后，当电流通过 R_1、R_2 时，若分别超过 3.5A 和 2.8A，熔断电阻器就会自动断开，从而保护了行输出变压器。

（2）在电传打字机上的应用。在熔断电阻器中大多数采用螺旋刻槽法调整阻值，具有一定的感量。有一些场合要求采用无感熔断电阻器，电阻器不刻螺旋槽，主要靠改变沉积液和膜厚来达到预定的阻值，在电阻器两端头涂复熔断材料。西门子公司按 DIN 标准生产的 0.7W、39Ω、熔断时间为 47s 的专用无感熔断电阻器主要用于军用 T1000 电传打字机上。

（3）在火箭发射系统中，要求熔断电阻器在 25ms 内不允许熔断，以确保火箭发射成功，而后在 1s 内迅速熔断，切断电流。这就要求不断地研发新型熔断电阻器，拓宽其应用范围[5]。

2.4　电阻器在 Multisim 的应用实例

电阻是电路中最基本的元器件之一。用电阻进行分压是直流电压调整的常见方式。

例如，用 3 个电阻实现对 10V 直流电源的分压功能，分别获得 5V 和 2.5V 输出电压。

2.4.1 电路设计

实现上述的功能,首先进行电路原理图设计。为了得到 5V 和 2.5V 的输出电压,需要对 10V 直流电源的电压进行分压,为简单起见,假设电路对电流没有要求,可以分别采用一个 700Ω 和两个 350Ω 的电阻实现分压,电路如图 2.40 所示。

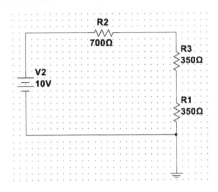

图 2.40 分压电路

2.4.2 在 Multisim 中输入电路图

设计完电路后,需要在 Multisim 中输入电路图。根据图 2.40 所示的原理图进行元件的选择和连接。

参见图 2.41,在 Multisim 图标中选择单击"放置源"图标。接着按图 2.42 选择 Sources 系列中的直流电源 DC_POWER。关闭窗口后,在电路绘制画面出现图 2.43 所示直流电源符号,然后右击该电源符号,在图 2.44 所示的直流电源属性窗修改电源电压为 10V。

图 2.41 元器件图标

接着选择单击图 2.41 中"放置基本"图标,出现图 2.45 所示窗口,选择 RESISTOR 系列,然后分别添加一个 700Ω 和两个 350Ω 电阻,并参照图 2.40 所示的电路原理图连接元器件。

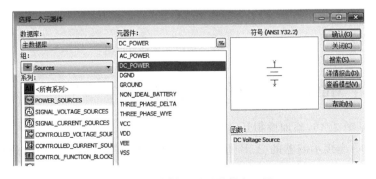

图 2.42 选择电源元器件窗口图

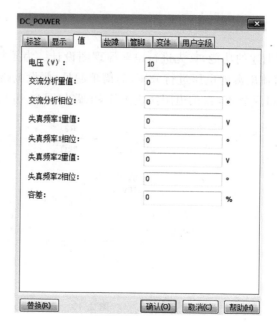

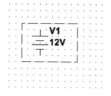

图 2.43 直流电源   图 2.44 直流电源属性窗

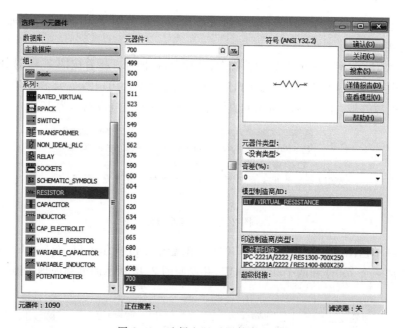

图 2.45 选择电阻元器件窗口图

2.4.3 在 Multisim 中进行电路功能仿真

下一步参见图 2.46,添加虚拟示波器。

参照图 2.47 连接示波器的 A、B 通道,单击图 2.48 的仿真运行图标,进而在 Multisim 中进行电路功能仿真。

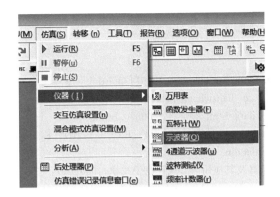

图 2.46　选择虚拟示波器

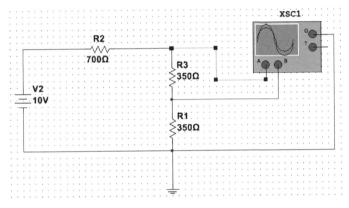

图 2.47　完整仿真测试电路图

图 2.48　仿真工具栏图标

在电路画布中双击示波器图标,出现图 2.49 所示的仿真结果窗。修改其中 A、B 通道的刻度参数,观察显示结果。可以看到输出中 A 通道为 5V,B 通道为 2.5V,达到了设计要求。

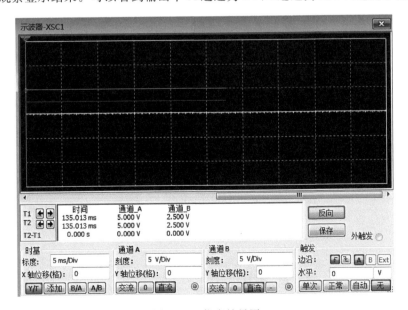

图 2.49　仿真结果图

参考文献

［1］ http：//www. dzsc. com/data/html/2008-4-12/61433. html.

［2］ http：//www. elecfans. com/dianzichangshi/20170605521668. html.

［3］ http：//www. dzsc. com/data/html/2008-4-7/60890. html.

［4］ https：//baike. baidu. com/item/％E7％86％94％E6％96％AD％E7％94％B5％E9％98％BB％E5％99％A8/4593295？ fr＝aladdin.

［5］ 石永杰,李谦. 熔断电阻器及其应用[J]. 现代电子技术,1996(01)：35-37,49.

［6］ http：//www. icmade. com/Dict/6541. html.

［7］ http：//www. 007swz. com/shhanzhu/products/danlianshuangliandianweiqi_80. html.

［8］ https：//b2b. hc360. com/supplyself/382849610. html.

第3章

电　容　器

电容器（Capacity）是电子设备中大量使用的电子元件之一，具有存储电荷功能，用字母 C 表示。电容器广泛应用于隔直通交、耦合、旁路、滤波、调谐回路、能量转换、控制电路等方面。

反映电容器物理性能的主要参数为容量和耐压，在电容器的外观标记中有标明，有的直接标明，有的采用工程编码。有的电容器是有极性的，电容器上还会标明极性的方向。尽管电容器品种繁多，但它们的基本结构和原理是相同的。两片相距很近的金属中间被某物质（固体、气体或液体）所隔开，就构成了电容器。两片金属称为极板，中间的物质称为介质。

本章主要介绍电容器的电路符号、特性参数、型号及命名、分类、应用、测量与替换等。

3.1　概述

3.1.1　电容器的电路符号、分类以及参数

1. 电容器的电路符号

由于各种电容器的介质材料、结构、工艺不同，电容器的性能差别较大。选用电容器时必须掌握各种电容器的特性参数。图 3.1 给出了比较典型的电容器实物图。

电容器可分成固定电容器和可调电容器。其中固定电容器是容量固定不变的电容器，图 3.2(a)是电容器的一般符号，它在电路图中表示无极性电容；图 3.2(b)是电解电容的电路符号，符号中的"＋"号表示该引脚为正，另一个引脚为负；图 3.2(c)是可调电容的电路符号。

图 3.1　各种电容器实物

(a) 无极性电容　　(b) 电解电容　　(c) 可调电容

图 3.2　电容器的电路符号

2. 电容的单位

电容器的容量大小表示电容器存储电荷的能力,反映电容器施加电压后存储电荷的能力或存储电荷的多少。电容的国际单位是法拉(F),常用单位有毫法(mF)、微法(μF)、纳法(nF)、皮法(pF)。各单位之间有如下换算关系:

$$1F = 10^3 \, mF$$
$$1mF = 10^3 \, \mu F$$
$$1\mu F = 10^3 \, nF$$
$$1nF = 10^3 \, pF$$

3. 电容器的型号命名

国产电容器的型号一般由 4 部分组成(不适用于压敏、可调、真空电容器),依次代表名称、材料、分类和序号。

第一部分:名称,用字母表示,电容用 C 表示。

第二部分:材料,用字母表示电容器的介质材料。

第三部分:分类,一般用数字表示,个别用字母表示。

第四部分:序号,用数字表示。

国产电容器命名方法中各字母的含义如表 3.1 所列。国外电容器命名方法中各字母的含义如表 3.2 所列。

表 3.1　国产电容器的型号命名方法

第一部分:名称		第二部分:介质材料		第三部分:类别					第四部分:序号
字母	含义	字母	含义	数字或字母	含义				
					瓷介电容器	云母电容器	有机电容器	电解质电容器	
C	电容器	A	钽电解	1	圆形	非密封	非密封	箔式	用数字表示序号,以区别电容器的外形尺寸及性能指标
		B	聚苯乙烯等非极性有机薄膜(常在 B 后面再加一字母,以区分具体材料。例如,BB 为聚丙烯,BF 为聚四氟乙烯)	2	管形	非密封	非密封	箔式	
				3	叠片	密封	密封	烧结粉液体	
		C	高频陶瓷	4	独石	密封	密封	烧结粉固体	
		D	铝电解	5	穿心		穿心		
		E	其他材料电解	6	支柱等				
		G	合金电解	7				无极性	
		H	纸膜复合	8	高压	高压			
		I	玻璃釉	9			特殊	特殊	
		J	金属化纸介	G	高功率型				
		L	涤纶等极性有机薄膜(常在 L 后面再加一字母,以区分具体材料。例如,LS 表示聚碳酸酯	T	叠片式				

续表

第一部分：名称		第二部分：介质材料		第三部分：类别					第四部分：序号
字母	含义	字母	含义	数字或字母	含 义				用数字表示序号，以区别电容器的外形尺寸及性能指标
					瓷介电容器	云母电容器	有机电容器	电解质电容器	
C	电容器	N	铌电解	W	微调型				
		O	玻璃膜						
		Q	漆膜	J	金属化型				
		T	低频陶瓷						
		V	云母纸	Y	高压型				
		Y	云母						
		Z	纸介						

表 3.2　国外电容器的型号命名方法

第一部分：类别		第二部分：外形结构	第三部分：温度特性/$(10^{-6}/℃)$	
字母	含义		字母	含义
CM	云母电容器	用数字表示电容器的外形结构	A	+100
CB				
DM			B	+30
CC	瓷介电容器			
CK			C	0
CKB				
CE	铝电解质电容器		H	-30
CV				
NDS			L	-80
CS	固体钽电解质电容器			
CSR			P	-150
NDS				
CL	非固体钽电解质电容器		R	-220
CLR			S	-330
CY	玻璃釉电容器		T	-470
CYR			U	-750
CA	纸介电容器		V	-1000
CN			W	-1500
CP			X	-2200
CH	金属化纸介电容器		Y	-3300
CHR			Z	-4700

第四部分：耐压值/V

字　　母	含 义			
	0	1	2	3
A	1	10	100	1000
B	1.25	12.5	125	1250

第四部分：耐压值/V

C	1.6	16	160	1600
D	2	20	200	2000
E	2.5	25	250	2500
F	3.15	31.5	315	3150
G	4	40	400	4000
H	5	50	500	5000
J	6.3	63	630	6300
K	8	80	800	8000
Z	9	90	900	9000

第五部分：标称值

数　字	含　义	
	普通电容器	电解质电容器
0R5	0.5pF	0.5μF
010	1pF	1μF
1R5	1.5pF	1.5μF
100	10pF	10μF
101	100pF	100μF
221	200pF	200μF
103	0.01μF	10 000μF
333	0.03μF	33 000μF
104	0.1μF	100 000μF

第六部分：允许偏差

字　母	含义/(ppm/℃)
G	±30
H	±60
J	±120
K	±250

例如，CT1 表示圆片形低频瓷介电容器，CA30 表示液体钽电解质电容器，CD10 表示箔式铝电解质电容器等。

3.1.2　电容器的参数

电容器的主要参数有标称电容量（简称容量）、允许偏差、额定电压、漏电流、绝缘电阻、损耗因数、温度系数、频率特性等。为了在电子电路中较好地使用电容器，须对电容器的各项技术参数进行了解。

1. 电容器的标称电容量

标称电容量是标示在电容器上的电容量。在实际应用时，电容量在 10^4 pF 以上电容器，通常用 μF 作单位，常见的电容量有 0.047μF、0.1μF、2.2μF、47μF、330μF、4700μF 等；电容量在 10^4 pF 以下的电容器，通常用 pF 作单位，常见的电容量有 2pF、68pF、100pF、680pF、

5600pF 等。

有几种表示法,例如,三位数字表示法 102,直标法 1000pF。

其中三位数字表示法比较常用:用三位数字表示电容量,前两位表示有效数字,第三位表示零的个数。小数点用 R 表示。例如,1000pF 表示为 102;100pF 表示为 101;10pF 表示为 100;1pF 表示为 1R0;0.5pF 表示为 0R5。

2. 电容器的允许偏差

电容器实际电容量与标称电容量的偏差称为误差,允许的偏差范围称为精度。精度等级与允许误差的对应关系:00(01)＝±1％、0(02)＝±2％、Ⅰ＝±5％、Ⅱ＝±10％、Ⅲ＝±20％、Ⅳ＝−10％～+20％、Ⅴ＝−20％～+50％、Ⅵ＝−30％～+50％。一般电容器常用Ⅰ、Ⅱ、Ⅲ级,电解质电容器用Ⅳ、Ⅴ、Ⅵ级,根据用途选取。

电容量的允许偏差用字母代码表示。还有其他的表示办法,例如,直标法±5％、±10％等。不填写允许偏差,默认为小于或等于电容器可能的最大偏差。GB/T2691-94《电阻器和电容器的标志代码》有如下规定。

对称百分数的允许偏差,电容量的允许偏差应用表 3.3 中的字母表示。

表 3.3　对称百分数电容量的允许偏差

允许偏差/％	字母代码	允许偏差/％	字母代码
±0.005	E	±1	F
±0.01	L	±2	G
±0.02	P	±5	J
±0.05	W	±10	K
±0.1	B	±20	M
±0.25	C	±30	N
±0.5	D		

非对称百分数的允许偏差,电容量的允许偏差应用表 3.4 中的字母表示。

表 3.4　非对称百分数电容量的允许偏差

允许偏差/％	字母代码	允许偏差/％	字母代码
−10～+30	Q	−20～+50	S
−10～+50	T	−20～+80	Z

用对称固定值表示的允许偏差,电容量在 10pF 以下的允许偏差应采用表 3.5 所列字母。

表 3.5　对称固定值表示电容量在 10pF 以下的允许偏差

允许偏差/pF	字母代码	允许偏差/pF	字母代码
±0.1	B	±1	F
±0.25	C	±2	G
±0.5	D		

电容量有效数字的优先数系列(标称阻值系列)如表 3.6 所列,常用固定电容器的标称容量系列如表 3.7 所列。

表 3.6　电容量有效数字的优先数系列(标称阻值系列)

E24	E12	E6	E24	E12	E6	E24	E12	E6
1.0	1.0	1.0	2.2	2.2	2.2	4.7	4.7	4.7
1.1			2.4			5.1		
1.2	1.2		2.7	2.7		5.6	5.6	
1.3			3.0			6.2		
1.5	1.5	1.5	3.3	3.3	3.3	6.8	6.8	6.8
1.6			3.6			7.5		
1.8	1.8		3.9	3.9		8.2	8.2	
2.0			4.3			9.1		

表 3.7　常用固定电容器的标称容量系列

电容器类别	允许偏差/%	容量范围	标称容量系列(容量单位 μF)
纸介电容器、金属化纸介电容器、纸膜复合介质电容器、低频(有极性)有机薄膜介质电容器	±5	100pF～1μF	1.0、1.5、2.2、3.3、4.7、6.8
	±10 ±20	1μF～100μF	1、2、4、6、8、10、15、20、30、50、60、80、100
高频(无极性)有机薄膜介质电容器、瓷介电容器、玻璃釉电容器、云母电容器	±5	1pF～1μF	1.1、1.2、1.3、1.5、1.6、1.8、2.0、2.4、2.7、3.0、3.3、3.6、3.9、4.3、4.7、5.1、5.6、6.2、6.8、7.5、8.2、9.1
	±10		1.0、1.2、1.5、1.8、2.2、2.7、3.3、3.9、4.7、5.6、6.8、8.2
	±20		1.0、1.5、2.2、3.3、4.7、6.8
铝、钽、铌、钛电解质电容器	±10 ±20 −20～+50 −10～+100	1μF～10^6μF	1.0、1.5、2.2、3.3、4.7、6.8

表 3.6 中,E24 系列,允许偏差 J(±5%);E12 系列,允许偏差 K(±10%);E6 系列,允许偏差 M(±20%)。

3. 额定电压

额定电压是指在规定温度范围内,电容器在电路中长期可靠地工作所允许施加的最高直流电压。如果电容器工作在交流电路中,则交流电压的峰值不得超过额定电压,否则电容器中的介质会被击穿造成电容器损坏。一般电容器的耐压值都标注在电容器外壳上,如果工作电压超过电容器的耐压,电容器会被击穿,造成不可修复的永久损坏。常用固定电容器的直流电压系列有 1.6V、4V、6.3V、10V、16V、25V、32*V、40V、50V、63V、100V、125*V、160V、250V、300*V、400V、450*V、500V、630V 及 1000V。其中,标有"*"的数值只限电解质电容器使用。

额定电压采用直标法,例如,16V、50V、63V、100V 等。也有采用代码法的,用字母或数字表示,但代码法不如直标法直观。瓷介电容器额定电压不同表示方法如表 3.8 所列。

表 3.8　瓷介电容器额定电压不同表示方法

额定电压 E_{dc}

直 标 法	三位数表示	代码(日本)	太 阳 诱 电	KEMET
4V	4R0	0G	A	
6.3V	6R3	0J	J	9
10V	100	1A	L	8
16V	160	1C	E	4
25V	250	1E	T	3
35V	350	1V	G	
50V	500	1H	U	5
100V	101	2A	H	1
200V	201	2D		2
250V	251	2E	Q	
300V	301	YD		
500V	501	2H		C
630V	631	2J	S	
1kV	102	3A		D
2kV	202	3D		G

CA45 片状钽电解质电容器上有两个主要标记：电容量代码和额定电压。额定电压可能直标，也可能标代码。表 3.9 供判断实物时参考。

表 3.9　CA45 片状钽电解质电容器额定电压的代码

额定电压/V	4	6.3	10	16	20	25	35	50
代码	G	J	A	C	D	E	V	H

4. 绝缘电阻

绝缘电阻是指电容器两极之间的电阻，也称漏电阻。其计算方法是将直流电压加在电容上，并产生漏电流，两极电阻之比则称为绝缘电阻。当电容较小时，绝缘电阻主要取决于电容的表面状态；容量$>0.1\mu F$ 时，主要取决于介质的性能。绝缘电阻越小越好。一般电容器绝缘电阻为 $10^8 \sim 10^{10} \Omega$，电容量越大绝缘电阻越小，所以不能单凭所测绝缘电阻值的大小来衡量电容器的绝缘性能。为恰当地评价大容量电容的绝缘情况而引入了时间常数，绝缘性能的优劣通常用绝缘电阻与电容量的乘积来衡量，称为电容器的时间常数。电解质电容器的绝缘电阻较小，一般采用漏电流来表示其绝缘程度。

5. 电容器的损耗

电容器在电场作用下，在单位时间内因发热所消耗的能量称为损耗。各类电容器都规定了其在某频率范围内的损耗允许值。电容器的损耗主要由介质损耗、电导损耗和电容器所有金属部分的电阻器损耗引起。

在直流电场的作用下，电容器的损耗以漏导损耗的形式存在，一般较小；在交变电场的作用下，电容器的损耗不仅与漏导有关，而且与周期性的极化建立过程有关。

6. 电容器的频率特性

频率特性是指电容器对各种不同的频率所表现出的性能，即电容器容抗等电参数随着电路工作频率的变化而变化的特性。在交流电路(特别是高频电路)中工作时，其容抗将随频率变化而变化,此时电路等效为 RLC 串联电路,因此电容器都有一个固有谐振频率。电容器在交流工作时,其工作频率应远小于固有谐振频率。在高频下工作的电容器,由于介电常数在高频时比低频时小,因此电容量将相应地减小。与此同时,它的损耗将随频率的升高而增加。此外,在高频工作时,电容器的分布参数,如极片电阻、引线和极片接触电阻,极片的自身电感、引线电感等,都将影响电容器的性能,由于这些因素的影响,使得电容器的使用频率受到限制。

不同介质材料的电容器,其最高工作频率也不同。例如,容量较大的电容器(如电解质电容器)只能在低频电路中正常工作,高频电路中只能使用容量较小的高频瓷介电容器或云母电容器;小型云母电容器最高工作频率在 250MHz 以内,圆片形瓷介电容器最高工作频率为 300MHz,圆管形瓷介电容器最高工作频率为 200MHz,圆盘形瓷介电容器最高工作频率为 3000MHz。

7. 温度系数

温度系数是指在一定温度范围内,温度每变化 1℃时,电容器容量的相对变化值。温度系数值越小,电容器的性能越好。

瓷介电容器和云母电容器要标注温度系数或特性,因为瓷介电容器和云母电容器有多种温度特性。其他电容器则不用标注温度系数或特性。瓷介电容器的温度特性有多种表示方法,目前比较多地采用美国电子工业协会(EIA)标准。其中 1 类瓷介电容器(高频瓷介电容器)用温度系数表示,2 类瓷介电容器(中频或低频瓷介电容器)用温度特性表示。1 类瓷介电容器电容量的温度系数是在规定温度范围内测得的电容量随温度的变化率,以 $10^{-6}/℃$ 为单位,比较常用的写为 ppm/℃。EIA 标准用“字母—数字—字母”这种代码形式来表示 1 类瓷介电容器的温度系数,如表 3.10 所列。

表 3.10　EIA 标准“字母—数字—字母”代码形式

a	b	c	d	e	f
温度系数的有效数字/(ppm/℃)	a 列的代码	a 列的乘数	c 列的代码	误差范围/(ppm/℃)	e 列的代码
0.0 1.0 1.5 2.2 3.3 4.7 7.5	C M P R S T U	−1 −10 −100 −1000 −10 000 +1 +10 +100 +1000 +10 000	0 1 2 3 4 5 6 7 8 9	±30 ±60 ±120 ±250 ±500 ±1000 ±2500	G H J K L M N

例如,用 C0G 表示温度系数为 −0ppm/℃ ±30ppm/℃,也就是 MIL 标准中的 NP0(负—正—零)。

“代码 1—代码 2”代码形式,如表 3.11 所示。

表 3.11　EIA 标准"代码 1—代码 2"代码形式

标称温度系数		允 许 偏 差	
代码 1	温度系数/(ppm/℃)	代码 2	偏差/(ppm/℃)
C	−0		
P	−150	G	±30
S	−330	H	±60
T	−470	J	±120
U	−750	K	±250
SL	−1000～+140		
UM	−1750～+140		

例如,代码 CG,表示温度系数为−0ppm/℃±30ppm/℃,也就是 EIA 的 C0G。

表 3.12 列出了国内曾规定过的高频瓷介电容器电容温度系数系列和颜色标记。

表 3.12　高频瓷介电容器电容温度系数系列和颜色标记

电容温度系数/$(10^{-6}/℃)$	+120±30	+30±30	0±30	−33±30	−47±30	−75±30	−150±40	−220
代码	A	U	O	K	Q	B	D	N
颜色标记	蓝	灰	黑	褐	浅蓝	白	橙底白色	黄
电容温度系数/$(10^{-6}/℃)$	−330	−470	−750	−1500	−2200 ±400	−4700 ±800	不规定	—
代码	J	I	H	L	Z	R	C	—
颜色标记	绿底黄色	青	红	绿	—	—	橙	—

　　2 类瓷介电容器用温度特性表示在规定范围内所出现的电容量最大可逆变化。通常以 20℃或 25℃为基准温度的电容量的百分比表示。EIA 标准用"字母—数字—字母"这种代码形式来表示 2 类瓷介电容器的温度特性,如表 3.13 所列。

表 3.13　EIA 标准"字母—数字—字母"代码形式

a	b	c	d	e	f
下限工作温度/℃	a 列的代码	上限工作温度/℃	c 列的代码	最大容量变化率/±%ΔC	e 列的代码
				1.0	G
				1.5	H
				2.2	J
		+45	2	3.3	K
		+65	4	4.7	L
+10	Z	+85	5	7.5	M
−30	Y	+105	6	10	P
−55	X	+125	7	15	R
		+150	8	22	S
				+22～−23	T
				+22～−56	U
				+22～−82	V

例如：

X7R——表示−55～+125℃内 ΔC 最大值±15％；

Y5V——表示−30～+85℃内 ΔC 最大值+22％～−82％；

Z5U——表示+10～+85℃内 ΔC 最大值+22％～−56％。

也有将 X7R 称为 2 类瓷介电容器，或称为中频瓷介电容器；将 Y5V 和 Z5U 称为 3 类瓷介电容器，或称为低频瓷介电容器。

选择 2 类瓷介电容器时要考虑其工作温度和容量变化，特别是低温时的特性，必要时可以从手册上查特性曲线后再判断。一般情况下不要采用 Z5U 系列(Z5U 系列工作温度+10～+85℃)。

EIA 标准"代码 1—代码 2"代码形式，如表 3.14 所列。

表 3.14　EIA 标准"代码 1—代码 2"代码形式

代码 1	最大允许变化		代码 2	温度范围/℃
	不加 UR/％	加 UR/％		
2C	±20	+20～−30	1	−55～+125
2D	+20～−30	+20～−40	2	−55～+85
2E	+22～−56	+22～−70	3	−40～+85
2F	+30～−80	+30～−90	4	−25～+85
2R	±15	+15～−40	5	+10～+85
2X	±15	+15～−25		

例如：代码 2X1，表示−55～+125℃内最大允许变化±15％，相当于 EIA 的 X7R。

除以上介绍的技术参数外，电容器在使用过程中还须考虑稳定性、使用寿命及可靠性等技术参数。常见的电容器参数如表 3.15 所列。

表 3.15　常用电容器的特性参数

电容种类	容量范围	直流工作电压/V	运用频率/MHz	准确度	漏电电阻/MΩ
中小型纸介电容	470pF～0.22μF	63～630	8 以下	Ⅰ～Ⅲ	＞5000
金属壳密封纸介电容	0.01μF～10μF	250～1600	直流、脉动直流	Ⅰ～Ⅲ	＞1000～5000
中、小型金属化纸介电容	0.01μF～0.22μF	160,250,400	8 以下	Ⅰ～Ⅲ	＞2000
金属壳密封金属化纸介电容	0.22μF～30μF	160～1600	直流、脉动电流	Ⅰ～Ⅲ	＞30～5000
薄膜电容	3pF～0.1μF	63～500	高频、低频	Ⅰ～Ⅲ	＞10 000
云母电容	10pF～0.51μF	100～7000	75～250 以下	Ⅱ～Ⅲ	＞10 000
瓷介电容	1pF～0.1μF	63～630	低频、高频 50～3000 以下	Ⅱ～Ⅲ	＞10 000
铝电解电容	1μF～10 000μF	4～500	直流、脉动直流	Ⅳ～Ⅴ	
钽、铌电解电容	0.47μF～1000μF	6.3～160	直流、脉动直流	Ⅲ～Ⅳ	
瓷介微调电容	2/7pF～7/25pF	250～500	高频		＞1000～10 000
可调电容	最小＞7pF 最大＜1100pF	100 以上	低频、高频		＞500

3.1.3 电容器的标示方法

1. 直标法

将电容器的容量、耐压及误差直接标注在电容器的外壳上(图 3.3),其中,误差一般用字母来表示。常见的表示误差的字母有 J($\pm5\%$)和 K($\pm10\%$)等。

例如,CT1-0.22μF-63V 表示圆片形低频瓷介电容器,电容量为 0.22μF,额定工作电压为 63V;CA30-160V-2.2μF 表示液体钽电解质电容器,额定工作电压为 160V,电容量为 2.2μF。

2. 文字符号法

文字符号法是指用阿拉伯数字和字母符号两者的有规律组合标注在电容器表面来表示标称容量,标注时应遵循下面规则:

(1) 凡不带小数点的数值,若无标志单位,则单位为 pF。例如,2200 表示 2200pF。

(2) 凡带小数点的数值,若无标志单位,则单位为 μF。例如,0.56 表示 0.56μF。

(3) 对于 3 位数字的电容量,前 2 位数字表示标称容量值,最后一个数字为倍率符号,单位为 pF。若第 3 位数字为 9,表示倍率为 10^{-1}。例如,$104 \rightarrow 10 \times 10^4 \, \text{pF} = 0.1\mu\text{F}$,$334 \rightarrow 33 \times 10^4 \, \text{pF} = 0.33\mu\text{F}$,$479 \rightarrow 47 \times 10^{-1} \, \text{pF} = 4.7\text{pF}$,参见图 3.4。

图 3.3　电容的直接标示法

图 3.4　电容的文字标示法

(4) 许多小型的固定电容器体积短小,为便于标注,习惯上省略其单位,标注时单位符号的位置代表标称容量有效数字中小数点的位置。例如,p33 代表 0.33pF,33n 代表 33 000pF=0.033μF,3μ3 代表 3.3μF。

3. 色标法

电容器色标法的原则及色标意义与电阻器色标法基本相同,颜色涂于电容器的一端或从顶端向引线排列。色标法就是用不同颜色的色带或色点,按规定的方法在电容器表面上标示出其主要参数的方法。电容器的标称值、允许偏差及工作电压均可采用颜色进行标示,其规定如表 3.16 所示。

表 3.16 电容器主要参数的色标规定

颜　色	有效数字 （第 1、2 位或第 3 位）	倍率 （倒数第 2 位）	允许偏差 （倒数第 1 位）/%	工作电压/V
银	—	10^{-2}	±10	—
金	—	10^{-1}	5	—
黑	0	10^{0}	—	4
棕	1	10^{1}	±1	6.3
红	2	10^{2}	±2	10
橙	3	10^{3}	—	16
黄	4	10^{4}	—	25
绿	5	10^{5}	±0.5	32
蓝	6	10^{6}	±0.25	40
紫	7	10^{7}	±0.1	50
灰	8	10^{8}	—	63
白	9	10^{9}	±30	—
无色	—	—	±20	—

色码一般只有三种颜色，前两环为有效数字，第三环为倍率，单位为皮法（pF），色码的读码方向是从顶部向引脚方向读。有时色环较宽，例如，红红橙，两个红色环涂成一个宽带，表示 22 000pF。电容器色标法的实物图如图 3.5 所示。

图 3.5　电容器色标法的实物[1]

小型电解质电容器的耐压也有用色标法标识的，位置靠近正极引出线的根部，所表示的意义为：黑、棕、红、橙、黄、绿、蓝、紫、灰表示的耐压值分别为 4V、6.3V、10V、16V、25V、32V、40V、50V、63V。

4. 电容器上的工程编码

电容器上工程编码的一般格式如表 3.17 所示。

表 3.17　电容器上工程编码的一般格式

CTS02	Y	684	M	35	S
形式	特点	电容值	误差	电压	绝缘套管

例如，在电容器上看到工程编码格式 CGA3E2X8R1H472K080AA，具体编码的含义如表 3.18 所示。

```
CGA   3   E   2   X8R   1H   472   K   080   A   A
 ①   ②   ③   ④   ⑤    ⑥    ⑦   ⑧   ⑨   ⑩   ⑪
```

表 3.18　电容器上工程编码含义表

序　号	含　义	
①	系列名称	Series Name
②	尺寸 $l \times w$(mm)	Dimensions $l \times w$(mm)
③	厚度 t 码(mm)	Thickness t Code(mm)
④	寿命试验电压条件	Voltage Condition for Life Test
⑤	温度特性	Temperature Characteristic
⑥	额定电压(DC)	Rated Voltage(DC)
⑦	标称电容量(pF)	Nominal Capacitance(pF)
⑧	电容公差	Capacitance Tolerance
⑨	标称厚度	Nominal Thickness
⑩	包装风格	Packaging Style
⑪	保留的特殊代码	Special Reserved Code

例如：CTS02Y684M35S 表示 680 000pF,35V

CT01X471T025S 表示 470μF,25V(铝电解电容)

CM01Y105K200 表示 1 000 000pF,200V

3.2　电容器的分类

电容器的分类多种多样,按其制造材料和结构的不同,可有不同的分类方式。不同类型的电容器,其特点、用途不同。

(1) 电容器按照结构及电容量是否能调节,可分为三大类：固定电容器、可调电容器和微调电容器。

(2) 电容器按其极性不同,可分为无极性电容器和有极性电容器。

(3) 电容器按其使用介质材料的不同,可分为有机介质电容器(包括漆膜电容器、混合介质电容器、纸介电容器、有机薄膜电容器、纸膜复合介质电容器等)、无机介质电容器(包括瓷介电容器、云母电容器、玻璃膜电容器、玻璃釉电容器等)、电解质电容器(包括铝电解质电容器、钽电解质电容器、铌电解质电容器、钛电解质电容器及合金电解质电容器等)、电热电容器和气体介质电容器(包括空气电容器、真空电容器和充气电容器等)。

(4) 电容器按其用途及作用的不同,可分为高频电容器(包括陶瓷电容器、云母电容器、玻璃膜电容器、涤纶电容器、玻璃釉电容器等)、低频电容器(包括纸介电容器、陶瓷电容器、铝电解质电容器、涤纶电容器等)、高压电容器、低压电容器、耦合电容器(包括纸介电容器、陶瓷电容器、铝电解质电容器、涤纶电容器、固体钽电容器等)、旁路电容器、滤波电容器(包括铝电解质电容器、纸介电容器、复合纸介电容器、液体钽电容器等)、中和电容器、小型电容器(包括金属化纸介电容器、陶瓷电容器、铝电解质电容器、聚苯乙烯电容器、固体钽电容器、玻璃釉电容器、金属化涤纶电容器、聚丙烯电容器、云母电容器等)和调谐电容器(包括陶瓷电容器、云母电容器、玻璃膜电容器、聚苯乙烯电容器等)。

（5）电容器按制造材料的不同,可分为瓷介电容器、涤纶电容器、电解质电容器、钽电容器,还有先进的聚丙烯电容器等。

常用电容的性能以及特点如表 3.19 所示。

表 3.19　常用电容的性能以及特点

电容名称	容量范围	额定工作电压/V	主要性能特点
纸介电容	1000pF~0.1μF	160~400	成本低,损耗大,体积大
云母电容	4.7pF~30 000pF	250~7000	耐压高,耐高温,漏电小,损耗小,性能稳定,体积小,容量小
陶瓷电容	2pF~0.047μF	160~500	耐高温,漏电小,损耗小,性能稳定,体积小,容量小
涤纶电容	1000pF~0.5μF	63~630	体积小,漏电小,重量轻,容量小
金属膜电容	0.01μF~100μF	400	体积小,电容量较大,击穿后有自愈能力
聚苯乙烯电容	3pF~1μF	63~250	漏电小,损耗小,性能稳定,有较高的精密度
钽电解质	1μF~20 000μF	3~450	电容量大,有极性,漏电大

（6）电容器按其封装外形的不同,可分为圆柱形电容器、圆片形电容器、管形电容器、叠片形电容器、长方形电容器、珠状电容器、方块状电容器和异形电容器等。

3.2.1　纸介电容器

纸介电容器(CZ)是由极薄的电容器纸,夹着两层金属铝箔作电极,一起卷绕成圆柱体芯子,再浸渍并放在模子里灌封而成的,也可装在铝壳或瓷管内加以密封。纸介电容器的外形如图 3.6 所示。

纸介电容器是最古老的有机介质电容器。它的特点是电容量和工作电压范围都很宽,且工艺简单,成本低;但其电容量精度不易控制,且损耗大,稳定性差。它应用在直流和交流电路中,还可作为储能电容器。通常纸介电容器不易在高频下使用。

纸介电容器的介质是电容器纸,它的性能直接影响着电容器质量的优劣。电容器纸标称厚度为 $4\sim12\mu m$,其中不可避免地存在着针孔、导电微粒以及其他各种粒子,因此限制了电容器纸厚度的继续减薄,在使用上多半是双层或多层叠加,同时还要浸渍、封装。随着电子学的发展,纸介电容器不能满足低电压和小型化方面的要求,所以纸介电容器现在仅应用在高压电路中,而且产量已逐年降低。

纸介电容器在绕法上有无感和有感两种。有感式绕成的芯子相当于一个有很多圈数的带状线圈,因此电感较大。无感式绕法是将金属箔分别向电容器纸的两边错开,使箔带的侧边伸出纸带外边。卷绕成圆柱芯子后焊上引线,这样就使电极金属箔各圈间互相短接,因此电感量很小。这种绕法的电容器可以用在高频电路中。

目前国内生产的纸介电容器有 CZGX、CZ、CZ11、CZ30、CZ31、CZ82 等型号。标称容量为 100pF~10μF;额定工作电压为 63V~20kV;容量允许偏差为 ±5%、±10%、±20%;工作温度为 $-55\sim+70℃$。

金属化纸介电容器(CJ)是纸介电容器的重大改进。它是用金属化纸制成的电容器。它的电极不是金属箔,而是用真空蒸发的方法在电容器纸上淀积一层极薄的金属膜(0.1μm

以下)做成。金属化纸介电容器的外形如图 3.7 所示。

图 3.6 纸介电容器的实物   图 3.7 金属化纸介电容器实物

　　金属化纸介电容器比纸介电容器体积小,重量轻,具有"自愈"能力,在低压范围内取代了一般的纸介电容器。金属化的材料是铝和锌。由于铝金属化性能稳定,电性能优良,所以常用铝金属化而不用锌金属化。

　　纸介电容器在击穿以后就不能再使用了,可是金属化纸介电容器就不同,在击穿以后,由于金属膜很薄,击穿区的短路电流产生的热量足以把导电连接物及击穿处附近的金属覆盖层在很短的时间内熔化并蒸发掉,使击穿中心的短路电流立即中断。这样,电容器两极之间又重新绝缘,电容器就得到了再生,并能满意地工作。这里需要指出,如果发生了过电压大面积击穿,金属化纸介电容器将不能自愈。

　　目前国内生产的金属化纸介电容器品种型号有 CJ10、CJ11、CJ30、CJ31、CJ40、CJ41 等。标称容量为几千皮法至几百微法;允许偏差为 ±5%、±10%、±20%;工作电压为 63～1600V;使用环境温度为 −55～+85℃。

3.2.2　云母电容器

　　云母电容器(CY)以云母作为介质,以金箔或涂敷在云母片上的金属层作为电极,通常采用多层平行板式结构。云母电容器的实物如图 3.8 所示。

　　云母电容器的介质是一种天然云母,它容易沿着平面方向剥离成几微米的薄片。它的机械强度较高,热导率较大,在高温下性能稳定。云母的介电性能优良,介质损耗小,而且在宽的温度和频率范围内变化很小。

　　云母电容器绝缘强度高,在非常高的温度下,能耐高电压,损耗小,而且温度频率特性稳定、防潮性能好,能在高湿环境中工作,电容精度也比较高。由于天然云母稀少,制造电容器时对云母片的质量要求很高,剥片利用率较低,所以云母电容器成本较高。要得到大容量,体积也较大。为了降低成本,解决材料来源,通常用云母粉纸、人造云母和云母玻璃来代替天然云母片。

图 3.8 云母电容器的实物

　　为了提高云母电容器的稳定性和改善防湿性能,云母电容器芯子通常采用电气性能好、防湿性能强的有机绝缘材料进行真空浸渍,再封装外壳。封装方法有浸涂、灌注和注塑成型等。

云母电容器可应用于交直流和脉冲电路中,特别适用于高频振荡回路。目前国内生产的云母电容器有 CY、CY31、CY32、CY2 等型号。标称容量为 4.7~200 000pF;工作电压为 100~8000V;容量偏差为 ±0.5%~±20%;温度系数一般小于 ±50×10⁻⁶/℃;工作温度为 −55~+125℃。

3.2.3　瓷介电容器

以陶瓷为介质的电容器通称为瓷介电容器,又称陶瓷电容器。它是在陶瓷两面被覆烧渗一层金属作为电极,引线后涂上保护层而成的。瓷介电容器的实物如图 3.9 所示。

陶瓷电容器的原材料丰富,结构简单,价格低,体积小,电容量范围较宽,损耗小,耐高温,电容温度系数可在很大范围内调整,因此它广泛应用在电子设备中,从直流、交流电路到脉冲电路和高频电路。

瓷介电容器品种繁多,外形尺寸相差也很大。

按功率大小,可分为低功率和高功率瓷介电容器;按工作电压,可分为低压和高压瓷介电容器;按结构形状,可分为圆片形、管形、鼓形、筒形、板形、叠片、独石、块状、穿心式等瓷介电容器;按使用的介质材料特性,可分为Ⅰ型、Ⅱ型和半导体瓷介电容器。

Ⅰ型瓷介电容器是高频瓷介电容器。其特点是温度系数在一定范围内呈线性变化。它的介质损耗小,线绕电阻高,电压和频率特性稳定。但由于工艺上的限制,电容量不能做得很大。Ⅰ型瓷介电容器适用于高频回路和要求损耗小、电容量稳定的电路。

Ⅱ型瓷介电容器是指用铁电陶瓷作介质的电容器,又称为低频瓷介电容器。这类电容器电容量大,电容量随湿度呈非线性,损耗较大,常在电子设备中用作隔直流、旁路、耦合和滤波等。

目前国内生产的瓷介电容器有 CT1、CT3、CTM、CCG1、CC1、CC2 等型号。标称容量为 10~100000pF;工作电压为 63V~30kV;容量偏差为 ±5%、±10%、±20%;工作温度为 −55~+85℃,个别品种的工作温度为 −55~+125℃。

此外,独石电容器实际上也是一种瓷介电容器,由多层叠片烧结成整体独石结构。陶瓷材料以钛酸钡和复合钙钛型化合物为主要原料,制成浆料,经轧膜、挤压或流延法形成生坯陶瓷薄膜,再经烘干、印制内电极、叠片、切割、涂端头电极、烧结而成,烧成温度为 880~1100℃。独石电容器有带引线树脂包封的和不带引线也无包封的块状裸露的两种。它外形具有独石形状,相当于若干个小陶瓷电容器并联,容量大、耐温性能好、体积小,是小型陶瓷电容器。它还具有可靠性高、电容量稳定、耐湿性好等特点,广泛应用于电子精密仪器及各种小型电子设备中,起谐振、耦合、滤波、旁路作用。独石电容器的实物如图 3.10 所示。

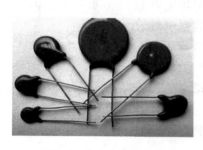

图 3.9　瓷介电容器实物

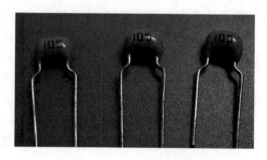

图 3.10　独石电容器实物

独石电容器容量为 $0.5pF\sim1\mu F$,耐压可为 2 倍额定电压。在振荡频率要求稳定性较高的电路中使用,效果会差一些。独石电容器广泛用于印刷电路、厚薄膜混合集成电路中作外贴元件。片状独石陶瓷电容器已广泛用于钟表、电子摄像机、医疗仪器、汽车、电子调谐器等。

3.2.4 玻璃釉电容器

玻璃釉电容器(CI)是一种常用电容器件,采用钠、钙、硅等粉末按一定比例混合压制成薄片为介质,并在各自薄片上涂敷银层,若干薄片叠加在一起进行熔烧,再在端面上焊上引线,最后再涂以防潮绝缘漆制成,外形与独石电容器相似。

因釉粉有不同的配制工艺方法,因而可获得不同性能的介质,也就可以制成不同性能的玻璃釉电容器。玻璃釉电容器具有介质介电系数大、体积小、损耗较小等特点,耐温性和抗湿性也较好。电容量一般为 $10pF\sim0.1\mu F$,额定电压一般为 $63\sim400V$。玻璃釉电容器适合半导体电路和小型电子仪器中的交、直流电路或脉冲电路使用。玻璃釉电容器的实物如图 3.11 所示。

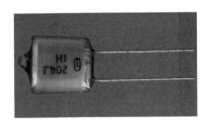

图 3.11　玻璃釉电容器实物

3.2.5 涤纶电容器

涤纶电容器(CL)是以极性有机介质聚酯薄膜作介质的电容器,又称为聚酯电容器。

涤纶电容器按照它的电极构成可分为箔式和金属化两种。箔式涤纶电容器是用金属箔带作电极,中间夹涤纶薄膜作介质卷绕而成。金属化涤纶电容器则采用真空蒸发工艺,在真空中把金属(铝或锌)蒸发到涤纶薄膜上做成电极卷绕而成。由于电极很薄,所以制成的电容器的体积极小。

金属化涤纶电容器与其他金属化电容器一样具有自愈特性。金属化涤纶电容器在焊接引线之前,在电容器芯子两端分别喷上了一层金属,从而增加了引出线与电板的接触面,有效地消除了因卷绕工艺带来的电感,使这种电容器具有无感特性,这使金属化涤纶电容器在性能上更优于箔式涤纶电容器,但它的成本也要高些。

涤纶电容器的电容量为几皮法到几微法,容量允许误差为 $\pm5\%$、$\pm10\%$ 和 $\pm20\%$ 等。额定直流工作电压为 63V、100V 和 160V;工作温度为 $-55\sim+85℃$。密封金属化涤纶电容器的直流工作电压还有 250V、400V 和 630V 几种,工作温度为 $-55\sim+125℃$。

涤纶电容器可用于各种电子仪器仪表、电视机和晶体管收音机的直流和脉冲电路中作耦合、退耦、旁路和隔直流等。近年来还生产出了一种体积只有同类产品的 $\frac{1}{3}$ 大小的超小型涤纶电容器,电容量为 $0.1\sim10\mu F$,额定直流工作电压为 100V。

涤纶电容器的实物如图 3.12 所示。涤纶电容器的代表符号用 CL 表示,其中 C 表示电容器,L 表示涤纶。

图 3.12　涤纶电容器实物

常用的有 CL1 型涤纶电容器和 CL2 型密封铝金属化涤纶电容器。

3.2.6　有机薄膜电容器

有机薄膜电容器是以有机塑料薄膜作介质,结构与纸介电容器相同,介质是涤纶或者聚苯乙烯,以金属箔或金属化薄膜作电极,通过卷绕方式制成(叠片结构除外),其中以聚酯薄膜介质和聚丙烯薄膜介质应用最广。有机薄膜电容器有两种,一种是以金属箔和涤纶薄膜卷绕而成,另一种是金属化涤纶电容器。金属化涤纶电容器除具有自愈功能外,在焊接成引线前,还在电容器芯子两端分别喷上一层金属薄层,增加引出线与电极接触面(不是从金属膜一端引出电极),可以消除卷绕带来的电感,具有体积小、无感的特点,常用于电视机以及各种仪器仪表,起旁路、退耦、滤波、耦合作用。聚酯(涤纶)电容器电容量一般为 40pF～4μF,额定电压为 63～630V。

有机薄膜电容器具有很多优良的特性,是一种性能优秀的无极性电容器,其绝缘阻抗很高,频率特性优异(频率响应宽),且介质损耗很小。尤其是在信号交变的电路,必须使用频率特性良好、介质损耗极低的电容器,方能确保信号在传送时,不致有太大的失真。在所有的有机薄膜电容器中,又以聚丙烯(PP)电容器和聚苯乙烯(PS)电容器的特性最为显著。有机薄膜电容器的实物如图 3.13 所示。

图 3.13　有机薄膜电容器实物

1. 聚苯乙烯电容器

聚苯乙烯电容器是以非极性的聚苯乙烯薄膜为介质制成的电容器。由于聚苯乙烯薄膜的机械强度大、吸水率小、化学性能稳定且电性能优良,所以这种电容器绝缘电阻高,可达 1×10^5 MΩ,而且介质损耗小,介质吸收率小,电参数随温度和频率的变化又很小。其电容温度系数约为 100×10^{-6}/℃,电容量精度高,一般达 0.5%,最高可达 ±0.05%。聚苯乙烯电容器常用于各种精密仪器仪表和测量设备中,作为振荡电容、耦合电容、积分电容。其主要缺点是体积大、耐温低、工作温度不高(最高被限制在 +75℃)。

聚苯乙烯电容器分箔式和金属化两种。金属化聚苯乙烯电容器可以做成叠片形式,塑料外壳封装,以适应印刷电路板安装的需要。

国内生产的聚苯乙烯电容器有 CB10、CB11、CB14、CB40、CB80 等型号。标称容量为 47pF～1μF;工作电压一般为 63～1500V;容量偏差为 ±0.5%、±1%、±5%、±10%、

±20%；电容温度系数一般为－200×10^{-6}/℃,工作环境温度为－60～＋70℃。

2. 聚丙烯电容器

聚丙烯电容器是在 20 世纪 60 年代发展起来的新品种,它是无极性有机介质电容器中的优秀品种之一。

这种产品具有优良的高频绝缘性能,电容量和损耗角正切值在很大频率范围内与频率变化无关,与温度变化的关系也很小,此外,介电强度随温度上升而增加,这是其他介质材料难以具备的特点。它的耐温性好,吸收系数小,其机械性能也比聚苯乙烯好,而且其价格适中,使产品具有竞争力。该产品用于电视机、仪器仪表的高频电路中作积分电容,也可用在其他交流电路中。在某些应用领域里已有取代纸介电容器和聚苯乙烯电容器的趋势。

3. 聚四氟乙烯电容器

它是用聚四氟乙烯薄膜作介质的电容器。该产品的特点是工作温度范围宽,低温为－150℃,高温可达 250℃,在这样宽的温度范围内介质膜不发脆。其绝缘电阻高,高频损耗小,耐化学腐蚀性好,常被用在高温设备和高频电路中,如地质钻探、航天装置的仪器及设备等。其缺点是耐电压性差,成本高。这种电容器适用于高温、高绝缘、高频等场合。

4. 聚碳酸酯薄膜电容器

这种电容器的电性能比聚酯电容器好一些,耐热性与聚酯电容器相似,可代替聚酯、纸介电容器,已广泛应用在直流、交流及脉动电路中。

5. 聚酰亚胺薄膜电容器

这种电容器的电性能与聚酯电容器相似,而耐热性、耐寒性与聚四氟乙烯电容器相近,且耐辐射、耐燃烧。它能在有辐射等恶劣条件下工作。

6. 复合薄膜电容器

该电容器选择了 2 种不同的薄膜(或纸与薄膜)复合作介质。例如,用聚苯乙烯薄膜与聚丙烯薄膜复合制作的电容器,这种电容器比聚苯乙烯电容器提高了抗电强度和上限工作温度,减小了体积,但电容量的温度系数和损耗角正切值较差。

7. 漆膜电容器

这种电容器的最突出的优点是体积小,容量大。温度特性和容量稳定性都优于涤纶电容器,它在电路中可替代部分电解质电容器,性能比电解质电容器好很多。其缺点是工作电压不易做得很高,一般工作电压为直流 40V。

8. 叠片形金属化聚碳酸酯电容器

这是一种新型的无感式结构的有机介质电容器。特点是高频损耗小、自愈能力强、耐脉冲性、无感、电容量大,可与片状Ⅰ类陶瓷电容器相比。这种电容器性能优良,易于自动化生产,已广泛应用于收音机、电视机和录音机中。

前述的电容器都是常见的无极性电容器,其中,纸介、有机薄膜电容器为有机电容器,云母、瓷介、独石、玻璃釉电容器为无机介质电容器。在实际应用中,应根据电路的电气性能选用适合的电容器。

3.2.7 电解质电容器

电解质电容器的内部有存储电荷的电解质材料,分正、负极性,类似于电池,不可接反。正极为粘有氧化膜的金属基板,负极通过金属极板与电解质(固体和非固体)连接。

无极性(双极性)电解质电容器采用双氧化膜结构,类似于两只有极性电解质电容器将两个负极连接后构成,其两个电极分别为两个金属极板(均粘有氧化膜)相连,两组氧化膜中间为电解质。有极性电解质电容器通常在电源电路或中频、低频电路中起电源滤波、退耦、信号耦合及时间常数设定、隔直流等作用。无极性电解质电容器通常用于音响分频器电路、电视机S校正电路及单相电动机的启动电路。

电解质电容器的工作电压为 4V、6.3V、10V、16V、25V、35V、50V、63V、80V、100V、160V、200V、300V、400V、450V、500V,工作温度为 $-55\sim+155℃$(4~500V),特点是容量大、体积大、有极性,一般用于直流电路中作滤波、整流。目前最常用的电解质电容器有铝电解质电容器和钽电解质电容器。

1. 铝电解质电容器的结构特点

与其他类型的电容器相比,铝电解质电容器在结构上表现出如下明显的特点。

(1)铝电解质电容器的工作介质为通过阳极氧化的方式在铝箔表面生成一层极薄的三氧化二铝(Al_2O_3),此氧化物介质层和电容器的阳极结合形成一个完整的体系,两者相互依存,不能彼此独立。而通常所说的电容器,其电极和电介质是彼此独立的[2]。铝电解质电容器的芯子是由阳极铝箔、电解液、阴极铝箔、电解纸 4 层重叠卷绕而成;芯子浸渍电解液后,用铝壳和胶盖密闭起来构成一个电解质电容器。

(2)铝电解质电容器的电介质由电解纸和氧化铝层共同充当,这种单元具有很小的电容量。注入电解液后,阴极、阳极铝箔就有了电气接触,电介质就由阳极铝箔上的氧化铝层独自作用,而电解液就形成了电容阴极。电容器的特性由这些电解液决定,电解纸的主要作用是以其毛孔存储电解液,提供阻止电气短路的足够空间,并提供阴阳铝箔所需的介电强度,电介质层构成了一个随电压变化而变化的电阻器,此电阻器的电流即所谓的漏电流。

(3)阴极铝箔在电解质电容器中起到电气引出的作用,因为作为电解质电容器阴极的电解液无法直接与外电路连接,必须通过另一金属电极和电路的其他部分构成电气通路。

(4)铝电解质电容器的阳极铝箔、阴极铝箔通常均为腐蚀铝箔,实际的表面积远大于其表观表面积,这也是铝质电解质电容器通常具有大电容量的一个原因。由于采用具有众多微细蚀孔的铝箔,通常需用液态电解质才能更有效地利用其实际电极面积。

(5)由于铝电解质电容器的介质氧化膜是采用阳极氧化的方式得到的,且其厚度正比于阳极氧化所施加的电压,所以,从原理上来说,铝质电解质电容器的介质层厚度可以人为地精确控制。

铝电解质电容器具有优越的介电常数及单向特性,电介质这一特性决定了电解质电容器的单向极性应用。由于氧化铝膜类似 PN 结,具有单向导电性,所以只有正极接高电位,负极接低电位时,介质起绝缘作用,电解质电容器才能正常工作;如果反接,氧化铝膜处于导通状态,即正向导通,则电容的漏电流很大,将失去电容器的作用,严重时电解液电解产生气泡会发生爆炸。若阴、阳极都有此同样的氧化薄膜,就成为无极性电解质电容器。在工艺上,这一氧化薄膜是在一片高纯度的蚀刻铝箔上进行极化而得。铝电解质电容器常见的结构和实物如图 3.14 所示。

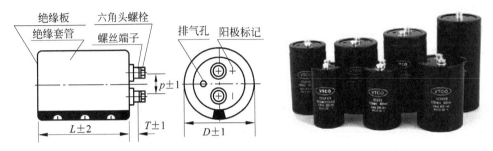

图 3.14　铝电解质电容器的结构和实物

铝电解质电容器是目前应用最多的一种电解质电容器,这种电容器的显著优点是电容量大,体积适中,价格低廉。该电容器在出厂前需要经过直流电压处理,使正极片上形成一层氧化膜作介质。铝电解质电容器电容量为 $0.47\sim10\,000\mu F$,额定电压为 $6.3\sim50V$。在直流电压的连续影响下,铝电解质电容器的氧化铝薄膜会逐渐变厚,电解液由于连续工作引起水分蒸发导致电解液逐渐变稠甚至干涸变质,导致失效;若长期搁置,氧化膜会在电解液微弱的溶解力作用下逐渐变薄,因而绝缘电阻变小,漏电流增大,耐压降低。所以,存储日久的铝电解质电容器不能立即使用,必须先进行激活处理,重新赋能,使氧化膜逐渐得到恢复。

铝电解质电容器主要特点为有正负极性,体积小,容量大,损耗大,漏电较大,常应用于电源滤波、低频耦合、去耦、旁路或低频电路中。

2. 钽电解质电容器

钽电解质电容器(CA)是由钽金属作正极,电解质作负极,以钽表面生成的氧化膜为介质的一种电解质电容器。由于氧化钽化学稳定性很高,因此这类电容器漏电流很小,绝缘电阻大,性能稳定,可靠性高,寿命长。此外,氧化钽的介电常数比氧化铝的介电常数大两倍,正极可以用钽粉压制成块并经真空高温烧结成多孔状,表面积很大,所以钽电解质电容器的体积小、容量大。

按电解质性质可分为固体电解质和非固体电解质钽电容器。按正极形状可分为绕结式、箔式和丝式。

钽电解质电容器价格昂贵,通常只在要求很高的场合下才应用。在长期工作不便或不能修理的系统中,如电话、地下和水底电线、人造卫星内被大量采用。在工业控制中,为了定时正确,要求电容器漏电特别小,通信也用钽电容代替铝电解质电容器。

目前国内生产的钽电解质电容器有 CA、CA7、CA30、CA40、CA70 等型号。标称容量一般为 $1\sim3000\mu F$,工作电压为 $6.3\sim600V$,允许偏差为 $\pm10\%$、$\pm20\%$ 等,环境温度为 $-55\sim+125℃$。钽电解质电容器实物如图 3.15 所示。

图 3.15　钽电解质电容器 CA51S-63V-10μF 实物

3. 铌电解质电容器

铌电解质电容器具有比铝电解质电容器更加优越的性能,而价格比钽电解质电容器便宜,在电解质电容器领域颇有发展前途。早在 20 世纪六七十年代,以美国和苏联为首的国家就开始了对铌电解质电容器的研究。但在工艺过程中,由于热和电学应力使五氧化二铌介质膜遭到严重破坏,导致电容器漏电流大,产品失效率高。我国也开展过这方面的研究,还专门召开了研制发展铌电解质电容器专题会议,成立了铌电容器实验室,但生产出的铌电解质电容器存在许多质量问题,如漏电流大、存储性能差[3]。随着粉末生产技术的不断提高,铌粉的电性能有了很大的提高,为铌电解质电容器的研制奠定了基础。新型铌电解质电容器性能优良、价格便宜,目前已被世界各国的电容器行业广泛关注。铌电解质电容器的制备必须避免铌阳极含氧过饱和,即必须防止生成次氧化物抑制氧通过膜和界面迁移保证介质层的热稳定。

铌电解质电容器的结构与钽电解质电容器相似,其介质采用五氧化二铌(Nb_2O_5)。五氧化二铌的介电常数比氧化钽大得多。铌电解质电容器的体积更小,其他性能比钽电解质电容器稍差。

铌和钽、铝一样,其表面可以形成介电氧化膜。铌电解质电容器的最大问题是热和电应力对介电氧化膜的破坏,造成漏电流增大,电容器失效。铌电解质电容器的恶化机理与钽电解质电容器类似,是由无定形介电氧化膜的晶化作用和阳极介电质的表面脱氧反应造成的。铌在固体电解质电容器中,可有效替代钽,因为铌质量轻且价格便宜。

尽管这几种金属在晶体结构和物理化学性质上很相似,但钽、铌电解质电容器的电性能是不同的。在寿命测试时,其漏电流有增加的倾向,最终导致失效。钽电解质电容器的漏电流在长时间内没有明显的变化,但偶尔也会急剧增大,发生一些灾难性的失效。铌电解质电容器的频率特性和温度特性与钽电解质电容器非常相似,都优于铝电解质电容器。铌电解质电容器的一个重要特征是漏电流变大通常不会被击穿;相反,钽电解质电容器的失效是击穿和短路,严重时会造成电容器着火和燃烧。铌电解质电容器实物如图 3.16 所示。

图 3.16　铌电解质电容器实物

3.2.8 可调电容器

可调电容器是一种电容量可以在一定范围内调节的电容器,当极片间相对的有效面积或片间距离改变时,它的电容量就相应地变化。可调电容器通常在无线电接收电路中作调谐电容器用。

1. 可调电容器简介

可调电容器由两组金属片组成,其中一组金属片是固定不动的,称为定片;另一组金属片和转轴相连,能在一定角度内转动,称为动片。转动动片可以改变两组金属片之间的相对面积,使电容量可调。动片全部旋入时,动片与定片交叠的面积最大,电容量最大;动片全部旋出时,电容量最小。可调电容器的动片可合装在同一转轴上,组成同轴可调的电容器(俗称双联、三联等)。可调电容器都有一个长柄,可装上拉线或拨盘调节。使用可调电容器时,动片应接地,避免调节时人体通过转轴感应引入噪声。

可调电容器按其使用的介质材料可分为空气介质可调电容器和固体介质可调电容器[6]。空气介质可调电容器电容量一般为 $100\sim1500\mathrm{pF}$,体积大,损耗小,效率高;可根据要求制成直线式、直线波长式、直线频率式及对数式等;常应用于电子仪器、广播电视设备等。固体(聚苯乙烯)介质可调电容器可做成密封式的,电容量一般为 $15\sim550\mathrm{pF}$,体积小,重量轻,损耗比空气介质的大,多用在晶体管收音机中。

空气介质可调电容器分为空气单联可调电容器(简称空气单联)和空气双联可调电容器(简称空气双联,由两组动片、定片组成,可以同轴同步旋转)。空气介质可调电容器一般用在收音机、电子仪器、高频信号发生器、通信设备及有关电子设备中。

常用的空气单联可调电容器有 CB-1-×××系列和 CB-×-×××系列,常用的空气双联可调电容器有 CB-2-×××系列和 CB-2×-×××系列。空气介质可调电容器的实物如图 3.17 所示。

固体介质可调电容器是在其动片与定片(动、定片均为不规则的半圆形金属片)之间加入云母片或塑料(聚苯乙烯等材料)薄膜作为介质,外壳为透明塑料。其优点是体积小、重量轻;缺点是噪声大、易磨损。固体介质可调电容器的实物如图 3.18 所示。

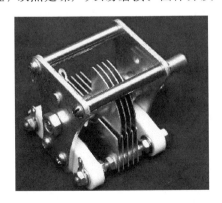

图 3.17 空气介质可调电容器实物

图 3.18 固体介质可调电容器实物

固体介质可调电容器分为密封单联可调电容器(简称密封单联)、密封双联可调电容器(简称密封双联,由两组动片、定片及介质组成,可同轴同步旋转)和密封四联可调电容器(简称密封四联,由四组动、定片及介质组成)。

密封单联可调电容器主要用在简易收音机或电子仪器中;密封双联可调电容器用在晶体管收音机和有关电子仪器、电子设备中;密封四联可调电容器常用在 AM/FM 多波段收音机中,它在动片和静片之间加上云母或塑料薄膜做介质,这种电容器因为动片与静片的距离近,因而体积小。

(1)密封双联可调电容器。把两组可调电容装在一起同轴转动,叫双联。双联可调电容器又分为两种:①等容双联可调电容器。等容双联就是将两个单联结构的可调电容器连在一起,两个单联的容量相等,由一个转柄控制两联的动片同步变化,这种双联可调电容器一般都是共用一个动片。②差容双联可调电容器。差容双联就是指两个联的容量不相等,但仍由一个转柄控制两个联动片的转动。例如:超外差式收音机中片数少的(或片距大的)、电容量较小的振荡连接于振荡电路中,电容量大的调谐连接入调谐电路中。双联可调电容器的实物如图 3.19 所示。

(2)密封四联可调电容器。四联电容器的四联也是受一个转柄的同步控制。四联可调电容器一般为密封式,多用于超外差调频调幅收音机中。四联可调电容器的实物如图 3.20 所示。

图 3.19　双联可调电容器实物

图 3.20　四联可调电容器实物[7]

可调电容器的电路符号如图 3.21 所示。图 3.21(a)是可调电容器的电路符号;图 3.21(b)是微调电容器的电路符号;图 3.21(c)是双联可调电容器的电路符号,用虚线表示它的两个可调电容器的容量调节是同步的;图 3.21(d)是四联可调电容器的电路符号,用虚线表示它的四个可调电容器的容量调节是同步的。

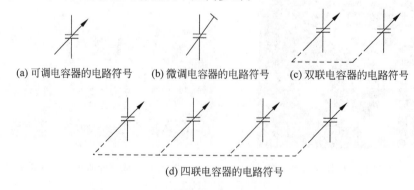

(a)可调电容器的电路符号　　(b)微调电容器的电路符号　　(c)双联电容器的电路符号

(d)四联电容器的电路符号

图 3.21　可调电容器和微调电容器的电路符号

2. 微调电容器简介

微调电容器又称半可调电容器,是由两片或两组小型金属弹簧片之间夹绝缘介质而组成的。微调电容器是一种可调电容器,只是容量变化范围较小,通常只有几皮法到几十皮法,并且调整后固定于某个电容值。

微调电容器的电容量可在某一小范围内调整,并且静电容量可以自由地改变。一般来说,一次设定后基本上就无须变动。相比一般的电容器,微调电容器增加了静电容量调整的功能,其原理(方法)主要有以下3种,通常大多采用方法1。

方法1:改变电极重叠面积。

方法2:改变电极重叠间的距离。

方法3:改变电介质的相对介电常数。

微调电容器多用在收录机等的输入调谐回路和振荡回路中起补偿作用。微调电容器的主要作用是用于与电感线圈等振荡元件来调整谐振频率。微调电容器在实际应用中具有与固定电容器相同的功能,但是它的灵活性在于可以调整容量大小,通过这一功能,与电感等元件实现电路的共振。通常体现微调电容器的一个重要指标就是共振频率的高低,共振频率越高,其精密度就越好。微调电容器的外形多种多样,图3.22中给出了比较常见的微调电容器的实物。

图3.22　微调电容器实物

按材质结构分,微调电容器可分为瓷介微调电容器、薄膜微调电容器、云母微调电容器、活塞式微调电容器、空气介质微调电容器、拉线微调电容器等多种。

(1)瓷介微调电容器。该电容器是用陶瓷作为介质,是目前较常见的微调电容器。瓷介微调电容器由两块镀有半圆银层的瓷片构成,上片为动片,下片为定片,旋转动片来改变两银片之间的距离,即可改变电容量的大小。当动片镀银面旋至定片引出线一侧时,两半圆银层相对面积最大,电容量最大。可调电容量为0.3~22pF,应用于精密调谐的高频振荡回路。这种微调电容器耐磨,损耗较小,体积较小,寿命长。瓷介微调电容器接入电路时,应使动片接地,以防止调节时人体感应。瓷介微调电容器的 Q 值高,体积也小,通常可分为圆管式及圆片式两种。瓷介微调电容器的实物如图3.23所示。

(2)薄膜微调电容器。薄膜微调电容器是用有机塑料薄膜作为介质,即在动片与定片

图 3.23　瓷介微调电容器实物

（动、定片均为不规则半圆形金属片）之间加上有机塑料薄膜,调节动片上的螺钉使动片旋转,即可改变电容量。薄膜微调电容器一般分为双联微调和四联微调。有的密封双联或密封四联可调电容器上自带薄膜微调电容器,将双联或四联与微调电容器制为一体,将微调电容器安装在外壳顶部,使用和调整就方便了。焊接时应避免过热,把薄膜损坏。薄膜微调电容器的实物如图 3.24 所示。

图 3.24　薄膜微调电容器实物

　　（3）云母微调电容器。该电容器是通过螺钉调节片与定片之间的距离来改变电容量的。动片为具有弹性的铜片或铝片,定片为固定金属片,其表面贴有一层云母薄片作为介质。云母微调电容器有单联微调和双联微调之分,电容量均可以反复调节。云母微调电容器的实物如图 3.25 所示。

图 3.25　云母微调电容器实物

　　（4）活塞式微调电容器。该类电容器用可微调的金属杆作内电极,以烧渗银层作外电极,以玻璃管或陶瓷管作介质。它的微调精度很高,常用于精密电子仪器中。活塞式微调电容器的实物如图 3.26 所示。

　　（5）拉线微调电容器。拉线微调电容器又称为管型微调电容器,早期用于收音机的振荡电路中作为补偿电容,它是以镀银瓷管基体作定片,外面缠绕的细金属丝（一般为细铜线）

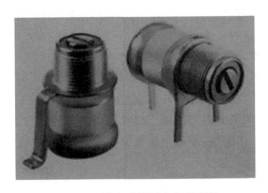

图 3.26　活塞式微调电容器实物

为动片,拉去金属线减小金属丝的圈数,即可改变电容量。其缺点是金属丝一旦拉掉后,不太容易用绕线办法再增大,即无法恢复原来的电容量,其电容量只能从大调到小。常用于工厂生产,电容量调整好后一般不再改变。拉线微调电容器的实物如图 3.27 所示。

(6) 空气介质微调电容器。空气介质微调电容器采用陶瓷外壳,空气介质,由固定极板和可转动极板构成,介质损耗小,抗冲击、抗振动能力强,安装简易方便。它的电容量在一定范围内连续可调,电容量一般为 $100\sim1500\mathrm{pF}$;可根据要求制成直线电容式、直线波长式、直线频率式及电容对数式等。空气介质微调电容器广泛应用于通信和电子仪器中,包括射频放大器和振荡器、滤波器、级间耦合、阻抗匹配、晶体微调等。

除此之外,现在市面上还出现了半导体性质的数控可调电容器,比如日本村田公司出品的 LXRW 系列产品,它可以通过施加在端子上的电压来改变静电容量值,实现 50% 电容量的改变,如图 3.28 所示,3V 左右的低电压即可操控电容量 50% 的变化。

图 3.27　拉线微调电容器实物[8]

图 3.28　数控可调电容器实物

3. 可调电容器的选用

在电路设计中,电容的容量大小直接关系到电路的稳定性,例如:根据公式 $C=I/(\Delta V/\Delta t)$,假设某电路平均电流为 $6\mathrm{A}$,$\Delta V=50\mathrm{mV}$,$\Delta t=10\mu\mathrm{s}$,就可计算出此处对电容总容量的要求为 $1200\mu\mathrm{F}$。如果选用 $1000\mu\mathrm{F}$ 可能在短期内不会出现问题,但长时间运行就会出现电容爆浆等故障。在电路设计过程中,并不是电容越大,滤波效果就越好,要根据具体电路选择。在低频电路中,电容值越大,对纹波的滤除效果就越好,但如果有高频信号,就不一定了。在高频段要选择合适的电容值和电容器类型,一般采用云母电容器和高频瓷片电容器,其电容值一般都比较小。

首先要考虑可调电容器的最大电容量与最小电容量。当动片全部旋进定片时,由于动定片相对面积最大,故该电容量为最大电容量,一般不超过 1000pF;动片全部旋出定片时,由于动定片相对面积最小,故该电容量为最小电容量。

其次要考虑可调电容量变化特性。容量变化特性即可调电容器的电容量,随动片旋转角度的改变而变化。常用的有直线电容式、直线频率式、直线波长式、电容对数式可调电容器。其中,直线频率式可调电容器广泛用于接收机以及其他需均匀调谐频率的电子设备中。

最后要考虑其他的技术参数,包括电容量变化平滑性、动片固定位置的稳定性、耐压、允许损耗、接触电阻等。

3.3 贴片电容器

3.3.1 概述

贴片电容器是一种表面贴装器件(Surface Mounted Devices,SMD),相对于直插式电容器引入的一种封装形式,由于具有体积小、焊接方便、稳定性高等优点,应用越来越广泛。

贴片电容器全称为多层(积层、叠层)片式陶瓷电容器,也称为贴片电容、片容。英文全称 Multi-Layer Ceramic Capacitors(MLCC)。贴片电容是目前用量比较大的常用元件。

3.3.2 贴片电容器的尺寸

贴片电容器的尺寸表示法有两种,一种是以英寸为单位表示,另一种是以毫米为单位表示。贴片电容器的系列型号有 0402、0603、0805、1206、1210、1808、1812、2010、2225、2512,是英寸表示法,其中 0402,04 表示长度是 0.04 英寸,02 表示宽度是 0.02 英寸。贴片电容器的主流尺寸系列型号与长、宽、高对应的关系如表 3.20 所示。

表 3.20　贴片电容器的主流封装尺寸

英制/in	公制/mm	长 l/mm	宽 w/mm	高 t/mm
0201	0603	0.60 ± 0.05	0.30 ± 0.05	0.23 ± 0.05
0402	1005	1.00 ± 0.10	0.50 ± 0.10	0.30 ± 0.10
0603	1608	1.60 ± 0.15	0.80 ± 0.15	0.40 ± 0.10
0805	2012	2.00 ± 0.20	1.25 ± 0.15	0.50 ± 0.10
1206	3216	3.20 ± 0.20	1.60 ± 0.15	0.55 ± 0.10
1210	3225	3.20 ± 0.20	2.50 ± 0.20	0.55 ± 0.10
1812	4832	4.50 ± 0.20	3.20 ± 0.20	0.55 ± 0.10
2010	5025	5.00 ± 0.20	2.50 ± 0.20	0.55 ± 0.10
2512	6432	6.40 ± 0.20	3.20 ± 0.20	0.55 ± 0.10

3.3.3 贴片电容器的命名

(1)贴片电容器的参数:

① 容量与误差:实际电容量和标称电容量允许的最大偏差范围。一般使用的容量误

差有：J级($\pm5\%$)，K级($\pm10\%$)，M级($\pm20\%$)。精密电容器的允许误差较小，而电解质电容器的误差较大，它们采用不同的误差等级。

常用的电容器其精度等级和电阻器的表示方法相同。用字母表示：D级($\pm0.5\%$)，F级($\pm1\%$)，G级($\pm2\%$)，J级($\pm5\%$)，K级($\pm10\%$)，M级($\pm20\%$)。

② 额定工作电压：电容器在电路中能够长期稳定、可靠工作，所承受的最大直流电压，又称耐压。对于结构、介质、容量相同的器件，耐压越高，体积越大。

③ 温度系数：在一定温度范围内，温度每变化1℃，电容器电容量的相对变化值。温度系数越小越好。

④ 绝缘电阻：用来表明漏电大小。一般小容量的电容器，绝缘电阻很大，在几百兆欧或几千兆欧。电解质电容器的绝缘电阻一般较小。相对而言，绝缘电阻越大越好，漏电也小。

⑤ 损耗：在电场的作用下，电容器在单位时间内发热而消耗的能量。这些损耗主要来自介质损耗和金属损耗。通常用损耗角正切值来表示。

⑥ 频率特性：电容器的电参数随电场频率而变化的性质。在高频条件下工作的电容器，由于介电常数在高频时比低频时小，电容量也相应减小，损耗也随频率的升高而增加。另外，在高频工作时，电容器的分布参数，如极片电阻、引线和极片间的电阻、极片的自身电感、引线电感等，都会影响电容器的性能。所有这些，使得电容器的使用频率受到限制。

不同品种的电容器，最高使用频率不同。小型云母电容器在250MHz以内；圆片形瓷介电容器为300MHz；圆管形瓷介电容器为200MHz；圆盘形瓷介可达3000MHz；小型纸介电容器为80MHz；中型纸介电容器只有8MHz。

测评贴片电容器性能，从三个方面进行，首先是贴片电容器的4个常规电性能，即容量C_{ap}、损耗DF、绝缘电阻IR和耐电压DBV，一般地，X7R产品的损耗值DF$\leqslant2.5\%$，越小越好，IR$\times C_{ap}>500\cdot F$，DBV$>2.5U_r$。其次是贴片电容器的加速寿命性能，在125℃环境温度和2.5U_r直流负载条件下，芯片应能耐100h不击穿，质量好的可耐1000h不击穿。最后就是产品的耐热冲击性能，将电容器浸入300℃锡炉10s，显微镜下观察是否有表面裂纹，然后可测试容量损耗并与热冲击前对比判别芯片是否内部裂纹。

贴片电容器在电路上出现问题，有可能是贴片电容器本身质量不良，也有可能是设计时选取规格欠佳或是在表面贴装机械力热冲击等对贴片电容器造成一定的损伤等因素造成。

例如，0805N102J500CT。

0805：指该贴片电容的尺寸大小(单位是英寸)，08表示长度是0.08英寸，05表示宽度为0.05英寸。

N：表示制作这种电容器要求用的材质，这个材质一般适合于制作小于10 000pF的电容。

102：指电容容量，前面两位是有效数字，后面的2表示有多少个零，102表示10×10^2，也就是1000pF。

J：指要求电容器的容量值达到的误差精度为5%，介质材料和误差精度是配对的。

500：指要求电容承受的耐压为50V，前面两位是有效数字，后面是指有多少个零。

C：指端头材料，现在一般的端头都是指三层电极。

T：指包装方式，T表示盘装编带包装。

(2) 贴片电容的颜色。一般是比纸板箱浅一点的黄色和青灰色，这在具体的生产过程中会产生不同差异。贴片电容器上面没有印字,这与它的制作工艺有关(贴片电容器是经过高温烧结而成,所以无法在它的表面印字),而贴片电阻器是丝印而成(可以印刷标记)。

(3) 贴片电容器有中高压贴片电容器和普通贴片电容器,系列电压有 6.3V、10V、16V、25V、50V、100V、200V、500V、1000V、2000V、3000V、4000V。

(4) 贴片电容器的材料常分为 3 种:NPO、X7R、Y5V。NPO 这种材质电性能最稳定,几乎不随温度、电压和时间的变化而变化,适用于低损耗、稳定性要求高的高频电路,容量精度约为 5%,但选用这种材质只能制作容量较小的电容器(一般小于 100pF),虽然 100 ~ 1000pF 的电容器也能生产,但价格较高。X7R 材质比 NPO 稳定性差,但容量比 NPO 要高,容量精度约为 10%。Y5V 材质的电容器,其稳定性较差,容量偏差约为 20%,对温度、电压较敏感,但这种材质能做到很高的容量,而且价格较低,适用于温度变化不大的电路。

3.3.4　贴片电容器的分类

贴片电容器根据填充介质来分类,可以分为 4 类:NPO、X7R、Z5U 和 Y5V。主要区别是它们的填充介质不同,在相同的体积下由于填充介质不同,所组成的电容器的容量就不同,随之带来的电容器的介质损耗、容量稳定性等也就不同。所以在使用电容器时应根据电容器在电路中作用不同来选用不同的电容器。

1. NPO 电容器

NPO 是一种最常用的具有温度补偿特性的单片陶瓷电容器。它的填充介质由铷、钐和一些其他稀有氧化物组成。NPO 电容器是电容量和介质损耗最稳定的电容器之一。在温度从 -55℃ 到 125℃ 时容量变化为 $0\pm30\text{ppm}/$℃,电容量随频率的变化小于 $\pm0.3\Delta C$。NPO 电容的漂移或滞后小于 $\pm0.05\%$,相对大于 $\pm2\%$ 的薄膜电容器来说可以忽略不计。其典型的容量相对使用寿命的变化小于 $\pm0.1\%$。

NPO 电容器随封装形式不同,其电容量和介质损耗随频率变化的特性也不同,大封装尺寸的要比小封装尺寸的频率特性好。表 3.21 给出了 NPO 电容器可选取的容量范围。

表 3.21　NPO 电容器可选取的容量范围

封　　装	DC50V	DC100V
0805	0.5~1000pF	0.5~820pF
1206	0.5~1200pF	0.5~1800pF
1210	560~5600pF	560~2700pF
2225	1000pF~0.033μF	1000pF~0.018μF

NPO 电容器适合用于振荡器、谐振器的槽路电容,以及高频电路中的耦合电容。

2. X7R 电容器

X7R 电容器被称为温度稳定型的陶瓷电容器。温度为 $-55\sim125$℃ 时,其容量变化为 15%,需要注意的是此时电容器容量变化是非线性的。

X7R 电容器的容量在不同的电压和频率条件下是不同的,它也随时间的变化而变化,大约每 10 年变化 $1\%\Delta C$。

X7R 电容器主要用于要求不高的工业应用,而且当电压变化时其容量变化是可以接受的条件下。它的主要特点是在相同的体积下电容量可以做得比较大。表 3.22 给出了 X7R 电容器可选取的容量范围。

表 3.22　X7R 电容器可选取的容量范围

封　装	DC50V	DC100V
0805	330pF～0.056μF	330pF～0.012μF
1206	1000pF～0.15μF	1000pF～0.047μF
1210	1000pF～0.22μF	1000pF～0.1μF
2225	0.01～1μF	0.01～0.56μF

3. Z5U 电容器

Z5U 电容器也称为"通用"陶瓷单片电容器。对于 NPO、X7R、Z5U 电容器来说,在相同的体积下,Z5U 电容器有最大的电容量。但它的电容量受环境和工作条件影响较大,它的老化率最大可达每 10 年下降 5％。尽管它的容量不稳定,但由于其体积小、等效串联电感(ESL)和等效串联电阻(ESR)低、频率响应良好,因此应用广泛,尤其是在退耦电路的应用中。表 3.23 给出了 Z5U 电容器的取值范围。

表 3.23　Z5U 电容器的取值范围

封　装	DC25V	DC50V
0805	0.01～0.12μF	0.01～0.1μF
1206	0.01～0.33μF	0.01～0.27μF
1210	0.01～0.68μF	0.01～0.47μF
2225	0.01～1μF	0.01～1μF

Z5U 电容器的其他技术指标如下:

工作温度范围:10～85℃;

温度特性:22％～－56％;

介质损耗最大值:4％。

4. Y5V 电容器

Y5V 电容器是一种有一定温度限制的通用电容器,Y5V 的高介电常数允许在较小的物理尺寸下制作出电容量高达 4.7μF 的电容器。

Y5V 电容器的取值范围如表 3.24 所示。

表 3.24　Y5V 电容器的取值范围

封　装	DC25V	DC50V
0805	0.01～0.39μF	0.01～0.1μF
1206	0.01～0.1μF	0.01～0.33μF
1210	0.1～1.5μF	0.01～0.47μF
2225	0.68～2.2μF	0.68～1.5μF

Y5V 电容器的其他技术指标如下。

工作温度范围：－30～85℃；

温度特性：22%～－82%；

介质损耗最大值：5%。

贴片电容器根据极性来分类可分为无极性和有极性两类。

对于无极性电容器，0805、0603 这两类封装最为常见。而有极性电容器即电解质电容器，一般多为铝电解质电容器，由于其电解质为铝，所以其温度稳定性以及精度都不是很高，而贴片元件由于其紧贴电路板，要求温度稳定性要高，所以贴片电容器以钽电解质电容器为多。根据其耐压不同，贴片电容器又可分为 A、B、C、D 四个系列。

具体分类如下：类型、封装形式、耐压。

A：3216，10V；

B：3528，16V；

C：6032，25V；

D：7343，35V。

下面介绍几种常见的贴片电容器。

(1) 贴片式多层陶瓷电容器。贴片式多层陶瓷电容器又称高压贴片电容器，内部为多层陶瓷组成的介质层，是一种利用陶瓷粉生产技术，内部为贵金属钯金，用高温烧结法将银镀在陶瓷上作为电极制成(见图 3.29)。为防止电极材料在焊接时受到侵蚀，两端头外电极由多层金属结构组成。产品分为高频瓷介 NPO(COG)和低频瓷介 X7R 两种材质。NPO 具有小的封装体积、高耐温度系数的电容，高频性能好，用于高稳定振荡回路中，作为电路滤波电容。X7R 瓷介电容器限于在普通频率的回路中作旁路或隔直流用，或对稳定性和损耗要求不高的场合，这种电容器不宜用于交流(AC)脉冲电路中，因为它们易于被脉冲电压击穿。

(2) 贴片式铝电解质电容器由阳极铝箔、阴极铝箔和衬垫卷绕而成，其实物如图 3.30 所示。如图 3.30 所示顶面有一黑色标志，是负极性标记，顶面还有电容容量和耐压标记。

图 3.29　贴片式多层陶瓷电容器实物　　　　图 3.30　贴片式铝电解质电容器实物

(3) 贴片式钽电解质电容器。包括矩形、圆柱形；封装形式有裸片型、塑封型和端帽型 3 种，以塑封型为主。它的尺寸比贴片式铝电解质电容器小，且性能更好。其实物如图 3.31 所示。贴片式有极性钽电解质电容器的顶面有一条黑色线或白色线，是正极性标记，顶面上还标有电容容量代码和耐压值。

(a) 实物图

(b) 表面信息

图 3.31 贴片式钽电解质电容器实物

3.3.5 贴片电容器的应用

在直流电路中,电容器相当于断路。电容器是一种能够存储电荷的元件,也是最常用的电子元件之一。通电后,极板带电,形成电压(电势差),但是由于中间的绝缘物质,所以整个电容器是不导电的。

任何物质都是相对绝缘的,当物质两端的电压加大到一定程度后,物质都可以导电,称这个电压为击穿电压。电容器也不例外,电容器被击穿后,就不是绝缘体了。在击穿电压以下工作的,可以视为绝缘体。但是,在交流电路中,因为电流的方向随时间成一定的函数关系变化,而电容器充放电的过程是有时间的,这时在极板间形成变化的电场,而这个电场也是随时间变化的函数。实际上,电流通过场的形式在电容器间通过。

贴片电容器的作用如下。

1. 旁路

旁路电容器是为本地器件提供能量的储能器件,它能使稳压器的输出均匀化,降低负载需求。就像小型可充电电池一样,旁路电容器能够被充电,并向器件进行放电。为尽量减少阻抗,旁路电容器要尽量靠近负载器件的供电电源引脚和地引脚,这样能够很好地防止输入值过大而导致的地电位抬高和噪声。地电位是地连接处在通过大电流毛刺时的电压降。

2. 去耦

又称解耦,对于电路来说,可分为驱动的源和被驱动的负载。如果负载电容比较大,驱动电路要把电容器充电、放电,才能完成信号的跳变,在上升沿比较陡峭时,电流比较大,这样驱动的电流就会吸收很大的电源电流,由于电路中的电感、电阻(特别是芯片引脚上的电感,会产生反弹),这种电流相对于正常情况来说实际上就是一种噪声,会影响前级的正常工作,这就是所谓的"耦合"。

去耦电容器就是起到"电池"的作用,满足驱动电路电流的变化,避免相互间的耦合干扰。

将旁路电容器和去耦电容器结合起来将更容易理解。旁路电容器实际也是去耦合的,只是旁路电容器一般是指高频旁路,也就是给高频的开关噪声提供一条低阻抗泄放途径。高频旁路电容器的容量一般比较小,根据谐振频率一般取 $0.1\mu F$、$0.01\mu F$ 等;而去耦电容器的容量一般较大,可能是 $10\mu F$ 或者更大,依据电路中分布参数及驱动电流的变化大小来确定。旁路是把输入信号中的干扰作为滤除对象;而去耦是把输出信号的干扰作为滤除对象,防止干扰信号返回电源。这应该是旁路与去耦的本质区别。

3. 滤波

从理论上说(即假设电容为纯电容),电容越大,阻抗越小,通过的频率也越高。但实际上超过 $1\mu F$ 的电容大多为电解电容,有很大的电感成分,所以频率升高后阻抗反而会增大。有时会看到一个电容量较大电解质电容器并联了一个小电容,这时大电容器通低频,小电容器通高频。电容器的作用就是通高阻低,即通高频阻低频,电容越大低频越容易通过。具体用在滤波电路中,大电容器($1000\mu F$)滤低频,小电容器($20pF$)滤高频。由于电容器两端的电压不会突变,由此可知,信号频率越高则衰减越大,可以形象地将电容器比喻成一个水塘,不会因几滴水的加入或蒸发而引起水量的变化。它把电压的变化转化为电流的变化,频率越高,峰值电流就越大,从而缓冲了电压。滤波就是充电、放电的过程。

4. 储能

储能型电容器通过整流器收集电荷,并将存储的能量通过变换器引线传送至电源的输出端。电压额定值为直流 $40\sim450V$、电容量为 $220\sim150\,000\mu F$ 的铝电解质电容器(如 EPCOS 公司的 B43504 或 B43505)较为常用。根据不同的电源要求,器件有时会采用串联、并联或其组合的形式,对于功率级超过 $10kW$ 的电源,通常采用体积较大的罐形螺旋端子电容器。

3.4 电容器的应用

电容器的基本作用就是充电与放电,由这种基本充放电作用所延伸出来的许多电路现象,使得电容器有着多种不同的用途,例如:在电动马达中,用它产生相移;在照相闪光灯中,用它产生高能量的瞬间放电等。而在电子电路中,电容器的作用一般概括为通交流、阻直流。电容器通常起滤波、旁路、耦合、自举、移相等电气作用,是电子线路必不可少的组成部分,作为储能元件也是电容器的一个重要应用领域。与电池等储能元件相比,电容器可以瞬时充放电,并且充放电电流基本上不受限制,可以为熔焊机等设备提供大功率的瞬时脉冲电流。电容器还常被用来改善电路的品质因数,如节能灯专用电容器。电容器不同性质的用途很多,这些用途虽然也有截然不同之处,但其作用均来自充电与放电。

部分电容器的作用如表 3.25 所示。

表 3.25　部分电容器的作用

隔　直　流	阻止直流电通过而让交流电通过
旁路(去耦)	为交流电路中某些并联的元件提供低阻抗通路
耦合	作为两个电路之间的连接,允许交流信号通过并传输到下一级电路
滤波	将整流以后的锯齿波变为平滑的脉动波,接近于直流
温度补偿	针对其他元件对温度的适应性不够带来的影响而进行补偿,改善电路的稳定性
计时	电容器与电阻器配合使用,确定电路的时间常数
调谐	对与频率相关的电路进行系统调谐,比如收音机、电视机
整流	在预定的时间打开或者关断开关元件
储能	存储电能,用于必要的时候释放电能,如相机闪光灯、加热设备等

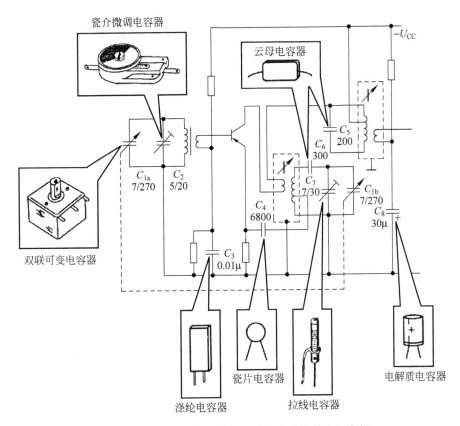

瓷介微调电容器

云母电容器

双联可变电容器

C_{1a} 7/270

C_2 5/20

C_5 200

C_6 300

C_7 7/30

C_{1b} 7/270

C_8 30μ

C_4 6800

C_3 0.01μ

涤纶电容器

瓷片电容器

拉线电容器

电解质电容器

图 3.32 超外差收音机前级电路中电容器的应用实例

图 3.31 给出了超外差收音机前级电路中电容器的电路图,可以看到电路中使用了多种电容器,来实现不同的功能。在一般硬件电路设计的电路图中,电容器也被大量使用,各类电容特殊作用归纳如下。

(1) 耦合电容器:用在耦合电路中的电容器称为耦合电容器,在阻容耦合放大器和其他电容耦合电路中大量使用这种电容器电路,起隔直流、通交流作用。

(2) 滤波电容器:用在滤波电路中的电容器称为滤波电容器,在电源滤波和各种滤波器电路中使用这种电容器电路,滤波电容器将一定频段内的信号从总信号中去除。

图 3.33 中给出桥式全波整流电路中电容器的滤波电路图。

(3) 退耦电容器:用在退耦电路中的电容器称为退耦电容器,在多级放大器的直流电压供给电路中使用这种电容器电路,退耦电容器消除每级放大器之间的有害低频连接。

(4) 高频消振电容器:用在高频消振电路中的电容器称为高频消振电容器,在音频负反馈放大器中,为了消除可能出现的高频自激,采用这种电容器电路,以消除放大器可能出现的高频啸叫。

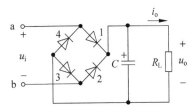

图 3.33 桥式全波整流电路中电容器的滤波作用电路图

(5) 谐振电容器:用在 LC 谐振电路中的电容器称为谐振电容器,LC 并联和串联谐振电路中都需要这种电容器电路。谐振是指与电感并联或串联后,其自由振荡频率与输入频率相同时产生的现象。图 3.34 给出了 LC 谐振电路,其中 C_1 为并联谐振电路中的谐振电容,LC 并联和串联谐振电路中都需要这种电容器电路。

(6)旁路电容器:用在旁路电路中的电容器称为旁路电容器,电路中如果需要从信号中去除某一频段的信号,可以使用旁路电容器电路,根据所去掉信号频率不同,有全频域(所有交流信号)旁路电容器电路和高频旁路电容器电路。旁路指与某元件或某电路相并联,其中某一端接地,将有关信号短接到地,图 3.35 为使用旁路电容器的电路图。

图 3.34 LC 谐振电路　　　　　图 3.35 使用旁路电容器的电路图

(7)中和电容器:用在中和电路中的电容器称为中和电容器。在收音机高频和中频放大器、电视机高频放大器中,采用这种中和电容器电路,以消除自激。经常用于接在三极管放大器基极与发射极之间,构成负反馈网络,以抑制三极管极间电容器造成的自激振荡。

(8)定时电容器:用在定时电路中的电容器称为定时电容器。在需要通过电容器充电、放电进行时间控制的电路中使用定时电容器电路,电容器起着控制时间常数大小的作用。经常在 RC 时间常数电路中与电阻 R 串联,共同决定充放电时间长短。

(9)积分电容器:用在积分电路中的电容器称为积分电容器。在电势场扫描的同步分离电路中,采用这种积分电容器电路,可以从场复合同步信号中拾取场同步信号。图 3.36 给出了在电视行场扫描的同步分离级电路中,采用这种积分电容器的电路图。

(10)微分电容器:用在微分电路中的电容器称为微分电容器。在触发器电路中为了得到尖顶触发信号,采用这种微分电容器电路,以从各类(主要是矩形脉冲)信号中得到尖顶脉冲触发信号。图 3.37 给出了在触发器电路中,为了得到尖峰脉冲触发信号,采用这种微分电容器的电路图。

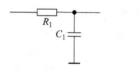　　　　　

图 3.36 积分电容器电路图　　　　图 3.37 微分电容器电路图

(11)补偿电容器:用在补偿电路中的电容器称为补偿电容器,在卡座的低音补偿电路中,使用这种低频补偿电容器电路,以提升放音信号中的低频信号;此外,还有高频补偿电容器电路。

(12)自举电容器:用在自举电路中的电容器称为自举电容器,常用的 OTL 功率放大器输出级电路采用这种自举电容器电路,以通过正反馈的方式少量提升信号的正半周幅度。

（13）分频电容器：用在分频电路中的电容器称为分频电容器，在音箱的扬声器分频电路中，使用分频电容器电路，以使高频扬声器工作在高频段，中频扬声器工作在中频段，低频扬声器工作在低频段。分频电容器的工作原理图如图 3.38 所示。

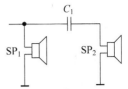

图 3.38　分频电容器电路图

（14）负载电容器：是指与石英晶体谐振器一起决定负载谐振频率的有效外界电容器。负载电容器常用的标准值有 16pF、20pF、30pF、50pF 和 100pF。负载电容器可以根据具体情况作适当的调整，通过调整一般可以将谐振器的工作频率调到标称值。

（15）调谐电容器：连接在谐振电路的振荡线圈两端，起到选择振荡频率的作用。

（16）衬垫电容器：与谐振电路主电容器串联的辅助性电容器，通过调整它可使振荡信号频率范围变小，并能显著地提高低频端的振荡频率。

（17）稳频电容器：在振荡电路中，起稳定振荡频率的作用。

（18）加速电容器：接在振荡器反馈电路中，使正反馈过程加速，提高振荡信号的幅度。

（19）缩短电容器：在 UHF 高频电路中，为了缩短振荡电感器长度而串联的电容器。

（20）克拉波电容器：在电容器三点式振荡电路中，与电感振荡线圈串联的电容器，消除晶体管结电容对频率稳定性的影响。

（21）锡拉电容器：在电容器三点式振荡电路中，与电感振荡线圈两端并联的电容器，消除晶体管结电容的影响，使振荡器在高频端容易起振。

（22）稳幅电容器：在鉴频器中，用于稳定输出信号的幅度。

（23）预加重电容器：为了避免音频调制信号在处理过程中造成对分频量衰减和丢失，而设置的 RC 高频分量提升网络电容。

（24）去加重电容器：为了恢复原伴音信号，要求对音频信号中经预加重所提升的高频分量和噪声一起衰减掉，设置在 RC 网络中的电容器。

（25）移相电容器：用于改变交流信号相位的电容器。

（26）反馈电容器：跨接于放大器的输入与输出端之间，使输出信号回输到输入端的电容器。

（27）降压限流电容器：串联在交流回路中，利用电容器对交流电的容抗特性，对交流电进行限流，从而构成分压电路。

（28）逆程电容器：用于行扫描输出电路，并接在行输出管的集电极与发射极之间，以产生高压行扫描锯齿波逆程脉冲，其耐压一般在 1500V 以上。

（29）S 校正电容器：串接在偏转线圈回路中，用于校正显像管边缘的延伸线性失真。

（30）自举升压电容器：利用电容器的充、放电储能特性提升电路某点的电位，使该点电位达到供电端电压值的 2 倍。

（31）消亮点电容器：设置在视放电路中，用于关机时消除显像管上残余亮点的电容器。

（32）软启动电容器：一般接在开关电源的开关管基极上，防止在开启电源时，过大的浪涌电流或过高的峰值电压加到开关管基极上，导致开关管损坏。

（33）启动电容器：串接在单相电动机的副绕组上，为电动机提供启动移相交流电压，在电动机正常运转后与副绕组断开。

（34）运转电容器：与单相电动机的副绕组串联，为电动机副绕组提供移相交流电流。在电动机正常运行时，与副绕组保持串接。

3.4.1　无极性电容器的应用

无极性电容就是没有正负极的电容器，它的两个电极可以在电路中随意地接入。因为这款电容器不存在漏电的现象，主要应用在耦合、退耦、反馈、补偿、振荡等电路中。图 3.39 所示为无极性电容器实物图。

图 3.39　无极性电容器实物

无极性电容可以应用在纯交流电路中，并且由于它的容值比较小，也可以应用在高频滤波。下面就举例说明该电容器的应用。

这里主要介绍 RC 消火花电路，当用天线接收广播电视节目时，如果打开日光灯，日光灯闪烁启辉时，则收音机或是电视机的喇叭里就会听到不规则的"咔咔"声，电视机屏幕上显示许多很强的亮线及亮点，这些都是电火花造成的高频杂波干扰。在电子设备中，断开有电感的电路时，接点之间也会产生类似的电火花，如图 3.40 所示的电路中，开关 S 突然断开，回路电流很快从 i_o 变为 0，即电流的变化率很大，因而在线圈的两端便产生很大的自感电动势。由楞次定律可知，这个电动势有碍电流变化的趋势，它的方向与外加电压的方向一致，两者叠加在一起就使得开关两端的电压 U_1 很高，高于一定值（通常为 $300 \sim 350V$）时，这个"冒了尖"的电压将空气击穿，形成电火花。这种电火花会使接触点被烧蚀氧化而产生接触不良的故障，因此，消除接点间的电火花就显得十分重要。在切断电路时，只要控制线圈的电流不要由 i_o 急剧下降，线圈两端的电压就不会过大，也就不会发生电火花。

如图 3.41 所示，在电感两端并接了 RC 消火花电路。在开关 S 突然断开以后，i_L 便对电容器充电。电感中的磁场能量一部分在 R 和 r 上消耗掉，一部分转化成电容器 C 中的电场能，进而使电容器 C 再放电，从而消除了火花。

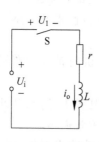

图 3.40　产生电火花电路图

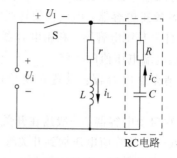

图 3.41　消除电火花电路

3.4.2　电解质电容器的应用

电解质电容器的应用十分广泛,主要用于整流滤波、音频旁路、电源退耦等电路。

1. 电源整流滤波电路

如图 3.42 所示是常见的半波整流滤波电路,电路中 VD 为整流二极管,C_1 为主滤波电容器,C_2 为高频滤波电容器。整流二极管 VD 将 50Hz 交流电转换成 50Hz 的单向脉动直流电,这种直流电中含有大量的交流成分,利用电容器隔直通交的作用,让交流成分通过 C_1 滤波到地,而直流成分作为直流电压输出。由于交流成分的频率较低(50Hz),C_1 容量要求取值要大,一般取 $100\sim3300\mu F$,所以只能选择电解质电容器。

由于电解质电容器的卷绕结构,电解质电容器 C_1 含有感抗特性,对高频干扰信号不能起很好的滤波作用,因此并联一只小容量的电容器 C_2,而 C_2 容量小,无感抗,对高频干扰信号呈通路,这样 C_1 将低频交流成分滤除,C_2 将高频交流成分滤除。图 3.42 中 C_1 负极接地,因为 VD 输出的电压始终为正。若 C_1 正负极接反,则不能起到滤波作用,而且还有爆炸的危险。

2. 电容器分频电路

如图 3.43 所示是电容器分频电路,由于扬声器电路中无直流电压,只有交流信号(音频信号),它的极性在交替变化,故分频电容 C_1 要采用无极性电解质电容器。电路中 B_1 是低音扬声器,B_2 是高音扬声器。输入到扬声器电路中的信号是 U_i,U_i 中有低音、中音和高音等频率成分。由于 C_1 对中低音信号的容抗较大,故中低音信号不能通过 C_1,而只能通过低音扬声器 B_1。对于高音信号而言,由于 C_1 的容抗很小,故高音信号经过 C_1,加到高音扬声器 B_2 中。这样,低音扬声器重放中、低音信号,高音扬声器重放高音信号,实现两分频放音,C_1 起分频作用,即 C_1 起分开高音和中、低音信号的作用。

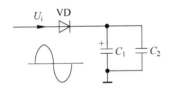

图 3.42　半波整流滤波电路

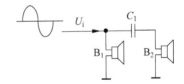

图 3.43　电容器分频电路

3.4.3　可调电容器的应用

可调电容器在电路中的主要作用是用于与电感线圈等振荡元件来调整谐振频率,可调电容器在实际应用中具有与固定电容器相同的功能,但是它的灵活性在于可以调整容量大小,通过这一功能,与电感等元件实现电路的共振。通常体现可调电容器的一个重要指标就是共振频率的高低,共振频率越高,其精密度就越好。

1. 振荡电路的频率调整

微调电容器被用于调整晶振固有误差,其用途如无线电子装置、无线电子门锁、手表等。

振荡电路的原理图如图 3.44 所示。

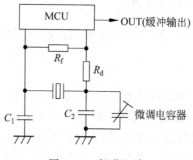

图 3.44　振荡电路

2. 天线的匹配

由于天线本身形状的歪斜、绕曲的不同,电感 L 会发生变化。通过使用微调电容器来调整电容值 C,可以调整到需要的频率。主要用于无线通信设备、手机、RFID/NFC 读卡器等。数控电容器在 NFC 中的应用如图 3.45 所示。

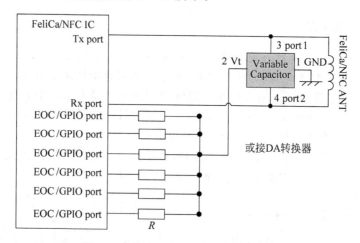

图 3.45　数控电容器在 NFC 中的应用

3.5　电容器的检测与选用

电容器的常见故障如下。

(1)开路故障:指电容器的引脚在内部断开的情况。此时电容器的电阻为无穷大。

(2)电容器击穿:指电容器两极板之间的介质绝缘性被破坏,变为导体的情况。此时电容器的电阻变为零。

(3)电容器漏电故障:指电容器的绝缘电阻变小、漏电流过大的故障现象。

电容器的引线断线、电解液漏液(见图 3.46)等故障可以从外观看出;而电容器内部的质量问题,可以用电容表、电容电桥等仪器检查。一般可用万用表粗略地判断电容器的好坏。

图 3.46　电容器的漏液变质

1. 固定电容器的检测

1）漏电电阻的测量

用万用表的欧姆挡（R×10k 或 R×1k 挡，视电容器的容量而定。测大容量电容器时，把量程放小；测小容量电容器时，把量程放大），把两表笔分别接触电容器的两引脚，此时表针很快向顺时针方向摆动（R 为零的方向摆动），再逐渐退回到原来的无穷大位置；然后断开表笔，并将红、黑表笔对调，重复测量电容器，如表针仍按上述的方向摆动，说明电容器的漏电电阻很小，表明电容器性能良好，能够正常使用。

当测量中发现万用表的表针不能回到无穷大位置时，此时表针所指的阻值就是该电容器的漏电电阻。表针距离阻值无穷大位置越远，说明电容器漏电越严重。有的电容器在测其漏电电阻时，表针退回到无穷大位置，然后又慢慢地向顺时针方向摆动，摆动越多表明电容器漏电越严重。

2）电容器断路的检测

电容器的容量范围很宽，用万用表判断电容器的断路情况时，首先要看电容量的大小。对于 0.01μF 以下的小容量电容器，用万用表不能准确判断其是否断路，只能用其他仪表进行鉴别（如 Q 表）。

3）电容器的短路检测

用万用表的欧姆挡，将表的两表笔分别接电容器的两引脚，如表针所示阻值很小或为零，而且表针不再退回无穷大处，说明电容器已经击穿短路。需要注意的是在测量容量较大的电容器时，要根据容量的大小，依照上述介绍的量程选择方法来选择适当的量程，否则就会把电容器的充电误认为是击穿。

2. 固定电容器的检测步骤

（1）将待测普通固定电容器从电路板上卸下，并清除两端引脚上的污物，以确保测量时的准确性。图 3.47 所示为待测玻璃釉电容器。

（2）将指针式万用表调至欧姆挡，通常对于普通固定电容器的测量可选用 R×10k 挡。

（3）将红、黑表笔任意搭在电容器两端的引脚上。①若在表笔接通的瞬间可以看到指针有一个小的摆动后又回到无穷大处，可以断定该电容器正常；②若在表笔接通的瞬间看

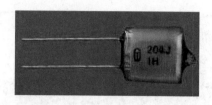

图 3.47　待测玻璃釉电容器

到指针有一个很大的摆动,可以断定该电容器已击穿或严重漏电;③若表盘指针几乎没有摆动,可以断定该电容器已开路。

具体操作步骤参见图 3.48。

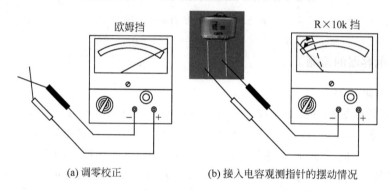

(a) 调零校正　　　　　　　　(b) 接入电容观测指针的摆动情况

图 3.48　检测固定电容器好坏的操作示意图

使用数字式万用表检测固定电容器的方法如下:

(1) 以图 3.47 所示的玻璃釉电容器为例,将待测电容器的引脚擦拭干净,并确保引脚无折痕断裂。

(2) 根据玻璃釉电容器的标称容量,将数字式万用表的量程开关置于所需要的电容量程 $2\mu F$ 挡,并将待测电容器的引脚插入 Cx 电容输入插孔,读取显示值。

(3) 若万用表显示值等于或十分接近标称容量,可以断定该电容器正常;若万用表显示值远小于标称容量,可以断定该电容器已经损坏。

注意:对于大容量电容器,在测量前应先进行放电,以免损坏仪表。

3.5.1　无极性电容器的检测与选用

1. 无极性电容器的检测

1) 容量小于 10pF 的固定电容器的检测

因 10pF 以下的固定电容器容量太小,用万用表进行测量时,只能定性地检查其是否有漏电、内部短路或击穿现象。测量时,可选用万用表 $R\times 10k$ 挡,用两表笔分别任意接电容器的两个引脚,阻值应为无穷大。若测出阻值(指针向右摆动)为 0,则说明电容器漏电损坏或内部击穿。

2) 容量为 10pF~0.01μF 的固定电容器的检测

根据容量 10pF~0.01μF 固定电容器是否有充电现象,进而判断其好坏。万用表选用

R×1k挡。可选用3DG6等型号硅三极管组成复合管。两只三极管的β值均为100以上，且穿透电流要小。万用表的红和黑表笔分别与复合管的发射极e和集电极c相接，电容器与复合管的基极b和集电极c相接。由于复合三极管的放大作用，被测电容器的充放电过程被放大，使万用表指针摆动幅度加大，从而便于观察。

应注意的是，在测试操作时，特别是在测较小容量的电容器时，要反复调换被测电容器引脚接触A、B两点，才能明显地看到万用表指针的摆动。

3）容量0.01μF以上的固定电容器的检测

对于容量0.01μF以上的固定电容器，可用万用表的R×10k挡直接测试电容器有无充电过程以及有无内部短路或漏电现象，并可根据指针向右摆动的幅度大小估计出电容器的容量。

参见图3.49，首先将指针式万用表调至R×10k欧姆挡，进行欧姆调零，然后观察万用表指示电阻值的变化。若表笔接通瞬间，万用表的指针向右微小摆动，然后又回到无穷大处，调换表笔后，再次测量，指针也向右摆动后返回无穷大处，可以判断该电容器正常；若表笔接通瞬间，万用表的指针摆动至"0"附近，可以判断该电容器被击穿或严重漏电；若表笔接通瞬间，指针摆动后不再回至无穷大处，可判断该电容器漏电；若两次万用表指针均不摆动，可以判断该电容器已开路。

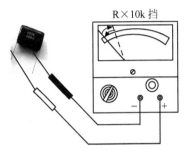

图3.49 电容器的检测

对于容量0.01μF以上的电容器，用万用表测量时，必须根据电容器容量的大小，选择合适的量程进行测量，才能正确加以判断。

如测量300μF以上容量的电容器时，可选用R×10挡或R×1挡；如要测10～300μF电容器时可选用R×100挡；如要测0.47～10μF的电容器时可选用R×1k挡；如测0.01～0.47μF的电容器时，可选用R×10k挡。

2. 无极性电容器的选用

这类电容器选用非常方便，一般直接选用相同型号、相同规格的电容器即可；若没有同型号、同规格的电容器，则可以参考以下几种方法：

（1）选择合理的电容器精度。在大多数情况下，对电容器的容量要求并不严格，标称容量大致相同就可以了；但在振荡回路，滤波，延时电路和音调电路中，电容量则要求非常精确，电容器的容量误差绝对值应为0.3%～0.5%。

（2）根据电路的要求合理选用电容器。纸介电容器一般用于低频交流旁路电路，云母电容器或者瓷介电容器一般用于高频或者是高压电路中。

（3）可以选用额定电压大于或者等于的电容器替代。

（4）高频电容器不能用低频电容器替代。

（5）根据应用的场合来考虑电容器的工作温度、工作范围、温度系数等。

（6）当标称容量不能满足时，可以采用串联或并联的方法来满足这个要求，但是注意电路中加在电容器上的电压要小于电容器的耐压。

3.5.2 电解质电容器的检测与选用

电解质电容器常见的故障有容量减少、容量消失、击穿短路及漏电,其中容量变化是因电解质电容器在使用或放置过程中其内部的电解液逐渐干涸引起,而击穿与漏电一般由所加的电压过高或本身质量不佳引起。判断电解质电容器的好坏一般采用万用表的电阻挡进行测量。

大容量电解质电容器在检测前要进行放电,以免损坏仪表。特别是在路检测时,电容器上充电的高压即使断路后还会存留较长的时间。

1. 电解质电容器的检测

电解质电容器的检测方法如下。

(1) 将电解质电容器从电路板上卸下,并对其引脚进行清洁,观察电解质电容器是否完好,引脚有无烧焦或折断等迹象。

(2) 电解质电容器属于有极性电容器,其引脚有正负极性之分,从电解质电容器的外观上即可判断引脚极性。一般电解质电容器的正极引脚相对较长,负极引脚相对较短,并且在电解质电容器的表面上也会标注引脚的极性。若电解质电容器的一侧标注有"—",则表示这一侧的引脚即为负极,而另一侧的引脚则为正极。

(3) 对电解质电容器进行开路检测,主要是通过指针式万用表对其漏电阻值的检测来判断电解质电容器性能的好坏。在检测之前,要对待测电解质电容器进行放电(见图 3.50),以免电解质电容器中存有残留电荷而影响检测结果。对电解质电容器放电可选用阻值较小的电阻,将电阻的引脚与电容器的引脚相连即可。

图 3.50　电容器放电示意图

(4) 放电完成后,将万用表旋至欧姆挡,量程调整为 R×10k 挡。

(5) 将红表笔(接万用表正极)接至电解质电容器的负极引脚,黑表笔(接万用表负极)接至电解质电容器的正极引脚(用数字式万用表时,接法相反)。在刚接通的瞬间,万用表的指针会向右(电阻小的方向)摆动一个较大的角度(见图 3.51)。若指针摆动到最大角度后,接着又逐渐向左摆,然后停止在一个固定位置,则说明该电解质电容器有明显的充放电过程,所测得的阻值即为该电解质电容器的正向漏电阻,该阻值在正常情况下应比较大。

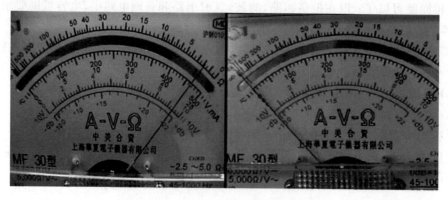

图 3.51　测量电容时指针回摆的实物图

（6）若表笔接触到电解质电容器引脚后，表针摆动到一个角度后随即向后稍微摆动一点，即并未摆回到较大阻值的位置，此时可以说明该电解质电容器漏电严重。换句话说，表针达到最大摆动幅度与最终停止位置间的角度越小，则电解质电容器的漏电情况越严重。

（7）若表笔接触到电解质电容器引脚后，表针即向右（电阻小的方向）摆动后并无回摆现象，指针指示一个很小的阻值或阻值趋近于零，这说明当前所测电解质电容器已被击穿短路。

（8）若表笔接触到电解质电容器引脚后，表针并未摆动，仍指示阻值很大或趋于无穷大，则说明该电解质电容器中的电解质已干涸，失去电容量。

通过观察指针摆动的情况，可以判断出电解质电容器的电容量。表笔刚接触引脚时，指针摆动幅度越大且回摆的速度越慢，则说明电解质电容器的电容量越大，反之则说明电解质电容器的电容量越小。

若电解质电容器的引脚极性无明显标识，也可以通过对其漏电阻的检测来进行判别。具体做法与上述的检测过程类似，即首先将万用表的表笔任意接在电解质电容器的两个引脚上，观察测量时万用表指针的摆动情况，并记录指针最终停止后所指向的刻度值。再对电解质电容器进行放电，将两表笔对调再次进行测量，比较两次测得阻值的大小。阻值较大的一次测量时，黑表笔（接万用表负极）接的就是电解质电容器的正极，红表笔（接万用表正极）接的是电解质电容器的负极。

电解电容的容量较一般固定电容大得多，测量时，针对不同容量选用合适的量程。根据经验，一般情况下，欧姆挡各量程测电容的范围如表 3.26 所示。

表 3.26　万用表欧姆挡各量程测电容的范围表

量　　程	电容范围/μF	量　　程	电容范围/μF
R×10k 挡	0.1~1	R×10 挡	100~1000
R×1k 挡	1~10	R×1 挡	1000~10 000
R×100 挡	10~100		

2. 电解质电容器的选用

（1）电解质电容器由于有正负极性，因此在电路中使用时不能颠倒连接。在电源电路中，输出正电压时电解质电容器的正极接电源输出端，负极接地；输出负电压时则负极接输出端，正极接地。当电源电路中的滤波电容器极性接反时，因电容器的滤波作用大大降低，一方面引起电源输出电压波动，另一方面又因反向通电使此时相当于一个电阻的电解质电容器发热，当反向电压超过某临界值时，电容器的反向漏电电阻将变得很小，这样通电工作不久，即可使电容器因过热而炸裂损坏。

（2）加在电解质电容器两端的电压不能超过其允许工作电压，在设计实际电路时应根据具体情况留有一定的余量。在设计稳压电源的滤波电容器时，如果交流电源电压为 220V 时变压器次级的整流电压可达 22V，此时一般选择耐压为 25V 的电解质电容器就可以满足要求。但是，假如交流电源电压波动很大且有可能上升到 250V 以上时，最好选择耐压 30V 以上的电解质电容器。

（3）电解质电容器在电路中不应靠近大功率发热元件，以防因受热而使电解液加速干涸。

（4）对于有正负极性信号的滤波，可采用两个电解质电容器同极性串联的方法，当作一个无极性的电容器。

更换电解质电容器时要注意以下几点：

① 尽可能以原型号更换。

② 电解质电容器的容量偏差在20％的范围内是允许的，一般不会影响正常工作。

③ 用于电压较高场合的滤波电容器应保证耐压相同或高于原电解质电容器。

④ 用于旁路、滤波的电解质电容器可以用大于原电容量的电解质电容器来替代。

3.5.3 可调电容器的检测

可调电容器的检测方法如下。

（1）首先转动可调电容器的转轴，转轴与动片之间应有一定的黏合性，不应有松脱或转动不灵的情况。用手轻轻旋动转轴，应感觉十分平滑，不应感觉时松时紧甚至有卡滞现象。将转轴向前、后、上、下、左、右等各个方向推动时，转轴不应有松动的现象。用一只手旋动转轴，另一只手轻摸动片组的外缘，不应感觉有任何松脱现象，参见图3.52。转轴与动片之间接触不良的可调电容器，不能再继续使用。

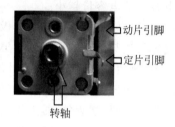

图3.52　可调电容器实物

（2）对于空气介质的可调电容器，在转动转轴的同时，要检查动片与定片之间是否有污垢或杂物，并且检查片间有无偏斜或接触的情况。若存在，应及时清洁或校正。

（3）采用指针式万用表对可调电容器的检测，主要是检测动片与定片之间有无接触以及短路情况。首先将万用表旋至欧姆挡，量程调整为10k挡，再进行零欧姆校正。

（4）一只手将两个表笔分别接可调电容器的动片和定片的引出端，另一只手将转轴缓缓旋动几个来回，万用表指针都应在无穷大位置不动。

（5）缓慢转动转钮，继续检测电容器阻值。在正常情况下，阻值应为无穷大。若转轴转动到某一角度时，用万用表测得的阻值很小或为零，则说明该可调电容器短路，很有可能是动片与定片之间存在接触现象或电容器膜片严重磨损（固体介质可调电容器）。如果碰到某一角度，万用表读数不为无穷大而是出现一定阻值，说明可调电容器动片与定片之间存在漏电现象。此时需要对可调电容器进行更换，更换时注意电容器一定要安装稳固、接触良好，并且要确保可调电容器的动片良好接触，否则易产生噪声。

检测可调电容器的操作步骤如图3.53所示。

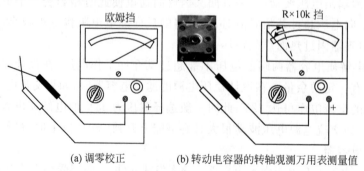

(a) 调零校正　　　(b) 转动电容器的转轴观测万用表测量值

图3.53　检测可调电容器的操作步骤

3.6　电容器在 Multisim 的应用实例

电容器是电路中最基本的元器件之一。电容器习惯上简称电容。在电路中通常用电容进行滤波或"隔直通交"操作,例如:用 $1\mu F$ 的电容实现对电路中直流分量的隔离。

3.6.1　电路设计

实现上述功能,首先进行电路原理图设计。为获得不含直流分量的电流,采用 $1\mu F$ 的电容进行滤除,输入端先通过 $10k\Omega$ 的电阻接地,再采用耦合电容输出,电路如图 3.54 所示。

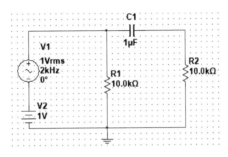

图 3.54　设计电路

3.6.2　在 Multisim 中输入电路图

设计完电路后,需要在 Multisim 中输入电路图。根据图 3.54 所示的电路图进行元件的选择和连接。

在 Multisim 图标中选择单击"放置源"图标。接着参看图 3.55 选择 Sources 系列中的交流电源 AC_POWER。关闭窗口后,在电路绘制画面出现图 3.56 所示交流电源符号,然后右击该电源符号,出现图 3.57 所示的交流电源属性窗口,修改电源电压的有效值为 1V,频率修改为 2kHz。

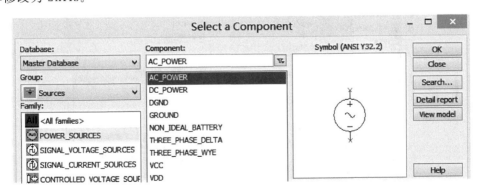

图 3.55　选择电源元器件窗口

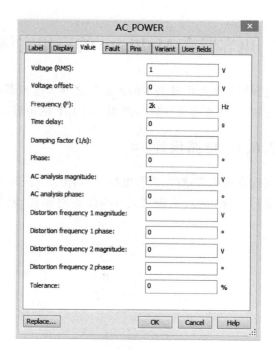

图 3.56　交流电源　　　　　　　　　图 3.57　交流电源属性窗口

接着选择组件,出现图 3.58,选择 CAPACITOR 系列,然后添加一个 $1\mu F$ 的电容,并参照图 3.54 所示的电路图连接元器件。

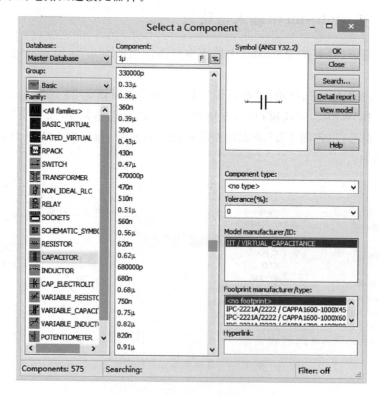

图 3.58　选择电容元器件窗口

3.6.3　在 Multisim 中进行电路功能仿真

在输入电路图基础上,下一步添加虚拟示波器。

参照图 3.59 连接示波器的 A、B 通道,单击仿真运行图标,进而在 Multisim 中进行电路功能仿真。

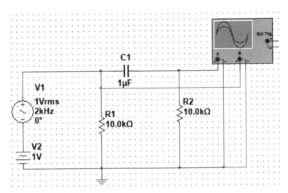

图 3.59　完整仿真测试电路图

在电路画布中双击示波器图标,出现图 3.60 所示的仿真结果。修改其中 A、B 通道的刻度参数,观察显示结果。

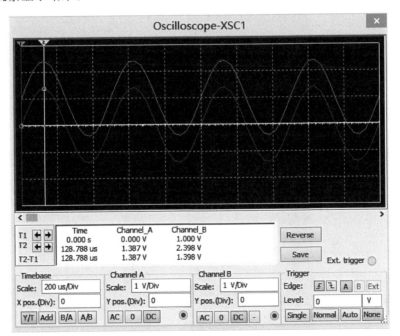

图 3.60　仿真结果图

可以看到输出中 A 通道为滤除直流分量的交流分量,B 通道为未进行操作前的电压源,两通道在同一时刻的电压差值接近 1V,说明成功隔离了直流,达到了设计要求。

参考文献

［1］　https：//detail.1688.com/offer/560971791229.html.

［2］　傅吉康.怎样选用无线电元件［M］.北京：人民邮电出版社,1982.

［3］　刘淑华.看图学电子电工元器件与检测工具 150 问［M］.北京：机械工业出版社,2008.

［4］　http：//www.vtco.com.cn/.

［5］　卢云,蒋美莲,杨邦朝.铌电解质电容器研究动态［J］.材料导报,2005,19（5）：23-25.

［6］　高峰,王雷,杨立志.可调电容式倾角仪低温性能的实现［J］.仪表技术与传感器,2012（2）：31-33.

［7］　https：//b2b.hc360.com/viewPics/supplyself_pics/335588409.html.

［8］　http：//www.chinaswitch.com/gongying/show-id-121101.html.

第4章

电 感 器

4.1 概述

电感器(Inductor)是能够把电能转化为磁能而存储起来的元件。电感器的结构类似于变压器,但只有一个绕组。电感器具有一定的电感,它只阻碍电流的变化,具体表现如下:如果电感器在没有电流通过的状态下,电路接通时它将试图阻碍电流通过;如果电感器在有电流通过的状态下,电路断开时它将试图维持电流不变。电感器又称扼流器、电抗器、动态电抗器。

最原始的电感器是 1831 年英国人法拉第用以发现电磁感应现象的铁芯线圈。1832 年美国人亨利发表关于自感应现象的论文。人们把电感量的单位称为亨利,简称亨。19 世纪中期,电感器在电报、电话等装置中得到实际应用。1887 年德国人赫兹、1890 年美国人特斯拉在实验中所用的电感器都是非常著名的,分别称为赫兹线圈和特斯拉线圈。

电感器是利用电磁感应的原理进行工作的,当有电流流过一根导线时,就会在这根导线的周围产生一定的电磁场,而这个电磁场中的导线本身又会对处在这个电磁场范围内的导线产生感应作用。对产生电磁场的导线本身发生的作用,称为自感;对处在这个电磁场范围的其他导线产生的作用,称为互感。

电阻、电容和电感对电路中电信号的流动都会呈现一定的阻力,这种阻力称为阻抗。电感器的电特性和电容器相反,"阻高频,通低频",也就是说高频信号通过电感线圈时会遇到很大的阻力,很难通过;而低频信号通过它时所呈现的阻力则比较小,即低频信号可以较容易地通过它。电感线圈对直流电的电阻几乎为零。电感线圈对电流信号所呈现的阻抗利用的是线圈的自感,电感线圈有时简称为电感或线圈,用字母 L 表示。绕制电感线圈时,所绕的线圈的圈数一般称为线圈的匝数。

不同类型电感器的实物如图 4.1 所示,根据封装、材料等,电感器可以有不同的分类。但衡量电感线圈的性能指标主要就是电感量的大小。另外,绕制电感线圈的导线一般来说具有一定的电阻,通常这个电阻是很小的,可以忽略。但当在一些电路中流过的电流很大时,线圈的这个很小的电阻就不能忽略了,因为会在这个线圈上消耗功率,引起线圈发热甚至烧坏,所以有些时候还要考虑线圈能承受的电功率。

物理量"电感"是指导线内通过交流电流时,在导线的内部及其周围产生交变磁通,导线

图 4.1　电感器实物

的磁通量与产生此磁通的电流之比。

当电感器中通过直流电流时,其周围只呈现固定的磁力线,不随时间而变化;可是当在线圈中通过交流电流时,其周围将呈现出随时间而变化的磁力线。根据法拉第电磁感应定律——磁生电来分析,变化的磁力线在线圈两端会产生感应电势,此感应电势相当于一个新电源。当形成闭合回路时,就要产生感应电流。由楞次定律知道,感应电流所产生的磁力线总量要力图阻止原来磁力线的变化。由于原来磁力线变化来源于外加交变电源的变化,故从客观效果看,电感线圈有阻止交流电路中电流变化的特性。电感线圈有与力学中的惯性相类似的特性,在电学上称为自感应,通常在拉开闸刀开关或接通闸刀开关的瞬间会发生火花,这就是自感现象产生很高的感应电势所造成的。

总之,当电感线圈接到交流电源上时,线圈内部的磁力线将随电流的交变而时刻在变化着,致使线圈不断产生电磁感应。这种因线圈本身电流的变化而产生的电动势,称为自感电动势。由此可见,电感量只是一个与线圈的圈数、大小形状和介质有关的参量,它是电感线圈惯性的量度而与外加电流无关。

电感器(电感线圈)和变压器(Transformer)是利用电磁感应的自感和互感原理制作而成的电磁感应元件,是电子电路中常用的元器件之一,电感是自感和互感的总称。

变压器和电感器之间很容易弄混,因为它们有同样的物理形状。变压器用 QTK 标明,电感器用 QHP 标明。

变压器的电路符号是 T。变压器常用 QTK 标在元件体上加以识别。变压器是有极性的,它的第一个引脚通常用一白色标志、一个孔或一个尖角表示。电感器的元件符号是 L。电感器和元件体上常用 QHP 标示。电感的单位是亨利(H)、毫亨(mH)、微亨(μH)。电感器是有极性的,电感器的一号引脚用一尖角表示,插时应对准板上的白点插入。轴向引线电感器和电阻的外形非常相似,区别它们的标志是电感器的一头有一条宽的银色色环。轴向引线由电感器用五个色环表示,第一环银色环比其他的色环大 2 倍,以下的三环表示电感的毫亨值,第五环表示电感的误差值。其后四环的标识方法和四环电阻的相同。例如:某电感器的后四环颜色依次为红、红、黑、银,则其电感值为 22mH,±10%。如果第二环或第三环的颜色是金色,则此金色环表示电感值的小数点。例如:某电感值的后四环颜色依次为黄,金,紫,银,则其电感值为$(4.7\pm10\%)\mu H$。

本章主要介绍电感器的结构、参数及标识方法,常用电感器的基础知识,变压器的结构、参数、型号命名及使用常识。

4.1.1 电感器的结构

电感器一般由骨架、绕组、屏蔽罩、磁芯或铁芯、封装材料等组成。

(1)骨架:骨架泛指绕制线圈的支架,如图4.2所示。一些体积较大的固定式电感器或可调式电感器(如振荡线圈、阻流圈等),大多数是将漆包线(或纱包线)环绕在骨架上,再将磁芯或铜芯、铁芯等装入骨架的内腔,以提高其电感量。骨架通常采用塑料、胶木、陶瓷制成,根据实际需要可以制成不同的形状。小型电感器(如色码电感器)一般不使用骨架,而是直接将漆包绕线在磁芯上。空心电感器(也称脱胎线圈或空心线圈,多用于高频电路中)不用磁芯、骨架和屏蔽罩等,而是先在模具上绕好后再脱去模具,并将线圈各圈之间拉开一定距离。

图 4.2 常见的电感线圈骨架实物[1]

(2)绕组:绕组是指具有规定功能的一组线圈,它是电感器的基本组成部分。绕组有单层和多层之分。单层绕组又有密绕(绕制时导线一圈挨一圈)和间绕(绕制时每圈导线之间均隔一定的距离)两种形式;多层绕组有分层平绕、乱绕、蜂房式绕法等多种。绕组的圈数多少、绕组用的漆包线的粗细以及绕组的形状等都由电路的需要以及对电感线圈品质因数 Q 的要求等因数而定。

(3)磁芯与磁棒:磁芯与磁棒一般采用镍锌铁氧体(NX 系列)或锰锌铁氧体(MX 系列)等材料,它有工字形、柱形、帽形、E 形、罐形等多种形状。磁芯插入电感线圈,可以增加电感线圈的电感量,提高品质因数 Q 值,也可以减少线圈的匝数。有时可以通过调整磁芯在线圈中的位置,来调节线圈的电感量。

(4)铁芯:铁芯材料主要有硅钢片、坡莫合金等,其外形多为 E 形。

(5)屏蔽罩:为避免有些电感器在工作时产生的磁场影响其他电路及元器件正常工作,就为其增加了金属屏蔽罩(如半导体收音机的振荡线圈等)。屏蔽罩的使用可以减小线圈产生的电磁场对外电路的影响,也可以减小外界电磁场对电感线圈的影响。采用屏蔽罩的电感器,会增加线圈的损耗,使 Q 值降低。

(6)封装材料:有些电感器(如色码电感器、色环电感器等)绕制好后,用封装材料将线圈和磁芯等密封起来。封装材料采用塑料或环氧树脂等。

电感器的电路符号如图4.3所示。

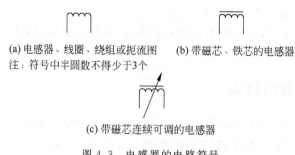

(a) 电感器、线圈、绕组或扼流图　　(b) 带磁芯、铁芯的电感器
注：符号中半圆数不得少于3个

(c) 带磁芯连续可调的电感器

图 4.3　电感器的电路符号

4.1.2　电感器的主要特性、参数及标识方法

1. 电感器主要特性

电感器的特性是阻止交流电通过而让直流电顺利通过。直流信号通过线圈时的电阻就是导线本身的电阻，压降很小；当交流信号通过线圈时，线圈两端将会产生自感电动势，自感电动势的方向与外加电压的方向相反，阻碍交流电通过，所以电感器的特性主要有通直流、阻交流，频率越高、线圈阻抗越大等。

2. 电感器的主要参数

（1）电感量 L。电感量 L 表示线圈本身固有特性，与电流大小无关。电感量 L 也称作自感系数，是表示电感元件自感应能力的一种物理量。当通过一个线圈的磁通（即通过某一面积的磁力线数）发生变化时，线圈中便会产生电势，这是电磁感应现象。所产生的电势称为感应电势，电势大小正比于磁通变化的速度和线圈匝数。当线圈中通过变化的电流时，线圈产生的磁通也要变化，磁通掠过线圈，线圈两端便产生感应电势，这便是自感应现象。自感电势的方向总是阻止电流变化的，犹如线圈具有惯性，这种电磁惯性的大小就用电感量 L 来表示。L 的大小与线圈匝数、尺寸和导磁材料均有关，采用硅钢片或铁氧体作线圈铁芯，可以较小的匝数得到较大的电感量。除专门的电感线圈（色码电感）外，电感量一般不专门标注在线圈上，而以特定的名称标注。电感量的单位为亨利，用字母 H 表示，常用的单位是毫亨，用字母 mH 表示，微亨用字母 μH 表示。它们之间的换算关系为

$$1H = 10^3 mH = 10^6 \mu H$$

（2）感抗 X_L。电感线圈对交流电流阻碍作用的大小称为感抗 X_L，单位是欧姆。感抗 X_L 在电感元件参数表上一般查不到，但它与电感量、电感元件的分类品质因数 Q 等参数密切相关，在分析电路中也经常需要用到，故这里专门作些介绍。X_L 与线圈电感量 L 和交流电频率 f 成正比，计算公式为：$X_L(\Omega) = 2\pi f(Hz)L(H)$。不难看出，线圈通过低频电流时 X_L 小；通过直流电时 X_L 为零，仅线圈的直流电阻起阻力作用，因电阻一般很小，所以近似短路；通过高频电流时 X_L 大，若 L 也大，则近似开路。线圈的此种特性正好与电容器相反，所以利用电感元件和电容器就可以组成各种高频、中频和低频滤波器，以及调谐回路、选频回路和阻流圈电路等。

（3）品质因数 Q。品质因数 Q 是表示线圈质量的一个物理量，这是表示电感线圈品质的参数，亦称作 Q 值。线圈在一定频率的交流电压下工作时，Q 为感抗 X_L 与其等效损耗电

阻的比值,表达式为:$Q=X_L/R$。线圈的 Q 值越高,回路的损耗越小。线圈的 Q 值与导线的直流电阻、骨架的介质损耗、屏蔽罩或铁芯引起的损耗、高频趋肤效应的影响等因素有关。由此可见,线圈的感抗越大,损耗电阻越小,其 Q 值就越高。值得注意的是,损耗电阻在频率 f 较低时可视作基本上以线圈直流电阻为主;当 f 较高时,因线圈骨架及浸渍物的介质损耗、铁芯及屏蔽罩损耗、导线高频趋肤效应损耗等影响较明显,R 就应包括各种损耗在内的等效损耗电阻,不能仅考虑直流电阻。

Q 的数值大都在几十至几百,采用磁芯线圈、多股粗线圈均可提高线圈的 Q 值。Q 值越高,电路的损耗越小,效率越高;但 Q 值提高到一定程度后便会受到种种因素限制,而且许多电路对线圈 Q 值没有很高的要求,所以具体决定 Q 值应视电路要求而定。

(4)分布电容。线圈的匝与匝之间、线圈与屏蔽罩之间、线圈与底板之间存在的电容称为分布电容。分布电容的存在使线圈的 Q 值减小,稳定性变差,因而线圈的分布电容越小越好。采用分段绕法或蜂房绕法可减小分布电容。

(5)允许误差。允许误差是指电感器上标称的电感量与实际电感量的允许误差值。一般用于振荡或滤波等电路中的电感器要求精度较高,允许偏差为 $\pm 0.2\% \sim \pm 0.5\%$;而用于耦合、高频阻流等线圈的精度要求不高,允许偏差为 $\pm 10\% \sim \pm 15\%$。

(6)标称电流。指电感线圈在正常工作时,允许通过的最大电流值。当通过电感器的工作电流大于这一电流值时,电感器将有烧坏的危险。在电源电路中的滤波电感器因为工作电流比较大,加上电源电路的故障发生率比较高,所以滤波电感器容易烧坏。

在选用电感元件时,若电路流过电流大于额定电流值,就需改用额定电流符合要求的其他型号电感器。

电感元件的识别十分容易。固定电感器一般都将电感量和型号直标在其表面,一看即知。有些电感器则只标注型号或电感量一种,还有一些电感元件只标注型号及商标等,如需知其他参数等,只有查阅产品手册或相关资料。

3. 电感器的标示方法

(1)电感器的直标法。电感器的直标法是将小型固定电感器的主要参数如标称电感量、允许偏差、额定电流等用数字和文字符号直接标在电感器外壁上。采用直标法的电感器将标称电感量用数字直接标注在电感器的外壳上,同时用字母表示额定工作电流,其中字母与额定工作电流的对应关系:A(50mA)、B(150mA)、C(300mA)、D(700mA)、E(1600mA)。再用Ⅰ($\pm 5\%$)、Ⅱ($\pm 10\%$)、Ⅲ($\pm 20\%$)表示允许偏差参数。例如:电感器外壳上标有 C、Ⅱ、$470\mu H$,表示电感器的电感量为 $470\mu H$,最大工作电流为 300mA,允许误差为 $\pm 10\%$。使用直标法标示电感器的实物如图 4.4 所示。

图 4.4 电感器直标法标识的实物

(2)文字符号法。文字符号法是将电感器的标称值和允许偏差值用数字和文字符号按一定的规律组合标示在电感体上。采用这种标示方法的电感器通常是一些小功率电感器,其单位通常为 μH 或 nH,用 μH 做单位时,R 表示小数点;用 nH 做单位时,N 表示小数点。采用这种标示法的电感器通常后缀一个英文字母表示允许偏差,各字母代表的允许偏差与直标法相同,如表 4.1 所列。

表 4.1　电感器文字符号法标示

第一部分：主称		第二部分：电感量			第三部分：误差范围	
字母	含义	数字与字母	数字	含义	字母	含义
L 或 PL	电感线圈	2R2	2.2	$2.2\mu H$	J	$\pm5\%$
		100	10	$10\mu H$	K	$\pm10\%$
		101	100	$100\mu H$		
		102	1000	$1mH$	M	$\pm20\%$
		103	10000	$10mH$		

例如，R47 表示电感量为 $0.47\mu H$，4R7 则表示电感量为 $4.7\mu H$，10n 表示电感量为 10nH。常见电感器的文字符号标示法如图 4.5 所示。

图 4.5　常见电感器文字符号标示法的实物

（3）电感器色标法。色标法是指在电感器表面涂上不同的色环来代表电感量（与电阻器类似），通常用三个或者四个色环表示，在识别色环时，紧靠电感体一端的色环为第一环，露出电感体本色较多的另一端为末环。注意：用这种方法读出的色环电感量，默认单位为微亨（μH）。其第一色环是十位数，第二色环为个位数，第三色环为相应的倍率，第四色环为误差率。各种颜色所代表的数值不一样，色环电感器各色环标示的含义如表 4.2 所列。例如，色环颜色分别为棕、灰、银、金的电感为 $1.8\mu H$，误差为 5%。

表 4.2　色环电感器各色环标示的意义

颜色	第一位有效值	第二位有效值	倍率	允许偏差/%
黑	0	0	10^0	±20
棕	1	1	10^1	±1
红	2	2	10^2	±2
橙	3	3	10^3	±3
黄	4	4	10^4	±4
绿	5	5	10^5	—
蓝	6	6	10^6	—
紫	7	7	10^7	—
灰	8	8	10^8	—
白	9	9	10^9	—
金	—	—	10^{-1}	±5
银	—	—	10^{-2}	±10

色环电感器与色环电阻器的外形相近,使用时要注意区分,通常色环电感器外形以短粗居多,而色环电阻器通常为细长。根据电感器的标称电感量以及偏差可以判断出色码的排列规则,例如,标称电感量及偏差为 $22\mu H$、$\pm 5\%$ 的电感器,其色码为:红+红+黑+金;标称电感量及偏差为 $0.22\mu H$、$\pm 20\%$ 的电感器;其色码为:红+红+银+黑。

常见色环电感器外形如图 4.6 所示。

(4) 数码标示法。数码标示法是用三位数字来表示电感量的方法,常用于贴片式电感器上。三位数字中,从左至右的第一、第二位为有效数字,第三位数字表示有效数字后面所加 0 的个数。注意:用这种方法读出的数码电感器的电感量,默认单位为 μH。如果电感量中有小数点,则用 R 表示,并占一位有效数字。例如:标示为"330"的电感为 $33 \times 10^{0} = 33\mu H$,标示为"4R7"的电感为 $4.7\mu H$。常见电感器的数码标示法如图 4.7 所示。

图 4.6 色环电感器实物

图 4.7 电感器的数码标示法实物

4.2 变压器简述

1. 电感线圈与变压器

电感线圈:导线中有电流时,其周围即建立磁场。通常我们把导线绕成线圈,以增强线圈内部的磁场。电感线圈就是据此把导线(漆包线、纱包线或裸导线)一圈挨一圈(导线间彼此相互绝缘)地绕在绝缘管(绝缘体、铁芯或磁芯)上制成的。一般情况,电感线圈只有一个绕组。

变压器:电感线圈中流过变化的电流时,不但在自身两端产生感应电压,而且能使附近的线圈中产生感应电压,这一现象称为互感。两个彼此不连接但又靠近,相互间存在电磁感应的线圈一般称为变压器(Transformer)。

变压器是利用电磁感应的原理来改变交流电压的装置,主要构件是初级线圈、次级线圈和铁芯(磁芯)。主要功能有电压变换、电流变换、阻抗变换、隔离、稳压(磁饱和变压器)等。变压器是用来变换交流电压、电流而传输交流电能的一种静止的电器设备。它是根据电磁感应的原理实现电能传递的。按用途可以分为电力变压器和特殊变压器(电炉变压器、整流变压器、工频试验变压器、调压器、矿用变压器、音频变压器、中频变压器、高频变压器、冲击变压器、仪表用变压器、电子变压器、电抗器、互感器等)。电力变压器是电力输配电、电力用户配电的必要设备；试验变压器是对电器设备进行耐压(升压)试验的设备；仪表用变压器作为配电系统的电气测量、继电保护之用(PT、CT)；特殊用途的变压器有冶炼用电炉变压器、电焊变压器、电解用整流变压器、小型调压变压器等。

2. 变压器的种类

变压器按使用的工作频率可分为高频变压器、中频变压器、低频变压器和脉冲变压器等。

变压器按其磁芯可分为铁芯变压器、磁芯(铁氧体芯)变压器和空心变压器等。常见变压器的外形如图 4.8 所示，常见变压器的电路符号如图 4.9 所示。

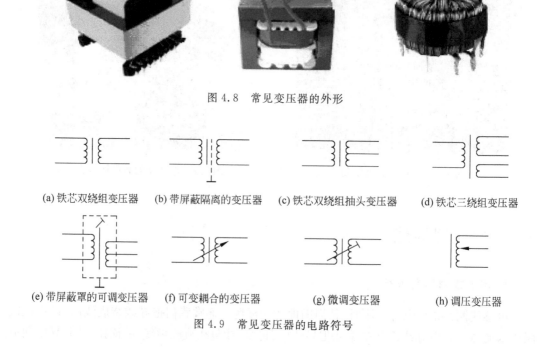

图 4.8　常见变压器的外形

(a) 铁芯双绕组变压器　(b) 带屏蔽隔离的变压器　(c) 铁芯双绕组抽头变压器　(d) 铁芯三绕组变压器

(e) 带屏蔽罩的可调变压器　(f) 可变耦合的变压器　(g) 微调变压器　(h) 调压变压器

图 4.9　常见变压器的电路符号

3. 变压器的主要技术参数

(1) 额定功率。额定功率是指在规定的频率和电压下,变压器能长期工作而不超过规定温升的输出功率。变压器输出功率的单位用瓦(W)或伏安(VA)表示。

(2) 变压比。变压比是指变压器次级电压与初级电压的比值或次级绕组匝数与初级绕组匝数的比值。

(3) 效率。效率是指变压器的输出功率与输入功率的比值。

(4) 温升。温升主要是指线圈的温度,即当变压器通电工作后,其温度上升到稳定值时比周围环境温度升高的数值。

除此以外,变压器还有绝缘电阻、空载电流、漏电感、频带宽度等参数。

4. 变压器的故障及检修

变压器的故障有开路和短路两种。开路的检查用万用表欧姆挡测量电阻进行判断。若变压器的线圈匝数不多,则直流电阻很小,为零点几欧至几欧,随变压器规格而异;若变压器线圈匝数较多,直流电阻较大。

变压器的直流电阻正常并不能表示变压器就完好无损,如电源变压器有局部短路时对直流电阻影响并不大,但变压器不能正常工作。用万用表也不易测量中、高频变压器的局部短路,一般需用专用仪器,其表现为 Q 值下降、整机特性变差。

电源变压器内部短路可通过空载通电进行检查,方法是切断电源变压器的负载,接通电源,如果通电 $15\sim30\text{min}$ 后温升正常,说明变压器正常;如果空载温升较高(超过正常温升),说明内部存在局部短路现象。

变压器开路是由线圈内部断线或引出端断线引起的。引出端断线是常见的故障,仔细观察即可发现。若是引出端断线可以重新焊接,但若是内部断线则需要更换或重绕。

4.3 电感器的分类及应用

4.3.1 电感器的分类

电感器的种类很多,分类方法各不相同。按电感形式来分类包括固定电感器、可调电感器和微调电感器。按导磁体性质来分类包括空心线圈、铁氧体线圈、铁芯线圈和铜芯线圈。按工作性质来分类包括天线线圈、振荡线圈、扼流线圈、陷波线圈和偏转线圈。按绕线结构来分类包括单层线圈、多层线圈和蜂房式线圈。按工作频率来分类包括高频线圈和低频线圈。按结构特点来分类包括磁芯线圈、可调电感线圈、色码电感线圈和无磁芯线圈等。

各种电感线圈的外观各不相同,基于不同的结构有不同的分类方式,下面介绍常用电感线圈的特点和应用。

(1) 单层线圈。单层线圈的 Q 值一般都比较高,多用于高频电路中。单层线圈通常采用密绕法、间绕法和脱胎绕法。密绕法是用绝缘导线一圈挨一圈地绕在纸筒或胶木骨架上,如晶体管收音机中波天线线圈;间绕法就是每圈和每圈之间有一定的距离,具有分布电容小、高频特性好的特点,多用于短波天线;脱胎绕法的线圈实际上就是空心线圈,如高频的谐振电路。

(2) 多层线圈。由于单层线圈的电感量较小,在电感量大于 $300\mu\text{H}$ 的情况下,要采用多层线圈。多层线圈采用分段绕制,可以避免层与层之间跳火击穿绝缘的现象以及减小分布电容。

(3) 蜂房式线圈。如果所绕制的线圈,其平面不与旋转面平行,而是相交成一定的角度,这种线圈称为蜂房式线圈。而其旋转一周,导线来回弯折的次数,常称为折点数。蜂房式线圈都是利用蜂房绕线机来绕制,折点越多,分布电容越小。这种线圈的优点是体积小,分布电容小,电感量大,多用于收音机的中波段振荡电路和高频电路。各种线圈的实物如图 4.10所示。

图 4.10　各种线圈的实物[2]

（4）色码电感线圈。色码电感线圈是一种高频电感线圈，它是在磁芯上绕上一些漆包线后再用环氧树脂或塑料封装而成。它的工作频率为 10kHz～200MHz，电感量一般为 0.1～3300μH。色码电感线圈是具有固定电感量的电感器，其电感量标示方法与电阻一样，以色环来标记，其单位为 μH。

（5）阻流线圈（扼流圈）。阻流圈是指在电路中用以阻塞交流电流通路的电感线圈，分为高频阻流线圈和低频阻流线圈。

高频阻流线圈也称高频扼流线圈，它用于阻止高频信号的电流通过而让频率较低的交流信号和直流信号通过，其特点是电感量小，分布电容小，损耗小。高频阻流线圈工作在高频电路中，多采用空心或铁氧体高频磁芯，骨架用陶瓷材料或塑料制成，线圈采用蜂房式分段绕制或多层平绕分段绕制。

低频阻流线圈用于阻止低频信号的通过，也称低频扼流圈，它应用于电流电路、音频电路或场输出等电路，其作用是阻止低频交流电流通过，电感量可达几亨至几十亨，比高频阻流线圈大得多。低频阻流线圈多采用硅钢片、铁氧体、坡莫合金等作为铁芯，多用于电源滤波电路、音频电路。通常，将用在音频电路中的低频阻流线圈称为音频阻流圈，将用在场输出电路中的低频阻流线圈称为场阻流圈，将用在电流滤波电路中的低频阻流线圈称为滤波阻流圈。低频阻流圈一般采用 E 形硅钢片铁芯（俗称矽钢片铁芯）、坡莫合金铁芯或铁淦氧磁芯。为防止通过较大直流电流引起磁饱和，安装时在铁芯中要留有适当空隙。

（6）偏转线圈。偏转线圈是电视机扫描电路输出级的负载，套在电视机显像管颈部的部件，分为行偏转线圈和场偏转线圈两种。行偏转线圈产生的磁场方向是垂直的，使显像管内的电子束作水平方向偏转。场偏转线圈产生水平方向的磁场，使电子束作垂直方向的偏转。显像管的光栅就是行、场偏转线圈的共同作用形成的。偏转线圈的特点：偏转灵敏度高，磁场均匀，Q 值高，体积小，价格低。

（7）小型振荡线圈。小型振荡线圈是超外差式收音机中不可或缺的元件。当超外差式收音机中需要产生一个比外来信号高 465kHz 的高频等幅信号时，这个任务由振荡线圈与电容器组成的振荡电路来完成。振荡线圈分为中波振荡线圈和短波振荡线圈两种。小型振荡线圈一般采用金属外壳作屏蔽罩，内部有尼龙骨架、工字形磁芯、磁帽和引脚等。带螺纹的磁帽可以起到微调电感量的作用，磁帽顶端涂有红色漆，可以区别于外形相同的中频变压器。

（8）小型固定电感器。小型固定电感器通常是用漆包线在磁芯上直接绕制而成，特点是体积小、重量轻、结构简单牢固、使用方便、电感量范围较宽,主要用在滤波、振荡、陷波、延时等电路中。它有密封式和非密封式两种封装形式,两种形式又都有立式和卧式两种外形结构。

① 立式密封固定电感器采用同向型引脚。国产电感器电感量为 $0.1\sim2200\mu H$(直标在外壳上),额定工作电流为 $0.05\sim1.6A$,误差范围为 $\pm5\%\sim\pm10\%$;进口的电感器电流量范围更大,误差更小。进口的电感器有 TDK 系列色码电感器,其电感量用色环标在电感器表面。

② 卧式密封固定电感器采用轴向型引脚,国产有 LG1、LGA、LGX 等系列。

LG1 系列电感器的电感量为 $0.1\sim22000\mu H$(直标在外壳上)。

LGA 系列电感器采用超小型结构,外形与 1/2W 色环电阻器相似,其电感量为 $0.22\sim100\mu H$(用色环标在外壳上),额定电流为 $0.09\sim0.4A$。

LGX 系列色码电感器也为小型封装结构,其电感量为 $0.1\sim10000\mu H$,额定电流分为 50mA、150mA、300mA 和 1.6A 四种规格。

(9) 可调电感器。常用的可调电感器有半导体收音机用振荡线圈、电视机用行振荡线圈、行线性线圈、中频陷波线圈、音响用频率补偿线圈、阻波线圈等。

① 半导体收音机用振荡线圈:此振荡线圈在半导体收音机中与可调电容器等组成本机振荡电路,用来产生一个输入调谐电路接收的电台信号高出 465kHz 的本振信号。其外部为金属屏蔽罩,内部由尼龙衬架、工字形磁芯、磁帽及引脚座等构成,在工字磁芯上有用高强度漆包线绕制的绕组。磁帽装在屏蔽罩内的尼龙架上,可以上下旋转,通过改变它与线圈的距离来改变线圈的电感量。电视机中频陷波线圈的内部结构与振荡线圈相似,只是磁帽可调磁芯。

② 电视机用行振荡线圈:行振荡线圈用在早期的黑白电视机中,它与外围的阻容元件及行振荡晶体管等组成自激振荡电路(三点式振荡器或间歇振荡器、多谐振荡器),用来产生频率为 15625Hz 的矩形脉冲电压信号。

该线圈的磁芯中心有方孔,行同步调节旋钮直接插入方孔内,旋动行同步调节旋钮,即可改变磁芯与线圈之间的相对距离,从而改变线圈的电感量,使行振荡频率保持为 15625Hz,与自动频率控制电路(AFC)送入的行同步脉冲产生同步振荡。

③ 行线性线圈:行线性线圈是一种非线性磁饱和电感线圈(其电感量随着电流的增大而减小),它一般串联在行偏转线圈回路中,利用其磁饱和特性来补偿图像的线性畸变。

行线性线圈是用漆包线在工字形铁氧体高频磁芯或铁氧体磁棒上绕制而成,线圈的旁边装有可调节的永久磁铁。通过改变永久磁铁与线圈的相对位置来改变线圈电感量的大小,从而达到线性补偿的目的。

(10) 片状电感器。片状电感器又称为功率电感器、大电流电感器和表面贴装高功率电感器,具有小型化、高品质、高能量存储和低电阻等特性。片式电感器实现以下两个基本功能:电路谐振和扼流电抗。各种贴片电感器实物如图 4.11 所示。

谐振电路包括谐振发生电路、振荡电路、时钟电路、脉冲电路、波形发生电路,还包括高 Q 带通滤波器电路。要使电路产生谐振,必须有电容器和电感器同时存在于电路中。在电感器的两端存在寄生电容,这是由于电极之间的铁氧体本体相当于电容介质而产生的。在谐振电路中,电感必须具有高 Q 值、窄的电感偏差、稳定的温度系数,才能达到谐振电路窄

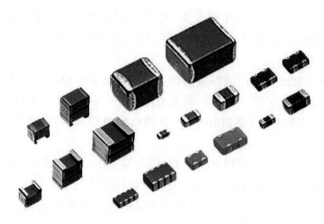

图 4.11　各种贴片电感器实物

带、低的频率温度漂移的要求。高 Q 值电路具有尖锐的谐振峰值,窄的电感偏置保证谐振频率偏差尽量小。稳定的温度系数保证谐振电路稳定的温度变化特性。

片式电感器主要有 4 种类型,即绕线型、叠层型、薄膜片式和编织型。常用的是绕线式和叠层式两种类型。前者是传统绕线电感器小型化的产物;后者则采用多层印制技术和叠层生产工艺制作,体积比绕线型片式电感器还要小,是电感元件领域重点开发的产品。

① 绕线型。它的特点是电感量范围广(mH～H)、电感量精度高、损耗小(即 Q 值大)、容许电流大、制作工艺继承性强、简单、成本低等,但不足之处是在进一步小型化方面受到限制。以陶瓷为芯的绕线型片式电感器,高频率下能够保持稳定的电感量和相当高的 Q 值,因而在高频回路中占据一席之地。

② 叠层型。它具有良好的磁屏蔽性、烧结密度高、机械强度好。不足之处是合格率低、成本高、电感量较小、Q 值低。

它与绕线片式电感器相比有诸多优点:尺寸小,有利于电路的小型化;磁路封闭,不会干扰周围的元器件,也不会受邻近元器件的干扰,有利于元器件的高密度安装;一体化结构,可靠性高;耐热性、可焊性好;形状规整,适合于自动化表面安装生产。

③ 薄膜片式。具有在微波频段保持高 Q 值、高精度、高稳定性和小体积的特性。其内电极集中于同一层面,磁场分布集中,能确保贴装后的器件参数变化不大,在 100MHz 以上呈现良好的频率特性。

④ 编织型。特点是在 1MHz 下的单位体积电感量比其他片式电感器大、体积小、容易安装在基片上。用作功率处理的微型磁性元件。

(11)磁珠。磁珠专用于抑制信号线、电源线上的高频噪声和尖峰干扰,还具有吸收静电脉冲的能力。磁珠用来吸收超高频信号,像一些射频 RF 电路、锁相环(PLL)电路、振荡电路、含超高频存储器电路等都需要在电源输入部分加磁珠。

磁珠的主要功能是消除存在于传输线结构(电路)中的 RF 噪声,直流成分是需要的有用信号,而射频 RF 能量却是无用的电磁干扰(EMI),沿着线路传输和辐射。要消除这些不需要的信号能量,使用片式磁珠扮演高频电阻的角色(衰减器),该器件允许直流信号通过,而滤除交流信号。通常高频信号为 30MHz 以上,然而,低频信号也会受到片式磁珠的影响。磁珠有很高的电阻率和磁导率,在电路中只要导线穿过它即可,高频电流在其中以热量形式散发,其等效电路为一个电感和一个电阻串联,两个组件的值都与磁珠的长度成比例。磁珠比普通的电感有更好的高频滤波特性,在高频时呈现阻性,所以能在相当宽的频率范围内保持较高的阻抗,从而提高调频滤波效果。作为电源滤波,可以使用电感。磁珠的电路符号就是电感,但是从型号上可以看出使用的是磁珠。在电路功能上,磁珠和电感原理是相同的,只是频率特性不同罢了。

有的磁珠上有多个孔洞,用导线穿过可增加组件阻抗(穿过磁珠次数的平方)。铁氧体磁珠不仅可用于电源电路中滤除高频噪声(可用于直流和交流输出),还可广泛应用于其他电路。

4.3.2　电感器的应用

电感器的基本作用:滤波、振荡、延迟、陷波等。在电子线路中,电感线圈对交流有限流作用,它与电阻器或电容器能组成高通或低通滤波器、移相电路及谐振电路等。

由感抗 $X_L = 2\pi f L$ 知,电感 L 越大,频率 f 越高,感抗就越大。该电感器两端电压的大小与电感 L 成正比,还与电流变化速度 $\Delta i / \Delta t$ 成正比。电感线圈也是一个储能元件,它以磁的形式存储电能,存储的电能大小可用下式表示:

$$W_L = \frac{1}{2} L I^2$$

可见,线圈电感量越大,流过电流越大,存储的电能也就越多。

1. LC 滤波电路

电感器在电路最常见的功能就是与电容器一起,组成 LC 滤波电路。电容器具有"阻直流,通交流"的本领,而电感器则有"通直流,阻交流"的功能。如果把伴有许多干扰信号的直流电通过 LC 滤波电路,那么交流干扰信号将被电容器变成热能消耗掉;变得比较纯净的直流电流通过电感器时,其中的交流干扰信号也被变成磁感和热能,频率较高的信号最容易被电感器阻抗,因此可以抑制较高频率的干扰信号。

在线路板电源部分的电感器一般是由线径非常粗的漆包线环绕在涂有各种颜色的圆形磁芯上,而且附近一般有几个高大的滤波铝电解质电容器,这二者组成的就是上述的 LC 滤波电路。另外,线路板还大量采用"蛇行线+贴片钽电容器"来组成 LC 电路,因为蛇行线在电路板上来回折行,也可以看作一个小电感器。

2. 调谐与选频作用

电感线圈与电容器并联可组成 LC 调谐电路。如果电路的固有振荡频率 f_0 与非交流信号的频率 f 相等,则回路的感抗与容抗也相等,于是电磁能量就在电感、电容来回振荡,这就是 LC 回路的谐振现象。谐振时电路的感抗与容抗等值又反向,回路总电流的感抗最小,电流量最大(指 $f = f_0$ 的交流信号),LC 谐振电路具有选择频率的作用,能将某一频率 f 的交流信号选择出来。

电感器还有筛选信号、过滤噪声、稳定电流及抑制电磁波干扰等作用。

3. 磁环的作用

磁环与连接电缆构成一个电感器,它是电子电路中常用的抗干扰元件,对高频噪声有很好的屏蔽作用,故被称为吸收磁环,通常使用铁氧体材料制成,又称铁氧体磁环(简称磁环)。磁环在不同的频率下有不同的阻抗特性。在低频时阻抗很小,当信号频率升高后磁环的阻抗急剧变大。众所周知,信号频率越高,越容易辐射出去,而信号线都是没有屏蔽层的,这些信号线就成了很好的天线,接收周围环境中各种杂乱的高频信号,而这些信号叠加在传输的信号上,甚至会改变传输的有用信号,严重干扰电子设备的正常工作。因此,降低电子设备的电磁干扰(EM)是需要考虑的问题。在磁环作用下,既使正常有用的信号顺利地通过,又能很好地抑制高频干扰信号,而且成本低廉。

4. 片式电感器的应用

片式电感器主要应用在射频(RF)和无线通信设备,雷达检波器,汽车电子,蜂窝电话,寻呼机,音频设备,PDA(个人数字助理),无线遥控系统以及低压供电模块等。

下面列举一些电感元件在电路中的应用实例。

1)分频网络

图 4.12 是音响电路的分频电路图。电感线圈 L_1 和 L_2 为空心密绕线圈,它们与 C_1、C_2 组成分频网络,对高、低音进行分频,以改善放音效果。

2)滤波电路

图 4.13 是电子管扩音机的电源滤波电路图。图中 L 为插有硅钢片的铁芯线圈,又称为低频扼流圈。它在电路中的作用是阻止残余交流电通过,而仅让直流电通过。

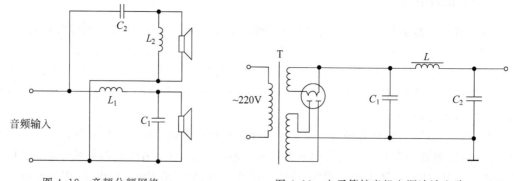

图 4.12 音频分频网络　　图 4.13 电子管扩音机电源滤波电路

3)选频与阻流

图 4.14 所示是单管半导体收音机电路。其中 VT_1 为高频半导体管,用来进行信号放大。L_1 为天线线圈,在磁棒上用多股导线绕制而成。L_1 与 C_1、C_2 组成并联谐振电路,对磁棒天线接收到的无线电信号进行选频,选出的信号由 L_1 感应到 L_2,由 VT_1 进行放大,放大了的信号送到 L_3。L_3 为一固定电感器,它的电感量为 3mH,其作用是利用感抗阻止高频信号进入耳机,而仅让音频信号通过,因此把 L_3 称为高频阻流圈。

L_3 对 500kHz 高频信号的感抗很大,为

$$X_L(500\text{kHz}) = 2\pi \times 500 \times 10^3 \times 3 \times 10^{-3} \approx 9.42\text{k}\Omega$$

而 L_3 对 10kHz 低频信号的感抗很小,为

$$X_L(10\text{kHz}) = 2\pi \times 10^4 \times 3 \times 10^{-3} \approx 188\Omega$$

计算结果表明,只有音频信号可以通畅地经过 L_3 到达耳机,从而使我们可以听到电台

的播音。

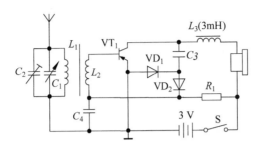

图 4.14 单管半导体收音机电路

4）与电容器组成振荡回路

图 4.15 所示是超外差半导体收音机中的变频器电路。L_4 为振荡线圈，它与 C_{1b} 组成本机振荡回路；L_3 为反馈线圈。本机振荡的信号由 C_2 送入 VT_1，发射极与由 L_1、C_{1a} 选择出来的广播信号在 VT_1 内进行混频。混频后的信号从 VT_1 集电极输出，并由中频变压器 T_2 检出 $465kHz$ 中频信号送往中频放大器。

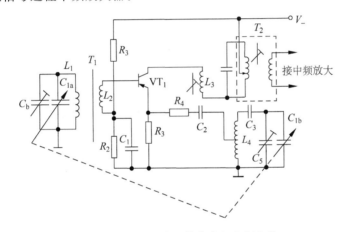

图 4.15 超外差半导体收音机变频电路

5）补偿电路

利用电感器的感抗随频率变化的特性，可进行频率补偿。例如：将电感 L 和电阻 R 串联起来，则总的阻抗为 $Z=R+X_L$，频率越高，感抗 X_L 越大，使得高频时 Z 增大，进而用于频率补偿电路。

6）延迟作用

电感线圈在电路中还可起到延迟作用，使输出的信号与输入的信号基本不变，而只使输出延迟一段时间，即信号的幅度不变，而仅相位发生变化。

图 4.16 电路是彩色电视机亮度延迟线的典型应用电路，其中 DL_1 为亮度延迟线。亮度延迟线为特殊的电感器件，它的电感量由延迟时间和信号频率确定。

为了保证彩色电视信号中的亮度信号与色度信号叠加同步，亮度延迟线会将亮度信号延迟 $0.6\mu s$。

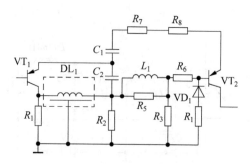

图 4.16　彩色电视机亮度延迟电路

4.3.3　电感器的常见故障、检测与选用

1. 电感器在使用过程中的注意事项

（1）电感器使用的场合。潮湿与干燥，环境温度的高低，高频或低频环境，要让电感器表现的是感性还是阻抗特性等，都要注意。

（2）电感器的频率特性。在低频时，电感器一般呈现电感特性，即只起蓄能、滤高频的作用。但在高频时，它的阻抗特性表现得很明显，有耗能发热、感性效应降低等现象。不同电感器的高频特性都不一样。

下面就铁氧体材料的电感器进行说明：铁氧体材料是铁镁合金或铁镍合金，这种材料具有很高的导磁率，它可以使电感器的线圈绕组之间在高频高阻的情况下产生的电容最小。铁氧体材料通常在高频情况下应用，因为在低频时主要呈电感特性，使得线上的损耗很小。在高频情况下，主要呈电抗特性并且随频率改变。铁氧体较好地等效于电阻以及电感的并联，低频下电阻被电感短路，高频下电感阻抗变得相当高，以至于电流全部通过电阻。铁氧体是一个能量消耗装置，高频能量在铁氧体上转化为热能，这是由其电阻特性决定的。实际应用中，铁氧体材料作为射频电路的高频衰减器使用。

①　电感器设计要考虑承受的最大电流及相应的发热情况。

②　使用磁环时，对照上面的磁环部分，找出对应的 L 值，对应材料的使用范围。

③　注意导线（漆包线、纱包或裸导线），常用的是漆包线。要找出最适合的线径。

2. 电感器的测量

电感器测量的两类仪器：RLC 测量（电阻、电感、电容三种都可以测量）和电感测量仪。

电感器的测量：空载测量（理论值）和在实际电路中的测量（实际值）。

由于电感器使用的实际电路过多，难以列举，所以仅对空载情况下的测量进行说明。

电感量的测量步骤（RLC 测量）：

（1）熟悉仪器的操作规则（使用说明）及注意事项。

（2）开启电源，预热 15～30min。

（3）选中 L 挡，选中测量电感量。

（4）把两个夹子互夹并复位清零。

（5）把两个夹子分别夹住电感的两端，读数值并记录电感量。

（6）重复步骤（4）和步骤（5），记录测量值。要有5～8个数据。

（7）比较几个测量值，若相差不大（$0.2\mu H$），则取其平均值，若与理论值相差过大（$0.3\mu H$），则重复步骤（2）～步骤（6），直至取到电感的理论值。

不同的仪器能测量的电感参数都有一些出入。因此，做任何测量前需要熟悉测量仪器了解仪器能测量的物理量以及范围，然后按照操作说明去做即可。

3. 电感器的故障现象

电感器的主要故障是线圈烧成开路或因线圈的导线太细而在引脚处断线，当不同电路中的电感器出现线圈开路故障后，会表现为不同的故障现象，主要有下列几种情况：

（1）在电源电路中的线圈容易出现因电流过大而烧断的故障，原因可能是滤波电感器先发热，严重时烧成开路，此时电源的电压输出电路将开路，故障表现为无直流电压输出。

（2）其他小信号电路中的线圈开路之后，一般表现为无信号输出。

（3）一些微调线圈还会表现为磁芯松动而引起的电感量不对，此时线圈所在电路不能正常工作，表现为对信号的损耗增大或无信号输出。

（4）线圈受潮后，线圈的Q值下降，造成对信号的损耗增大。

4. 电感器的检测

在选择和使用电感线圈时，首先要进行电感线圈的检查测量，而后判断线圈的质量好坏。要准确检测电感线圈的电感量和品质因数Q，一般需要专门的仪器，而且测试方法较为复杂。在实际工作中，一般不进行这种检测，仅进行线圈的通断检查和Q值大小的判断。

对电感器的检测主要有直观检查和万用表欧姆挡测量直流电阻大小两种有效方法。直观检查主要是查看引脚是否断、磁芯是否松动、线圈是否发霉等。万用表主要用于检测线圈是否开路，其他故障（如匝间短路等）无法用万用表测量。

1）色码电感器的检测

由于色码电感器的电感量一般都比较小，所以在业余条件下，比较难以准确地确定其电感量的大小。使用万用表的电阻挡测量色码电感器的通断及电阻值大小，通常可以对其好坏作出判断。具体测试方法为：将万用表置于R×1挡，红、表笔各接色码电感器的任一引出端，此时指针应向右摆动，如图4.17所示。根据测出的电阻值大小，可具体分下述三种情况进行鉴别。

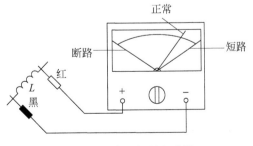

图4.17 检测色码电感器

（1）被测色码电感器阻值为零：说明电感器内部线圈有短路性故障。注意测试操作时，一定要先将万用表调零，并仔细观察指针向右摆动的位置是确实达到零位，以免造成误判。当怀疑色码电感器内部有短路性故障时，最好用 R×1 挡反复多测几次，这样，才能做出正确的判别。

（2）被测色码电感量有电阻值：色码电感器直流电阻值的大小与绕制电感器线圈所用的漆包线线径、绕制圈数有直接关系。线径越细，圈数越多，则电阻值越大。一般情况下用万用表 R×1 挡测量，只要能测出电阻值，则可认为被测色码电感器是正常的。

（3）被测色码电感器的电阻值为无穷大：这种现象比较容易区分，说明电感器内部的线圈或引脚与线圈接点处发生了断路性故障。

2）对振荡线圈的检测

在振荡线圈的底座下方有引脚，检测时分清与引脚相连的线圈，然后用万用表 R×1 挡测一次绕组或二次绕组的电阻值，如有阻值且比较小，一般认为是正常的；如果电阻值为 0，则是短路；如果阻值为∞，则是断路。

由于振荡线圈置于屏蔽罩内，因此还要检测一、二次绕组与屏蔽罩之间的电阻值，方法是将万用表置于 R×10k 挡，一只表笔接屏蔽罩，另一表笔分别接一、二次绕组的各引脚，若测得的阻值为∞，说明正常；若阻值为 0，说明短路；若阻值小于∞但大于 0，则有漏电现象。

5. 电感器的选用

选用电感器应注意以下原则：

（1）根据工作频率，选用线圈的导线。工作于低频段的电感线圈，一般采用漆包线等带绝缘的导绕线制。工作频率高于几万赫兹而低于 2MHz 的电路中，采用多股绝缘的导线绕制线圈，这样可有效增加导体的表面积，从而克服趋肤效应的影响，使 Q 值比相同截面积的单根导线绕制的线圈高 30%～50%。在频率高于 2MHz 的电路中，电感线圈应采用单根粗导线绕制，导线的直径一般为 0.3～1.5mm。采用间绕的电感线圈，常用镀银铜线绕制，以减小高频电阻。这时不宜选用多股导线绕制，因为多股绝缘线在频率很高时，线圈绝缘介质将引起额外的损耗，其效果反而不如单根导线好。

（2）选用优质的线圈骨架，减少介质损耗。在频率较高的场合，如短波波段，普通线圈骨架的介质损耗显著增加，因此，应选用高频介质材料，如高频瓷、聚四氟乙烯、聚苯乙烯等作为骨架，并采用间绕法绕制。

（3）选择合理的线圈尺寸，可以减少损耗。

（4）合理选定屏蔽罩的直径。用屏蔽罩会增加线圈的损耗，使 Q 值降低，因此屏蔽罩的尺寸不宜过小。然而屏蔽罩的尺寸过大会增大体积，因而要选定合理的屏蔽罩直径尺寸。

（5）采用磁芯可使线圈圈数显著减少。线圈中采用磁芯减少了线圈的圈数，不仅减小线圈的电阻值，有利于 Q 值的提高，而且缩小了线圈的体积。

（6）线圈直径适当选大些，有利于减小损耗。一般接收机，单层线圈直径取 12～30mm；多层线圈取 6～13mm，但从体积考虑，也不宜超过 20～25mm。

（7）减小绕制线圈的分布电容。尽量采用无骨架方式绕制线圈，或者绕制在凸筋式骨

架上的线圈,能减小分布电容 15%~20%;分段绕法能减小多层线圈分布电容的 1/3~
1/2。对于多层线圈来说,直径 d 越小,绕组长度 l 越小或绕组厚度 t 越大,则分布电容越
小。应当指出的是,经过浸渍和封涂后的线圈,其分布电容将增大 20%~30%。

4.4 电感器在 Multisim 的应用实例

电感器是电路中最基本的元器件之一。电感器的应用范围较广,在仿真电路中,通常用
于滤波、振荡、延迟和分频等方面。

例如:选用电感器和电容器组成基本的 LC 滤波电路,使输入端获得较纯净的直流
电流。

4.4.1 电路设计

实现上述的功能,首先进行电路原理图设计。选用 1V 直流电源,并用频率为 50Hz 和
8kHz 的交流电源分别模拟低频与高频干扰信号,选用 0.1F 的电容(在实际电路中,一般会
选用电容量较大的电解质电容器)和 100mH 的电感器。电路如图 4.18 所示。

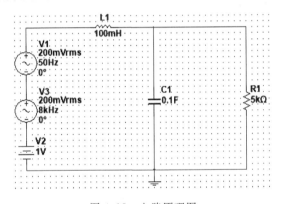

图 4.18　电路原理图

4.4.2 在 Multisim 中输入电路图

设计完电路后,需要在 Multisim 中输入电路图。根据图 4.18 所示的电路图进行元件
的选择和连接。

在 Multisim 图标中选择单击"放置源"图标。接着选择 Sources 系列中的直流电源
DC_POWER 与交流电源 AC_POWER。在直流电源属性窗中修改电源电压为 1V,在交流
电源属性窗修改频率为 50Hz 和 8kHz。

选择单击"放置基本"图标,出现图 4.19 所示窗口,选择 INDUCTOR 系列,然后添加一
个 100mH 的电感器,并参照图 4.18 所示的电路原理图连接元器件。

4.4.3 在 Multisim 中进行电路功能仿真

在完成输入电路图基础上,下一步添加虚拟示波器。

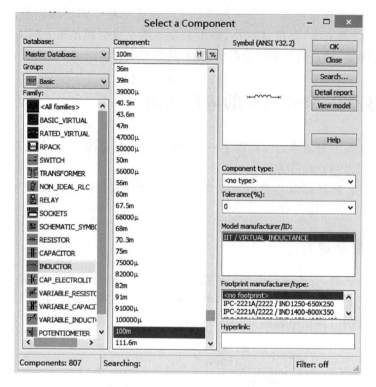

图 4.19　选择电感器元器件窗口

参照图 4.20 连接示波器的 A、B 通道,单击仿真运行图标,进而在 Multisim 中进行电路功能仿真。

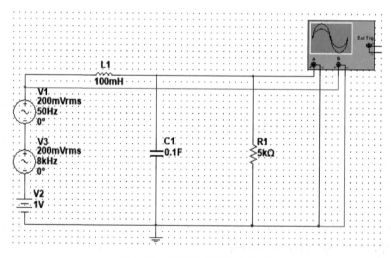

图 4.20　完整仿真测试电路图

在电路画布中双击示波器图标,出现如图 4.21 所示的仿真结果窗口。修改其中 A、B 通道的刻度参数,观察显示结果。

可以看到输出中 A 通道为滤掉干扰信号的直流电源,B 通道为原信号源,经过滤的信号稳定在 1V,波动极小,说明电路达到了设计要求。

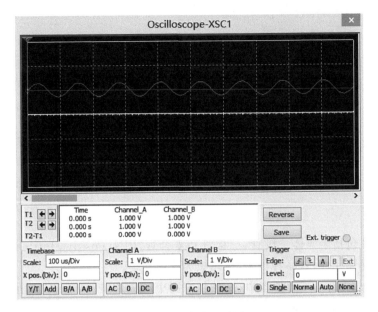

图 4.21　仿真结果图

参考文献

［1］　http：//cn. made-in-china. com/tupian/jsfudun-EeZmdDbVlIky. html.
［2］　http：//www. 114pifa. com/p2088/6775940. html.

第 5 章

二　极　管

半导体器件包括半导体二极管、三极管和复合管、PIN(Positive-Intrinsic-Negative)管、激光器件等半导体元件,其品种很多,应用极为广泛。

二极管(Diode)是电子元件当中,一种具有两个电极的装置,允许电流由单一方向通过(称为顺向偏压),反向时阻断(称为逆向偏压)。因此,二极管可以想象成电子版的逆止阀。大部分二极管所具备的电流方向性通常称为"整流"(Rectifying)功能。许多应用是基于其整流的功能,而变容二极管(Varicap Diode)则用来当作电子式的可调电容器。

早期的真空电子二极管是一种能够单向传导电流的电子器件。在半导体二极管内部有一个 PN 结,有两个引线端子,这种电子器件按照外加电压的方向,具备单向电流的传导性。一般来讲,晶体二极管是一个由 P 型半导体和 N 型半导体烧结形成的 PN 结界面,在其界面的两侧形成空间电荷层,构成自建电场。当外加电压等于零时,由于 PN 结两边载流子的浓度差引起扩散电流和由自建电场引起的漂移电流相等而处于电平衡状态,这也是常态下的二极管特性。

早期的二极管包含"猫须晶体"以及真空管(英国称为"热游离阀")。现今最普遍的二极管大多是使用半导体材料制成,如硅或锗。

本章主要介绍半导体器件二极管的结构、特性、参数、种类以及常见二极管的具体应用。

5.1　半导体物理基本知识

几乎在所有的电子电路中,都要用到半导体二极管,它在许多电路中起着重要的作用,它是诞生最早的半导体器件之一,其应用也非常广泛。多数现代电子器件是由性能介于导体与绝缘体之间的半导体材料制成的。为了从电路的观点理解这些器件的性能,首先必须从物理的角度了解它们是如何工作的。

5.1.1　半导体材料

目前制造半导体器件的材料用得最多的有硅和锗两种。

从导电性能上看,物质材料可分为三大类:导电能力特别强的物质称为导体;导电能力非常差,几乎不导电的物质称为绝缘体;半导体是一种导电性能介于导体和绝缘体之间的物质,如硅、锗、砷、金属氧化物和硫化物等。从电导率的角度来看,导体的电阻率 $\rho <$ $10^{-4} \Omega \cdot cm$,绝缘体的电阻率 $\rho > 10^9 \Omega \cdot cm$,而半导体的电阻率 ρ 介于两者之间。

半导体在现代电子技术中应用十分广泛,其导电能力具有独特的性质,不同于其他物质。半导体的导电能力受外界因素的影响十分敏感,主要表现在以下 3 个方面:

(1) 温度升高时,纯净的半导体的导电能力显著增加,即半导体的热敏性;

(2) 在纯净半导体材料中加入微量的"杂质"元素,它的电导率就会成千上万倍地增长,即半导体的杂敏性;

(3) 纯净的半导体受到光照时,导电能力明显提高,即半导体的光敏性。

半导体之所以具有上述特性,根本原因在于其物质内部的特殊原子结构及其特殊的导电机理。原子可以看成由带正电的原子核以及若干个围绕原子核运动的带负电的电子组成的,且整个原子呈电中性。半导体器件的材料:硅(Si)的原子序数是 14,外层有 4 个电子;锗(Ge)的原子序数是 32,外层也是 4 个电子。硅和锗在化学元素周期表上同属于第Ⅳ族,它们的最外层只有 4 个价电子,外层价电子影响硅和锗的化学性质,也影响它们的导电性能。如果把原子核和结构较稳定的内层电子看成一个整体,称为惯性核,那么惯性核带 4 个正电荷,外层价电子带 4 个负电荷。这样由惯性核与外层价电子构成的描述硅和锗的简化原子,硅和锗的简化原子模型如图 5.1 所示,这种模型突出了价电子的作用。

用来制造半导体器件的硅和锗都是单晶材料,它们的单晶体具有金刚石结构,每个原子与相邻的 4 个原子结合,它们正好处于正四面体的中心与顶点的位置。这些原子彼此之间通过共价键联系起来。所谓共价键就是每两个相邻原子各拿出一个价电子组成共有的价电子对,环绕两个原子核运动,每个原子外层的 4 个价电子分别与相邻 4 个原子的价电子组成共价键而形成稳定的共价键结构。图 5.2 所示是晶体共价键结构的平面示意图。

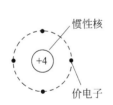

图 5.1　硅和锗的简化原子模型

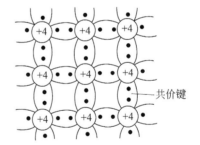

图 5.2　晶体共价键结构平面示意图

把完全纯净的、具有晶体结构的半导体称为本征半导体。物质导电能力的大小取决于其中能参与导电的粒子——载流子的多少。本征半导体在绝对零度($T = 0K$,相当于 $-273℃$)时,相当于绝缘体。在室温条件下,本征半导体便具有一定的导电能力。

5.1.2　本征半导体及本征激发

1. 本征半导体

本征半导体中包含有两种载流子,即自由电子和空穴。价电子挣脱共价键的束缚成为自由电子的同时,在原来的共价键位置上留下了一个空位,这个空位称为空穴,空穴带正电荷。空穴和自由电子同时参与导电,是半导体的重要特点。

在本征半导体中,激发出一个自由电子,同时便产生一个空穴。电子和空穴总是成对地产生,称为电子—空穴对。空穴的运动实质上是价电子填补空位而形成的,晶体共价键结构中空穴运动的示意图如图 5.3 所示。

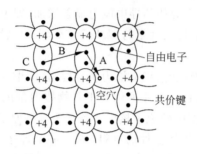

图 5.3　晶体共价键结构中空穴运动的示意图

2. 本征激发

当温度升高时,电子吸收能量摆脱共价键而形成一对电子和空穴的过程,称为本征激发。产生本征激发的条件:加热、光照及射线照射。

实验表明,在一定的温度下,电子浓度和空穴浓度都保持一个定值。这是由于半导体中存在两种过程,即载流子的产生过程和载流子的复合过程。载流子的产生过程是本征激发共价键分裂产生电子空穴对的过程。载流子的复合过程是自由电子填补空穴恢复共价键的过程。本征半导体的电导率很小,而且受温度和光照等条件影响甚大,不能直接用来制造半导体器件。

5.1.3　杂质半导体

在本征半导体中掺入微量的杂质,就会使半导体的导电性能发生显著的变化。掺入了杂质的半导体称为杂质半导体。因掺入杂质不同,杂质半导体可分为空穴(P)型半导体和电子(N)型半导体两大类。常用的杂质元素有三价的硼、铝、铟、镓和五价的砷、磷、锑等。通过控制掺入的杂质元素的种类和数量来制成各种各样的半导体器件。

1. N 型半导体

在本征半导体中加入微量的五价元素如砷(As)或者磷(P),可使半导体中自由电子浓度大为增加,形成 N 型半导体。掺入本征硅中的五价杂质原子占据晶格中某些硅(或锗)原子的位置,如图 5.4 所示。由于五价杂质原子的最外层有 5 个价电子,在和周围 4 个硅原子组成共价键以后还多余一个价电子。这个价电子只受杂质原子核的束缚,只要获得很少的能量就能脱离杂质原子成为自由电子。实际上,在室温条件下,就可以使全部杂质原子的多余价电子变成自由电子。

杂质原子因失去电子而变成带正电荷的正离子,但不产生空穴。这些正离子不能自由移动,不能参与导电,所以不是载流子。五价杂质原子能够释放出电子而被称为施主杂质。自由电子的数目多,故导电能力显著提高。杂质半导体中仍有本征激发产生的少量电子空穴对。

在 N 型半导体中,电子浓度远远大于空穴浓度,因此把电子称为多数载流子(简称多子),空穴称为少数载流子(简称少子)。在 N 型半导体中自由电子数等于正离子数和空穴数之和,自由电子带负电,空穴和正离子带正电,整块半导体中正负电荷量相等,保持电中性。

2. P 型半导体

在本征半导体中加入微量的三价元素硼(B)或者铟(In),可使半导体中的空穴浓度大为增加,形成 P 型半导体。掺入的三价杂质原子可取代晶格中某些位置上的硅原子,由于三价杂质原子只有 3 个价电子,在和周围的 4 个硅原子组成共价键时缺少一个电子,存在一个空位。而邻近原子的价电子很容易填补这个空位,就在原来位置上留下一个空穴,如图 5.5 所示。实际上,在室温条件下,价电子便能将所有杂质原子上的空位填满而产生与杂质原子数目相当的空穴。

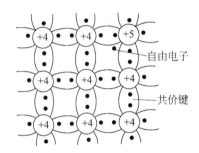

图 5.4　N 型半导体晶体结构示意图

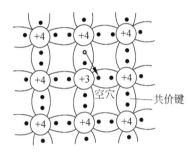

图 5.5　P 型半导体晶体结构示意图

杂质原子因得到电子而变成带负电荷的负离子,由于这个负离子不能移动,不能参与导电,所以不是载流子。三价杂质原子能够接受一个电子,故称为受主杂质。在 P 型杂质半导体中仍有本征激发存在,会产生少量的电子空穴对,但空穴浓度远远大于电子浓度,因而把空穴称为多数载流子(简称多子),电子称为少数载流子(简称少子)。由以上分析可知,杂质半导体中多子浓度主要取决于掺入的杂质浓度,因此可以根据器件电气性能的需要来控制杂质浓度。而少子浓度主要与本征激发有关,与温度、光照等外界因素有密切关系,将影响半导体器件的性能。由于在杂质半导体中,多子所带的电荷总量与少子及离子所带的相反极性的电荷总量相等,因此从整体上看,杂质半导体保持电中性。

5.1.4　PN 结

1. PN 结及其形成过程

在杂质半导体中,正负电荷数是相等的,它们的作用相互抵消,因此保持电中性。

1)载流子的漂移运动

在没有电场力作用时,半导体中载流子的运动是不规则的热运动,因而不形成电流。当有电场力作用时,半导体中的载流子将产生定向运动,称为漂移运动。载流子的漂移运动形成的电流称为漂移电流。这个电流由电子逆电场方向运动所形成的电流与空穴顺电场方向运动所形成的电流来合成。显然,电场越强,载流子漂移速度越快;载流子的浓度越大,则参加漂移运动的载流子数目越多,漂移电流也就越大。

2）载流子的扩散运动

当半导体受光照射或有载流子从外界注入时，半导体内载流子浓度分布不均匀，这时载流子便会从浓度高的区域向浓度低的区域运动。这种由于浓度差而引起的定向运动称为扩散运动，载流子扩散运动所形成的电流称为扩散电流。显然，扩散电流的大小与载流子的浓度梯度成正比。

3）PN结的形成

在P型半导体和N型半导体结合后，在它们的交界处就出现了电子和空穴的浓度差，N区内的电子很多而空穴很少，P区内的空穴很多而电子很少，这样电子和空穴都要从浓度高的地方向浓度低的地方扩散，P型和N型半导体中载流子和杂质离子的示意图如图5.6所示。

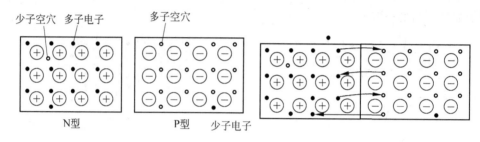

图5.6　P型和N型半导体中载流子和杂质离子的示意图

P型和N型半导体在交界面两边存在着很大的载流子浓度差，P区中的空穴要向N区扩散，N区中的电子要向P区扩散，扩散的结果使交界面附近的P区一侧因失去空穴而留下不能移动的负离子；在N区一侧因失去电子而留下不能移动的正离子。这些带有电荷的离子形成了很薄的空间电荷区，即PN结。由于正、负电荷的相互作用，在空间电荷区中形成了一个电场，称为自建电场，自建电场的方向为由N区指向P区。自建电场的建立与增强一方面将阻碍P区和N区的多子扩散运动；另一方面，P区与N区的少子一旦靠近PN结，便将在电场力的作用下做漂移运动，漂移运动的方向正好与扩散运动的方向相反。开始时，自建电场较弱，多子的扩散运动占优势；随着扩散的进行，空间电荷区变宽，空间电荷数目增多，使自建电场加强，从而使多子扩散运动减弱，少子的漂移运动增强。一旦漂移运动与扩散运动达到动态平衡，则通过交界面的净载流子数为零。这时空间电荷数目不再增多，空间电荷区的宽度不再变化，PN结达到平衡状态。PN结的形成示意图如图5.7所示。

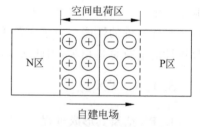

图5.7　PN结的形成示意图

如果P区和N区的掺杂浓度相同，则两个区域里空间电荷区的宽度相同，称为对称的PN结。如果两个区域掺杂浓度不同，掺杂浓度高的一侧，离子密度大，空间电荷区较窄；掺杂浓度低的一侧，离子密度小，空间电荷区较宽，形成不对称的PN结。

空间电荷区中N区宽度记为x_n，P区宽度记为x_p，与N区和P区的杂质浓度N_D，N_A呈反比例关系。

$$\frac{x_{n}}{x_{p}} = \frac{N_{A}}{N_{D}} \tag{5-1}$$

2. PN 结的特性

1）PN 结的单向导电性

（1）PN 结加正向电压。如图 5.8 所示，电源的正极接 P 区，负极接 N 区，这种接法称为 PN 结加正向电压或正向偏置。此时，外加电场与 PN 结自建电场方向相反。在外加电场作用下，P 区的多子空穴向右移动，与空间电荷区里的负离子中和。同时，N 区的多子电子向左移动与空间电荷区的正离子中和。这样使空间电荷数目减少，PN 结变窄，自建电场削弱。这有利于多子的扩散而不利于少子的漂移，于是当外加正向电压增大到一定值以后，扩散电流大大增加，形成较大的 PN 结正向电流。

由于自建电场的电动势一般只有零点几伏，因此不大的正向电压就可以产生相当大的正向电流，而且外加正向电压的微小变化便能使扩散电流发生显著的变化。

（2）PN 结加反向电压。如图 5.9 所示，电源的正极接 N 区，负极接 P 区，这种接法称为 PN 结加反向电压或反向偏置。此时，外加电场与 PN 结自建电场方向相同。在外加电场作用下，P 区和 N 区中的多子背离 PN 结运动，使空间电荷数目增多，PN 结变宽，自建电场加强。这就使多子的扩散运动大为减弱，而少子的漂移运动将占优势。通过 PN 结的电流将主要由少子漂移电流决定，称为 PN 结的反向电流。由于少子是由本征激发产生的，浓度很小，因此 PN 结的反向电流远小于正向电流。在一定温度条件下，少子的浓度基本不变，PN 结反向电流几乎与外加反向电压的大小无关，故称为反向饱和电流。当温度变化时，少子的浓度要改变，因而 PN 结的反向电流也要随之变化。

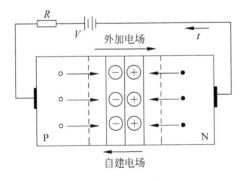

图 5.8 PN 结的正向偏置

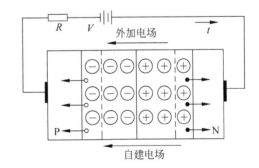

图 5.9 PN 结的反向偏置

由此可见，PN 结具有单向导电性。当外加正向电压时，空间电荷区变窄，流过一个较大的正向电流；当外加反向电压时，空间电荷区变宽，流过一个很小的反向饱和电流。

2）PN 结的伏安特性

根据理论分析，PN 结的伏安特性方程为

$$I = I_{S}(e^{qU/kT} - 1) \tag{5-2}$$

式中，U 为外加电压，由于 P 区和 N 区的半导体体电阻很小，故忽略其压降，近似认为外加电压全部加在 PN 结上；I 为流过 PN 结的电流；q 为电子电荷量；k 为玻耳兹曼常数；T 为

用开氏单位表示的热力学温度；I_S 为反向饱和电流。令 $kT/q=U_T$，则上式可写成

$$I = I_S(e^{U/U_T} - 1) \tag{5-3}$$

式中，U_T 称为温度的电压当量。当 $T=300K$ 时，$U_T \approx 26mV$。在室温条件下，可以近似取 $U_T=26mV$ 来进行分析和计算。

当外加正向电压 U 比 U_T 大数倍时，$e^{U/U_T} \gg 1$，于是 $I \approx I_S e^{U/U_T}$，即正向电流随正向电压的增大按指数规律迅速增大。

当外加反向电压，$|U|$ 比 U_T 大数倍时，$e^{U/U_T} \ll 1$，于是 $I \approx -I_S$，即加反向电压时，PN 结只流过很小的反向饱和电流。

根据式(5-2)，在图 5.10 中画出了 PN 结的理论伏安特性曲线。曲线 OD 段表示 PN 结正向偏置时的伏安特性，称为正向特性；曲线 OB 段表示 PN 结反向偏置时的伏安特性，称为反向特性。

3. PN 结的反向击穿

当加到 PN 结上的反向电压增大到某个数值时，反向电流急剧增大，这种现象称为 PN 结反向击穿，如图 5.11 所示。发生击穿所需的反向电压 U_{BR} 称为反向击穿电压。反向击穿的特点是：随着反向电流急剧增大，PN 结的反向电压值增大很少。

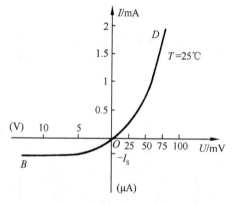

图 5.10　PN 结的理论伏安特性曲线

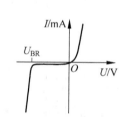

图 5.11　PN 结的反向击穿

PN 结的击穿从机理上可分为雪崩击穿和齐纳击穿两种类型。对硅材料的 PN 结来说，当反向电压超过 6V 时，PN 结内电场很强，这使得漂移过 PN 结的少数载流子获得足够大的动能，它们能把共价键中的价电子碰撞出来，成为新的电子-空穴对。新的载流子又被电场加速，再去碰撞别的原子，形成连锁反应造成载流子倍增，反向电流迅速增大，这种击穿称为雪崩击穿。对一些掺杂浓度很高的 PN 结，空间电荷区很薄，加上不大的反向电压(如小于 4V)所形成的电场就足以把电子从共价键中拉出来，形成大量的电子-空穴对，使反向电流剧增，这种击穿称为齐纳击穿。当外加反向电压在 $4 \sim 6V$ 时，两种击穿可能同时存在。

上述两种击穿现象都是电击穿，电击穿过程是可逆的。当外加反向电压降到低于击穿电压(指电压的大小)时，PN 结能恢复到击穿前的状态。此外，当反向电流过大时，消耗在

PN 结上的功率较大,会引起 PN 结温度上升,直到过热而造成损坏性的击穿,称为热击穿。显然,热击穿是不可逆的,因此要避免热击穿的发生。

4. PN 结的电容效应

1) 势垒电容

PN 结的空间电荷区里存储有正负离子携带的空间电荷。空间电荷区里载流子很少,相当于介质。当 PN 结上外加电压的极性和大小发生变化时,空间电荷区里存储的空间电荷量将随之变化,从而显示出电容的效应。当 PN 结加正向电压时,多子进入 PN 结,中和了部分空间电荷,使空间电荷区变窄,等效于 P 区和 N 区的多子充入 PN 结。当 PN 结的正向电压减小或加反向电压时,多子远离 PN 结,空间电荷区变厚,相当于多子从 PN 结放出。PN 结的这种电容效应称为势垒电容,用字母 C_B 表示。有关研究表明,C_B 的大小与 PN 结的结面积成正比,而与空间电荷区的宽度成反比。一般来说,C_B 的电容值为几皮法到几百皮法。

2) 扩散电容

当 PN 结加正向电压时,N 区多子电子扩散到 P 区后称为 P 区的不平衡少子,它们逐渐与 P 区的空穴复合,在 P 区形成浓度梯度,如图 5.12 中 P 区的曲线 1 所示。显然,在 PN 结的 P 区边界附近积累了许多不平衡少子——电子。同样,由于 P 区空穴向 N 区扩散的结果,在 PN 结的 N 区边界附近积累了许多不平衡少子——空穴。当外加正向电压变化时,例如电压增大,扩散到 P 区的电子浓度及扩散到 N 区的空穴浓度都要增加,使两区中不平衡少子的浓度分布曲线上移,如图 5.12 中曲线 2 和 2′所示。这时在 PN 结边界附近积累的电子和空穴增多,相当于电荷的充入,如图 5.12 中阴影部分所示。当正向电压减小时,积累在 PN 结边界附近的不平衡少子就要减少,相当于电荷的放出。PN 结的这种电容效应称为扩散电容,用字母 C_D 表示。理论分析表明,PN 结的扩散电容与 PN 结的正向电流近似成正比。

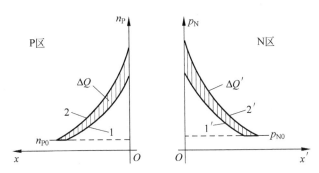

图 5.12　PN 结扩散电容效应

PN 结的电容都很小,只有高频交流电压加到 PN 结上时,才需考虑 PN 结的电容效应。PN 结总电容 C_J 是扩散电容 C_D 与势垒电容 C_B 之和。当 PN 结反向偏置时,势垒电容 C_B 起主要作用;当 PN 结正向偏置时,扩散电容 C_D 起主要作用。

5.2 二极管

5.2.1 半导体二极管的结构

1. 二极管的符号

半导体二极管由一个 PN 结及它所在的半导体再加上电极引线和
管壳构成。二极管的符号如图 5.13 所示,P 区一边为阳极(正极),N
区一边为阴极(负极),箭头表示正向电流的方向。一般在二极管的管
壳表面标有符号或色点、色圈,以表示二极管的极性。左边实心箭头符
号是工程上常用的符号,右边的符号为国标符号。

图 5.13 二极管的符号

2. 半导体二极管的类型、型号和命名

图 5.14 是常用二极管的类型、结构及外形示意图。

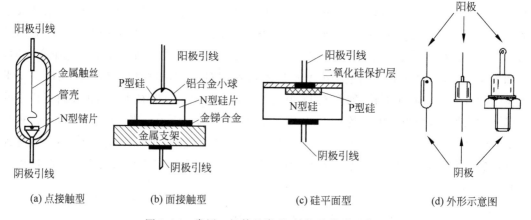

(a) 点接触型　　　(b) 面接触型　　　(c) 硅平面型　　　(d) 外形示意图

图 5.14 常用二极管的类型、结构及外形示意图

从二极管的工艺结构来看,点接触型二极管是由一根很细的金属(如三价元素铝)触丝
和一块半导体(如锗)的表面接触,然后在正方向通过很大的瞬时电流,使触丝和半导体牢固
地熔接在一起,三价金属与锗结合构成 PN 结,并做出相应的电极引线,外加管壳密封而成。
由于点接触型二极管金属触丝很细,形成的 PN 结面积很小,所以极间电容很小,不能承受
高的反向电压和大的电流。这种类型的二极管适于作高频检波和脉冲数字电路里的开关元
件,也可用来作小电流整流。例如,2AP1 是点接触型锗二极管,最大整流电流为 16mA,最
高工作频率为 150MHz。

面接触型二极管的特点是结面积大,结电容大,允许通过较大的电流,但极间电容也大,
不宜用于高频电路中,适用于低频整流。例如,2CP1 为面接触型硅二极管,最大整流电流
为 400mA,最高工作频率只有 30kHz。

在硅平面型二极管中,结面积大的可用于大功率整流;结面积小的,结电容大,适用于脉
冲数字电路,作为开关管使用,是集成电路中常见的一种形式,例如,1N1190A 系列二极管。

5.2.2 二极管的伏安特性

二极管的核心是一个 PN 结,它的理论伏安特性与式(5-2)描述的 PN 结的理论伏安特性基本相同。由于实际的二极管存在引出线及半导体体电阻及表面漏电流等因素的影响,因此实际伏安特性与理论伏安特性有些差别。图 5.15(a)为二极管理论伏安特性曲线,图 5.15(b)和图 5.15(c)分别为硅二极管及锗二极管的实际伏安特性曲线。

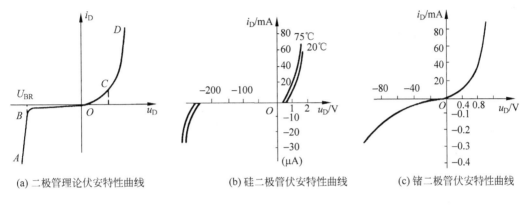

(a) 二极管理论伏安特性曲线　　　　(b) 硅二极管伏安特性曲线　　　　(c) 锗二极管伏安特性曲线

图 5.15　二极管的伏安特性曲线

二极管的伏安特性曲线可以分为三个部分,见图 5.15(a)。

1. 正向特性

伏安特性曲线的 OD 段称为正向特性,这时二极管外加正向电压。

在曲线的 OC 段,正向电压较小,正向电流 i_D 非常小,常近似为零。只有当正向电压超过某一数值时,才有明显的正向电流,这个电压值称为死区电压,亦称开启电压。硅二极管的死区电压约为 0.5V,锗二极管的死区电压约为 0.1V。

当正向电压大于死区电压后,正向电流近似以指数规律迅速增大,二极管呈现充分导通状态,见曲线的 CD 段。在正向电流较大时,特性曲线接近直线,这是由于此时 PN 结电阻较小,相比之下,与之串联的半导体体电阻和电极引线等电阻成为二极管电阻的主要部分,而这些电阻都是线性元件。在伏安特性曲线的这一部分,当电流迅速增大时,二极管的正向压降却变化很小。硅管的正向压降为 0.6~1V,锗管的正向压降为 0.2~0.5V。

二极管的伏安特性对温度很敏感,温度升高时,正向特性曲线向左移,如图 5.15(b)所示。这说明,对应同样大小的正向电流,正向压降随温升而减小。研究表明,温度每升高 1℃,正向压降约减小 2mV。

2. 反向特性

伏安特性曲线的 OB 段称为反向特性。这时二极管加反向电压,反向电流很小。由于二极管表面漏电流的影响,因此实际反向电流要比理论值大,而且随着反向电压的增大而略有增大。一般小功率锗二极管的反向电流可达几十微安,而小功率硅二极管的反向电流要小得多,一般在 0.1μA 以下。

当温度升高时,半导体中本征激发加强,使少数载流子增多,故反向电流增大,特性曲线向下移。研究表明,温度每升高 10℃,硅管和锗管的反向电流都近似增大 1 倍。

3. 反向击穿特性

伏安特性曲线的 BA 段称为反向击穿特性。当二极管外加反向电压大于一定数值时,反向电流突然剧增,称为二极管反向击穿。其原因与 PN 结反向击穿相同。反向击穿电压 U_{BR} 一般在几十伏以上。

5.2.3 半导体二极管的参数

半导体器件的参数可分为对器件性能的定量描述和器件使用的极限条件两大类。参数是正确选择和使用器件的依据,各种器件的参数由生产厂家的产品手册给出。由于制造工艺方面的原因,即使同一型号的管子,参数也存在一定的分散性,因此手册上常给出某个参数的范围。半导体二极管的主要参数如下。

(1) 最大整流电流 I_F。I_F 是二极管长期运行时允许通过的最大正向平均电流。若通过二极管的平均电流超过这个数值,将引起 PN 结过热而把二极管烧坏。

(2) 最大反向工作电压 U_R。U_R 是二极管使用时允许加载的最大反向电压。反向电压超过这个数值,二极管就有发生反向击穿的危险。通常把这个参数规定为反向击穿电压 U_{BR} 的 $1/2$,或者规定为反向电流达到某个规定值时所对应的电压值。

(3) 反向电流 I_R。I_R 是指二极管未发生击穿时的反向电流值。I_R 小说明二极管的单向导电性能好。通常手册上给出的 I_R 是最高反向工作电压下的反向电流值。这个参数受温度的影响很大,使用时应加以注意。

(4) 最高工作频率 f_M。二极管在外加高频交流电压下工作时,由于 PN 结的电容效应,单向导电作用退化。f_M 就是指二极管单向导电作用开始明显退化的交流信号的频率。

(5) 反向击穿电压。表示反向电流急剧增大时所对应的反向电压,即二极管反向伏安特性曲线急剧弯曲点的电压值。

5.3 二极管的分类

二极管有多种类型:按材料分,有锗二极管、硅二极管、砷化镓二极管等;按制作工艺,可分为面接触型二极管和点接触型二极管;按用途不同,可分为整流二极管、检波二极管、稳压二极管、变容二极管、光电二极管、发光二极管、开关二极管、快速恢复二极管等;按构造类型,可分为半导体结型二极管、金属半导体接触二极管等;按照封装形式,可分为常规封装二极管、特殊封装二极管等,具体如图 5.16 所示。下面以用途为例,介绍不同种类二极管的特性。

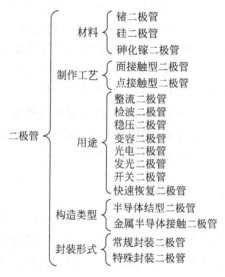

图 5.16 二极管的具体分类

5.3.1 整流二极管

整流二极管性能比较稳定,其作用是将交流电源整流成脉动直流电,它是利用二极管的单向导电特性工作的。因为整流二极管正向工作电流较大,工艺上多采用面接触结构,多采用硅材料制成。基于这种结构的二极管结电容较大,不宜工作在高频电路中,所以不能作为检波管使用。因此整流二极管工作频率一般小于 3kHz。

整流二极管主要有全密封金属结构封装和塑料封装两种封装形式。通常情况下额定正向工作电流 I_F 在 1A 以上的整流二极管采用金属壳封装,以利于散热;额定正向工作电流 I_F 在 1A 以下的采用全塑料封装。另外,由于工艺技术的不断提高,也有不少较大功率的整流二极管采用塑料封装,在使用中应予以区别。常见的整流二极管实物如图 5.17 所示。

由于整流电路通常为桥式整流电路,故一些生产厂家将 4 个整流二极管封装在一起,这种元件通常称为整流桥或者整流全桥(简称全桥)。

图 5.17 整流二极管实物图

选用整流二极管时,主要应考虑最大整流电流、最大反向工作电流、截止频率及反向恢复时间等参数。普通串联稳压电源电路中使用的整流二极管,对截止频率的反向恢复时间要求不高,只要根据电路的要求选择最大整流电流和最大反向工作电流符合要求的整流二极管(如 1N 系列、2CZ 系列、RLR 系列等)即可。开关稳压电源的整流电路及脉冲整流电路中使用的整流二极管,应选用工作频率较高、反向恢复时间较短的整流二极管或快恢复二极管。

1. 工作原理

整流二极管是一种用于将交流电转变为直流电的半导体器件,利用了二极管最重要的特性——单方向导电性。在电路中,电流只能从二极管的正极流入,负极流出。通常它包含一个 PN 结,有正极和负极两个端子。P 区的载流子是空穴,N 区的载流子是电子,在 P 区和 N 区间形成一定的势垒。外加电压使 P 区相对 N 区为正的电压时,势垒降低,势垒两侧附近产生存储载流子,能通过大电流,具有低的电压降(典型值为 0.7V),称为正向导通状态。若加相反的电压,使势垒增加,可承受高的反向电压,流过很小的反向电流(称反向漏电流),称为反向阻断状态。整流二极管可用半导体锗或硅等材料制造。硅整流二极管的击穿电压高,反向漏电流小,高温性能良好。通常高压大功率整流二极管都用高纯单晶硅制造(掺杂较多时容易反向击穿)。这种器件的结面积较大,能通过较大电流(可达上千安),但工作频率不高,一般在几十千赫兹以下。整流二极管主要用于各种低频半波整流电路,如需达到全波整流则需连成整流桥使用。

2. 整流二极管性能的检测

1) 整流二极管的特性及作用

国产整流二极管有 2DZ 系列、2CZ 系列等。近年来,各种塑料封装的硅整流二极管大量上市,其体积小、性能好、价格低,已取代国产 2CZ 系列整流二极管。塑封整流二极管典型产品有 1N4001～1N4007(1A)、1N5391～1N5399(1.5A)、1N5400～1N5408(3A),外形见图 5.18,靠近色环(通常为白色)的引脚为负极。

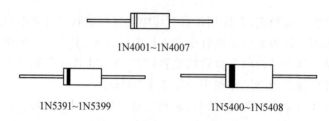

1N4001~1N4007

1N5391~1N5399   1N5400~1N5408

图 5.18　塑封硅整流二极管外形

整流二极管不仅有硅管和锗管之分,而且还有低频和高频之分。硅管具有良好的温度特性及耐压性能,故在电子装置中应用远比锗管多。选用整流二极管时,若无特殊需要,一般宜选用硅二极管。低频整流管亦称普通整流管,主要用于 50Hz、100Hz 电源(全波)整流电路及频率低于几百赫兹的低频电路。高频整流管也称快恢复整流管,主要用于频率较高的电路,如电视机行输出和开关电源电路。

2) 整流二极管的检测方法

(1) 单向导电性检测。由于硅整流管的工作电流较大,因此在用万用表检测其单向导电性时可首先使用 R×1k 挡,再用 R×1 挡复测一次。R×1k 挡的测试电流很小,测出的正向电阻应为几欧到十几千欧,反向电阻为无穷大。R×1 挡的测试电流较大,正向电阻应为几到几十欧,反向电阻仍为无穷大。

若测得二极管正向电阻太大或反向电阻太小,都表明二极管的整流效率不高。如果测的正向电阻为无穷大,则二极管内部断路。若测的反向电阻接近于零,则表明二极管已经击穿,内部断路或击穿的二极管都不能使用。

(2) 高频、低频管判别。用万用表 R×1k 挡检测,一般正向电阻小于 1kΩ 的多为高频管,大于 1kΩ 的多为低频管。

(3) 最高反向击穿电压检测。由于交流电的电流方向不断变化,因此最高反向工作电压就是二极管承受的反向工作峰值电压。需要指出最高反向工作电压并不是二极管的击穿电压,一般情况下,击穿电压比最高反向工作电压约高 1 倍。

粗略的检测方法:用万用表 R×1k 挡检测二极管反向电阻,若指针微动或不动,则表明反向击穿电压达 150V 以上,反向电阻越小,管子耐压越低。

3) 在线判别整流二极管好坏

在线判别整流二极管的好坏,即不用焊接整流二极管,就可检测出其好坏,参见图 5.19所示。

将故障电路板接交流电源,万用表置交流电压挡(根据整流电压范围选定具体挡位),红表笔接整流二极管正极,黑表笔接负极,测得一个交流电压值,表笔对调又测得一个交流电压值。万用表置直流电压挡,测得一个直流电压值。根据上述检测结果进行判别:

(1) 若第一次测得的交流电压约为直流电压的 2 倍,而第二次测得的交流电压为 0,说明整流二极管是好的。

(2) 若两次测得的交流电压相差不多,说明整流二极管已击穿。

(3) 若第二次测得的交流电压值既不为 0 又不等于第一次测得的交流电压值,说明整

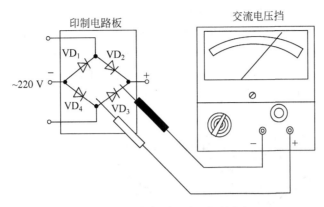

图 5.19　在线判别整流二极管好坏

流二极管性能变坏。

（4）若两次测得的交流电压值均为 0，说明整流二极管已短路。当检测出击穿、性能变坏、短路的二极管，都应该进行更换。

3. 整流二极管损坏原因

（1）防雷、过电压保护措施不力。整流装置未设置防雷、过电压保护装置，即使设置了防雷、过电压保护装置，但其工作不可靠，因雷击或过电压而损坏整流二极管。

（2）运行条件恶劣。间接传动的发电机组，因转速比的计算不正确或两皮带盘直径之比不符合转速比的要求，使发电机长期处于高转速下运行，而整流二极管也就长期处于较高的电压下工作，促使整流管加速老化，并被过早地击穿损坏。

（3）运行管理欠佳。对外界负荷的变化不了解，或是当外界发生了甩负荷故障，运行人员没有及时进行相应的操作处理，产生过电压而将整流二极管击穿损坏。

（4）设备安装或制造质量不过关。由于发电机组长期处于较大的振动之中运行，使整流二极管也处于这一振动的外力干扰之下；同时，由于发电机组转速时高时低，使整流管承受的工作电压也随之忽高忽低地变化，这样便大大地加速了整流二极管的老化、损坏。

（5）整流二极管规格型号不符。更换新整流管时错将工作参数不符合要求的二极管换上或者接线错误，造成整流二极管击穿损坏。

（6）整流二极管安全裕量偏小。整流二极管的过电压、过电流安全裕量偏小，使整流二极管承受不起发电机励磁回路中发生的过电压或过电流暂态过程峰值的袭击而损坏。

4. 整流二极管替换

整流二极管损坏后，可以用同型号的整流二极管或参数相同的其他型号整流二极管替换。

通常，高耐压值（反向电压）的整流二极管可以替换低耐压值的整流二极管，而低耐压值的整流二极管不能替换高耐压值的整流二极管。整流电流值高的二极管可以替换整流电流值低的二极管，而整流电流值低的二极管则不能替换整流电流值高的二极管。

5.3.2　稳压二极管

稳压二极管也称为齐纳二极管或反向击穿二极管，在电路中起稳压作用。它是利用二极管被反向击穿后,在一定反向电流范围内,反向电压不随反向电流变化这一特点进行稳压的。稳压二极管根据击穿电压来分挡,其稳压值就是击穿电压值。稳压二极管主要作为稳压器或电压基准元件使用,稳压二极管可以串联起来得到较高的稳压值,选用的稳压二极管应满足电路中主要参数的要求。稳压二极管的稳定电压值应与电路的基准电压值相同,最大稳定电流应高于应用电路最大负载电流的 50% 左右,其实物图及电路符号如图 5.20 所示。

(a) 稳压二极管实物　　　　　(b) 稳压二极管的符号

图 5.20　稳压二极管的实物及电路符号

1. 工作原理

稳压二极管的正向特性与普通二极管相似,但反向特性不同。反向电压小于击穿电压时,反向电流很小,反向电压临近击穿电压时反向电流急剧增大,发生电击穿。此时即使电流再增大,管子两端的电压基本保持不变,从而起到稳压作用。但二极管击穿后的电流不能无限增大,否则二极管将烧毁,所以稳压二极管使用时一定要串联一个限流电阻。

2. 稳压二极管的主要参数

(1) 稳定电压 U_z。是指稳压管在正常工作时管子两端的反向击穿电压。它是在一定工作电流和温度下的测量值。对于每一个稳压管都有一个确定的稳压值,它对应于反向击穿区的中点电压值。由于制造工艺的原因,即使同一型号的稳压管,U_z 的分散性也较大,所以手册中只给出某一型号管子的稳压范围(例如,2CW11 的稳压值是 3.2~4.5V)。

(2) 稳定电流 I_z 和最大稳定电流 I_{Zmax}。稳定电流是指稳压二极管的工作电压等于其稳定电压时的工作电流。管子使用时不得超过的电流称为最大稳定电流。

(3) 最大耗散功率 P_{Zm}。是指稳压二极管不致发生热击穿的最大功率损耗,其值为 $P_{Zm} = U_{Zm} I_{Zmax}$。

(4) 动态电阻 r_z。是稳压二极管两端的电压和通过稳压二极管电流的变化量之比,即 $r_z = \Delta U_z / \Delta I_z$。这是用来反映稳压二极管稳压性能好坏的一个重要参数,动态电阻越小,说明反向击穿特性曲线越陡,稳压性能越好。

稳压二极管 2CW52 主要参数为:稳定电压 U_z 为 3.2~4.5V,稳定电流 I_z 为 10mA,最大稳定电流 I_{Zmax} 为 55mA,最大耗散功率 P_{Zm} 为 250mW。

3. 色环稳压二极管

由于小功率稳压二极管体积小,在管子上标注型号较困难,所以一些国外产品采用色环来表示其标称稳定电压值。如同色环电阻一样,环的颜色有棕、红、橙、黄、绿、蓝、紫、灰、白、黑,分别用来表示数值 1、2、3、4、5、6、7、8、9、0。

有的稳压二极管上仅有 2 道色环,而有的却有 3 道。最靠近负极的为第 1 环,后面依次为第 2 环和第 3 环。

仅有 2 道色环的。标称稳定电压为两位数,即"××V"(几十几伏)。第 1 环表示电压十位上的数值,第 2 环表示个位上的数值。例如:第 1、2 环颜色依次为红、黄,则标称稳定电压为 24V。有 3 道色环,且第 2、3 两道色环颜色相同的,标称稳定电压为一位整数且带有一位小数,即"×.×V"(几点几伏),第 1 环表示电压个位上的数值,第 2、3 两道色环(颜色相同)共同表示十分位(小数点后第一位)的数值。例如:第 1、2、3 环颜色依次为灰、红、红,则标称稳定电压为 8.2V。有 3 道色环,且第 2、3 两道色环颜色不同的,标称稳定电压为两位整数并带有一位小数,即"××.×V"(几十几点几伏),第 1 环表示电压十位上的数值,第 2 环表示个位上的数值,第 3 环表示十分位(小数点后第一位)的数值,不过这种情况较少见。例如:棕、黑、黄(标称稳定电压为 10.4V)和棕、黑、灰(标称稳定电压为 10.8V)。

4. 应用

(1)浪涌保护电路。稳压二极管在准确的电压下击穿,这就使得它可作为限制或保护元件来使用,因为各种电压的稳压二极管都可以得到,故对于这种应用特别适宜。图 5.21 中的稳压二极管 VD 是作为过压保护器件。只要电源电压 V_S 超过二极管的稳压值 VD 就导通,使继电器 J 吸合,负载 R_L 就与电源分开。

(2)电视机里的过压保护电路。图 5.22 所示为电视机里过压保护的电路,EC 是电视机主供电压,当 EC 电压过高时,VD 导通,三极管 BG 导通,其集电极电位将由原来的高电平(5V)变为低电平,通过待机控制线的控制使电视机进入待机保护状态。

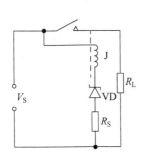
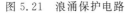

图 5.21　浪涌保护电路

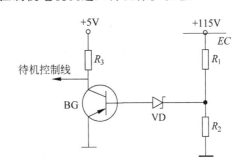

图 5.22　电视机里过压保护电路

(3)电弧抑制电路。如图 5.23 所示,在电感线圈上并联接入一只合适的稳压二极管(也可接入一只普通二极管原理一样),当线圈在导通状态切断时,由于其电磁能释放所产生的高压被二极管所吸收,所以当开关断开时,开关的电弧也就被消除了。这个应用电路在工业上用得比较多,如一些较大功率的电磁控制电路就用到它。

(4)串联型稳压电路。在图 5.24 所示电路中,串联稳压管 BG 的基极被稳压二极管 VD 钳定在 13V,那么其发射极就输出恒定的 12V 电压了。这个电路在很多场合都有应用。

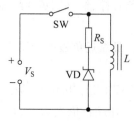
图 5.23　电弧抑制电路

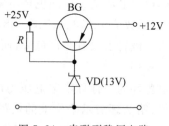
图 5.24　串联型稳压电路

5.3.3　检波二极管

检波二极管的作用是把调制在高频电磁波上的低频信号检出,它具有较高的检波效率和良好的频率特性。

其工作原理是先用检波二极管取出正半周高频调制信号,再用电容滤除高频载波,得到有用的低频信号。因为硅二极管导通电压(0.6~0.8V)比锗二极管导通电压(0.2~0.4V)高,为保证调制电压小于 0.7V 能通过,减小信号损失,因此检波二极管多采用 2AP 型锗二极管,结构为点接触型,也有为调频检波专用的、一致性好的两只二极管组合件。检波二极管 2AP2 主要参数:最大整流电流 16mA,最高反向工作电压 30V,正向电流≥1mA,最高工作频率 150MHz。

选用检波二极管时,应根据电路的具体要求选择工作频率高、反向电流小、正向电流足够大的检波二极管。常用的国产检波二极管有 2AP 系列锗玻璃封装二极管,常用的进口检波二极管有 1N34A、1N60 等。常见的检波二极管如图 5.25 所示。

(a)

(b)

(c)

图 5.25　常见检波二极管实物

1. 检波二极管作用

检波(也称解调)二极管的作用是利用其单向导电性将高频或中频无线电信号中的低频信号或音频信号拾取出来,广泛应用于半导体收音机、收录机、电视机及通信等设备的小信号电路中,其工作频率较高,处理信号幅度较弱。

就原理而言,从输入信号中拾取出调制信号,以整流电流的大小(100mA)作为界线,通常把输出电流小于 100mA 的叫检波。

2. 检波二极管原理

工程上,有一类信号称为调幅波信号(AM 信号),这是一种用低频信号控制高频信号幅度的特殊信号。二极管检波原理:调幅信号是一个高频信号承载一个低频信号,调幅信号的波包即为基带低频信号,如在每个信号周期取平均值,则平均值为 0。调幅波信号是二极管检波电路的输入,二极管只允许单向导电,若使用的是硅管,则只有电压高于 0.7V 的部分通过二极管。二极管的输出端连接了一个电容,电容与电阻配合对二极管输出中的高频信号对地短路,使得输出信号为基带低频信号。电容和电阻构成的这种电路功能称为滤波。

如图 5.26 所示,调幅信号的负向部分被截去,仅留下其正向部分,此时如在每个信号周期取平均值(低通滤波),所得为调幅信号的波包即为基带低频信号,实现了解调(检波)功能。

对于普通调幅信号,它的载波分量被抑制掉,直接非线性器件实现相乘作用,得到所需的解调电压,而不必另加同步信号,通常将这种振幅检波器称为包络检波器。同步检波又称相干检波,主要用来解调双边带和单边带调制信号,它有两种实现电路,一种由相乘器和低通滤波器组成,另一种直接采用二极管包络检波。目前应用最广的是二极管包络检波器。而在集成电路中,主要采用三极管射极包络检波器。

3. 检波二极管替换

检波二极管损坏后,若无同型号二极管更换时,也可以选用半导体材料相同、主要参数相近的二极管来替换。在要求不高的情况下,也可用损坏了一个 PN 结的高频晶体管来代用。

4. 检波二极管检波电路

图 5.27 所示是检波二极管检波电路。电路中的 VD_1 是检波二极管,C_1 是高频滤波电容,R_1 是检波电路的负载电阻,C_2 是耦合电容。

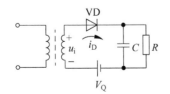

图 5.26　检波二极管的工作原理

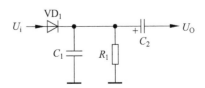

图 5.27　二极管检波电路

在检波电路中,调幅信号加到检波二极管的正极,这时的检波二极管工作原理与整流电路中的整流二极管工作原理基本一样,利用信号的幅度使检波二极管导通。

5.3.4 变容二极管

变容二极管是利用反向偏压来改变 PN 结电容量的特殊半导体器件。变容二极管相当于一个容量可变的电容器,它的两个电极之间的 PN 结电容大小,随着加在变容二极管两端反向电压大小的改变而变化。当加到变容二极管两端的反向电压增大时,变容二极管的容量减小。由于变容二极管的这一特性,它主要用于自动调谐,调频,调相等,作为一个可以通过电压控制的自动微调电容器。

变容二极管等同于可调电容,结电容较小,一般只有几皮法,所以变容二极管都用于高频电路,例如作为电视机调谐回路中的可调电容器,常见的有 2AC 和 2CC 等系列。图 5.28 为常见的变容二极管的实物图。

(a)　　　　　　　　　　(b)

图 5.28　常见的变容二极管实物

1. 工作原理

变容二极管是一种特殊二极管。当外加正向偏压时,有大量电流产生,PN 结的耗尽区变窄,电容变大,产生扩散电容效应;当外加反向偏压时,则会产生过渡电容效应。但因加正向偏压时会有漏电流的产生,所以在应用上均供给反向偏压。

变容二极管也称为压控变容器,是根据所提供的电压变化而改变结电容的半导体,作为可调电容器,可应用于 FM 调谐器及 TV 调谐器等谐振电路。

变容二极管有玻璃外壳封装、塑料封装、金属外壳封装和无引线表面封装等多种封装形式。通常功率较大的变容二极管多采用金属外壳封装。

2. 主要参数

变容二极管主要参数有结电容、结电容变化范围、最高反向工作电压、电容比和 Q 值等。

(1) 结电容。这是指在某一特定的直流反向电压下,变容二极管内部 PN 结的电容量。例如,2CB12 型变容二极管在 3V 反向电压下,其结电容为 $15\sim18$pF,在 30V 反向电压下,其结电容为 $2.5\sim3.5$pF。

（2）结电容变化范围。这是指变容二极管的直流反向电压从 0V 开始变化到某一电压值时，其结电容的变化范围。例如，2CC13A 型变容二极管的结电容变化范围是 30～70pF。

（3）最高反向工作电压。变容二极管正常工作时两端所允许施加的最高直流反向电压值。使用时不允许超过该值，否则有可能会击穿管子。例如，2CC1B 型变容二极管的最高反向工作电压为 20V，而 2CC1F 型变容二极管的最高反向工作电压为 60V。

（4）电容比。这是指结电容变化范围内的最大电容量与最小电容量之比，它反映出变容二极管电容量变化能力的大小。

（5）Q 值。这是变容二极管的品质因数，它反映了管子接入电路时对回路能量的损耗。例如，2CC1B 型变容二极管的 Q 值不小于 2，而 2CC17B 型变容二极管的 Q 值不小于 100。Q 值随频率和偏压而变化。在一定频率下，Q 值越大，说明变容二极管的损耗越小，变容二极管的品质越好。

3. 变容二极管作用特点

（1）变容二极管的作用是利用 PN 结之间电容可变的原理制成的半导体器件。在高频调谐、通信等电路中作可调电容器使用。变容二极管属于反偏压二极管，改变其 PN 结上的反向偏压，即可改变 PN 结电容量。

（2）变容二极管的电容值与反向偏压值的关系：

① 反向偏压增加，造成电容减小；

② 反向偏压减少，造成电容增加。

4. 用途

1）变容二极管常见用途

变容二极管材料多为硅或砷化镓单晶，并采用外延工艺技术。其具有与衬底材料电阻率有关的串联电阻。对于不同用途，应选用不同电容量和反向电压特性的变容二极管，如专用于谐振电路调谐的电调变容二极管、适用于参量放大的参放变容二极管以及用于固体功率源中倍频、移相的功率阶跃变容二极管等。

用于自动频率控制（AFC）和调谐的小功率变容二极管。通过施加反向电压，使其 PN 结的静电容量发生变化。因此，被广泛使用于自动频率控制、扫描振荡、调频和调谐等用途。采用硅的扩散型的变容二极管也可采用合金扩散型、外延结合型、双重扩散型等特殊工艺制作，因为这些二极管对于电压而言，其静电容量的变化率特别大。结电容随反向电压变化，替换可调电容，用作调谐回路、振荡电路、锁相环路，常用于电视机高频头的频道转换和调谐电路。

2）变容二极管用于调谐电路

如图 5.29 所示，改变不同的 R_2，二极管 VD 的反向电压被改变，这会引起二极管的电容量改变。因此改变谐振频率其中的变容二极管就可调出并联谐振带通滤波器中所需电容量的全部变化范围。

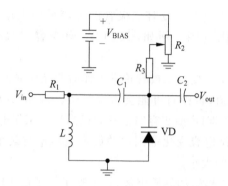

图 5.29　变容二极管用于调谐电路的电路图

5.3.5　开关二极管

开关二极管是利用二极管单向导电特性在电路中对电流进行控制的,它具有开关速度快、体积小、寿命长、可靠性高等特点。由于半导体二极管在正向偏压下导通电阻很小,而在施加反向偏压时截止电阻很大,在开关电路中利用半导体二极管的这种单向导电特性就可以对电流起接通和关断的作用,故把用于这一目的的半导体二极管称为开关二极管。

开关二极管主要应用于收录机、电视机、影碟机等家用电器及电子设备的开关电路、检波电路、高频脉冲整流电路等。中速开关电路和检波电路可以选用 2AK 系列普通开关二极管,高速开关电路可以选用 RLS 系列、1SS 系列、1N 系列、2CK 系列的高速开关二极管。常见的开关二极管的实物参见图 5.30。

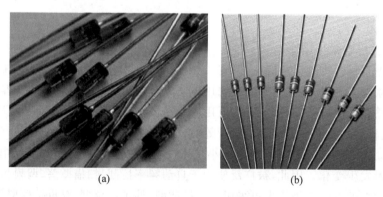

(a)　　　　　　　　　　　　　　(b)

图 5.30　常见开关二极管实物

1. 工作原理

半导体二极管导通时相当于开关闭合(电路接通),截止时相当于开关打开(电路切断),所以二极管可作开关用,常用型号为 1N4148。由于半导体二极管具有单向导电的特性,在正偏压下 PN 结导通,在导通状态下的电阻很小(为几十至几百欧);在反向偏压下,则呈截止状态,其电阻很大,一般硅二极管在 10MΩ 以上,锗二极管也有几十千欧至几百千欧。利用这一特性,二极管将在电路中起到控制电流接通或关断的作用,成为一个理想的电子开关。

以上的描述,其实适用于任何一支普通的二极管,或者说是二极管本身的原理。但针对开关二极管,最重要的特点是高频条件下的表现。

高频条件下,二极管的势垒电容表现出极低的阻抗。当这个势垒电容本身容值达到一定程度时,就会严重影响二极管的开关性能,极端条件下会把二极管短路,高频电流不再通过二极管,而是直接绕过势垒电容通过,二极管因此失效。而开关二极管的势垒电容一般极小,这就相当于堵住了势垒电容这条路,达到了在高频条件下还可以保持好的单向导电性的效果。

2. 工作特性

开关二极管从截止(高阻状态)到导通(低阻状态)的时间称为开通时间;从导通到截止的时间称为反向恢复时间;两个时间之和称为开关时间。一般反向恢复时间大于开通时间,故在开关二极管的使用参数上只给出反向恢复时间。开关二极管的开关速度相当快,像硅开关二极管的反向恢复时间只有几纳秒,即使是锗开关二极管,也不过几百纳秒。

开关二极管具有开关速度快、体积小、寿命长、可靠性高等特点,广泛应用于电子设备的开关电路、检波电路、高频和脉冲整流电路及自动控制电路中。

3. 种类

(1) 普通开关二极管:常用的国产普通开关二极管有 2AK 系列锗开关二极管。

(2) 高速开关二极管:高速开关二极管较普通开关二极管的反向恢复时间更短,开、关频率更快。常用的国产高速开关二极管有 2CK 系列,进口高速开关二极管有 1N 系列、1S 系列、1SS 系列(有引线塑封)和 RLS 系列(表面安装)。

(3) 超高速开关二极管:常用的超高速二极管有 1SS 系列(有引线塑封)和 RLS 系列(表面封装)。

(4) 低功耗开关二极管:低功耗开关二极管的功耗较低,但其零偏压电容和反向恢复时间值均较高速开关二极管低。常用的低功耗开关二极管有 RLS 系列(表面封装)和 1SS 系列(有引线塑封)。

(5) 高反压开关二极管:高反压开关二极管的反向击穿电压均在 220V 以上,但其零偏压电容和反向恢复时间值相对较大。常用的高反压开关二极管有 RLS 系列(表面封装)和 1SS 系列(有引线塑封)。

(6) 硅电压开关二极管:硅电压开关二极管是一种新型半导体器件,有单向电压开关二极管和双向电压开关二极管之分,主要应用于触发器、过压保护电路、脉冲发生器及高压输出、延时、电子开关等电路。

要根据应用电路的主要参数(例如正向电流、最高反向电压、反向恢复时间等)来选择开关二极管的具体型号。

5.3.6 发光二极管

发光二极管(LED)是采用磷化镓、磷砷化镓等半导体材料制成,将电能直接转换为光能的器件。发光二极管外加正向电压时,处于导通状态,当正向电流流过管芯时,发光二极管就会发光,将电能转换成光能。

发光二极管的发光颜色主要由制作管子的材料以及掺入杂质的种类决定。目前常见的有蓝色、绿色、黄色、红色、橙色、白色等。其中白色发光二极管是新型产品,主要应用在手机背光灯、液晶显示器背光灯、照明等领域。发光二极管的工作电流通常为 $2\sim25mA$;工作电压(即正向压降)随着材料的不同而不同,普通绿色、黄色、红色、橙色发光二极管的工作电压约为 $2V$,白色发光二极管的工作电压通常高于 $2.4V$,蓝色发光二极管的工作电压通常高于 $3.3V$,发光二极管的工作电流不能超过额定值太高,否则就有烧毁的危险。故通常在发光二极管回路中串联一个电阻作为限流电阻。

红外发光二极管是一种特殊的发光二极管,其外形与发光二极管相似,只是它发出的是红外光,在正常情况下人眼是看不见的。其工作电压约为 $1.4V$,工作电流一般小于 $20mA$。

有些生产厂家将两个不同颜色的发光二极管封装在一起,使之成为双色二极管(又名变色发光二极管)。这种发光二极管通常有三个引脚,其中一个是公共端。它可以发出三种颜色的光(其中一种是两种颜色的混合色),故通常作为不同工作状态的指示器件。

图 5.31 所示为常见的发光二极管的实物图。图 5.32 为发光二极管的构造图。

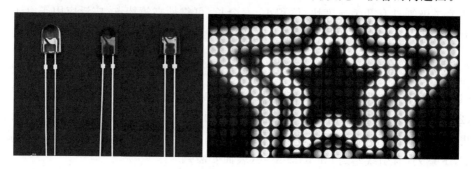

图 5.31　常见发光二极管实物

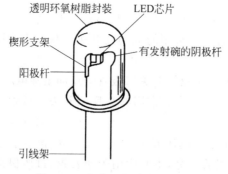

图 5.32　发光二极管的构造图

1. 工作原理

LED 的发光过程包括三部分:正向偏压下的载流子注入、复合辐射和光能传输。微小的半导体芯片被封装在洁净的环氧树脂中,当电子经过该芯片时,带负电的电子移动到带正电的空穴区域并与之复合,电子和空穴消失的同时产生光子。电子和空穴之间的能量(能隙)越大,产生的光子的能量就越高。光子的能量与光的颜色对应,在可见光的频谱范围内,蓝色光、紫色光携带的能量最多,橘色光、红色光携带的能量最少。由于不同的材料具有不同的能隙,因而能够发出不同颜色的光。

不同的半导体材料中电子和空穴所处的能量状态不同,电子和空穴复合时释放出的能量多少也不同,释放出的能量越多,则发出光的波长越短。LED 正向伏安特性曲线很陡,使用时必须串联限流电阻以控制通过 LED 的电流,限流电阻 R 可用下式计算:

$$R = (E - U_F)/I_F \tag{5-4}$$

式中,E 为电源电压;U_F 为 LED 的正向压降;I_F 为 LED 的正常工作电流。

2. LED 的产品形式

1968 年 HP 公司就生产出红色的 LED(发光波长 660nm),而后陆续出现了可用于显示屏的黄绿光(波长 570nm)、蓝光(波长 470nm)及纯绿光(波长 525nm)。应用于显示屏的 LED 发光材料有以下几种形式:

(1)单体 LED。一般由单个 LED 晶片、反光碗、金属阳极、金属阴极构成,外包具有透光能力的环氧树脂外壳。可用一个或多个(不同颜色的)单灯构成一个基本像素,由于亮度高,多用于户外显示屏。

(2)LED 点阵模块。由若干晶片构成发光矩阵,用环氧树脂封装于塑料壳内。适合行列扫描驱动,容易构成高密度的显示屏,多用于室内显示屏。

(3)贴片式 LED 发光灯(或称 SMD LED)。LED 采用贴焊形式的封装,可用于室内全彩色显示屏,可实现单点维护,能有效克服马赛克现象。

3. 参数

LED 的几个重要的光学参数是发光强度、发光峰值波长及其光谱分布、光通量、发光效率和视觉灵敏度、发光亮度、寿命等。

(1)发光强度(法向发光强度)是表征发光器件发光强弱的重要性能。LED 采用的是圆柱、圆球形封装,由于凸透镜的作用,都具有很强指向性。位于法向方向的发光强度最大,其与水平面交角为 $90°$;当偏离法向不同的角度,发光强度也随之变化。

(2)发光峰值波长及其光谱分布。LED 所发的光并非单一波长,其波长基本上按图 5.33 所示分布。由图可见,无论什么材料制成的 LED,LED 光谱分布曲线都有一个相对发光强度最大处(光输出最大),与之相对应有一个波长,此波长称为峰值波长,用 λ_0 表示。只有单色光才有 λ_0 波长。

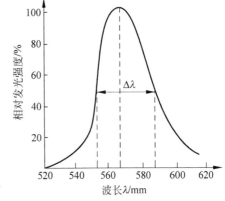

图 5.33 LED 光波长分布

(3)光通量。光通量 Φ(lm)是表征 LED 总光输出的辐射能量,它标志器件的性能优劣。Φ 为 LED 向各个方向发光的能量之和,它与工作电流直接有关,随着电流增加,LED 光通量增大,光通量与芯片材料、封装工艺水平及外加恒流源大小有关。

(4)发光效率和视觉灵敏度。

① LED 效率有内部效率(PN 结附近由电能转化成光能的效率)与外部效率(辐射到外

部的效率)。内部效率只是用来分析和评价芯片优劣的特性。LED 最重要的特性是辐射出光能量(发光能量)与输入电能之比,即发光效率。

② 视觉灵敏度。人的视觉灵敏度在 $\lambda = 555nm$ 处有一个最大值 $680lm/W$。若视觉灵敏度记为 K_λ,则发光能量 P 与可见光通量 Φ 之间关系为

$$P = \int P_\lambda d\lambda \Phi = \int K_\lambda P_\lambda d\lambda \qquad (5-5)$$

③ 发光效率是光通量与电功率之比。发光效率表征了光源的节能特性,是衡量现代光源性能的一个重要指标。

④ 流明效率是评价具有外封装 LED 特性的主要参数,LED 的流明效率高指在同样外加电流下辐射可见光的能量较大,故其也叫可见光发光效率。

(5) 发光亮度。发光亮度是 LED 发光性能的又一重要参数,具有很强的方向性。指定某方向上发光体表面亮度等于发光体表面上单位投射面积在单位立体角内所辐射的光通量,发光亮度的单位为 cd/m^2(曾称为尼特,nt)。其正法线方向的亮度为

$$L_0 = I_0/A \qquad (5-6)$$

式中,I_0 为 LED 工作电流;A 为面积。

(6) 寿命。LED 的寿命一般很长,在电流密度 J_0 小于 $1A/cm^2$ 的情况下,寿命可达 1 000 000h,即可连续点燃一百多年,这是任何光源均无法与它竞争的。

4. 应用

LED 的应用很广,使用范围包括通信、消费性电子产品、汽车、照明、信号灯等,可大体分为背光源、照明、电子设备、显示屏、汽车等五大领域。生活中随处可见 LED,例如收音机的指示灯、大屏幕的 LED 显示屏等。

(1) 汽车部分。汽车内部使用的 LED 包括仪表盘、音箱等指示灯,而汽车外部使用的 LED 则有第三刹车灯、左右尾灯、方向灯等。若再加上前后车灯、刹车灯、交通标志等,与交通有关的 LED 市场非常庞大。在交通标志灯市场方面,全球约有 2000 万座交通标志灯,若每年更新 200 万座,商机则至少可延续 10 年。

(2) 背光源部分。主要是手机背光光源方面,这也是 SMD 型产品应用的最大市场。虽然近两年手机的增长速度已明显趋缓,但全年仍有 4 亿台的要求,以 1 台手机需要 LED 背光源 2 颗、按键 SMD LED 6 颗计算,全年 4 亿台手机需要约 32 亿颗 LED。

(3) 显示屏 LED。显示屏作为一种新兴的显示媒体,随着大规模集成电路和计算机技术的高速发展,也得到了快速发展,它与传统的显示媒体——多彩霓虹灯、像素管电视墙、四色碰翻板相比较,以其亮度高、动态影像显示效果好、故障低、能耗少、使用寿命长、显示内容多样、显示方式丰富、性能价格比高等优势,已广泛应用于各行各业。

(4) 电子设备与照明。LED 以其功耗低、体积小、寿命长的特点,已成为各种电子设备指示灯的首选,目前几乎所有的电子设备都有 LED 的身影。

(5) 特殊工作照明和军事运用。由于 LED 光源具有抗震性、密封性好,以及热辐射低、体积小、便于携带等特点,可广泛应用于防爆、野外作业、矿山、军事行动等特殊工作场所或恶劣工作环境之中。

(6) LED 发光立体字。LED 发光立体字的应用包括:建筑景观外观发光体、高架、高

楼、公路、桥梁、地标、标志建筑发光源,广告立体字、标志、标识、指示光源,机场、建筑工程、地铁、医院、商场、广场、餐馆、PUB 的灯光,汽车、轮船、宣传指示警示光源,电脑、手机、鼠标、信号传输应用光源。

（7）LED 商用和家居照明。LED 照明的产品种类很多,如 LED 日光灯、LED 射灯、LED 球泡灯、LED 筒灯。特别是大功率 LED 集成光源的出现,使 LED 照明产品越来越多。随着 LED 的技术不断地发展,LED 成为照明产品发展的一个重要方向,也是一个必然的方向,LED 的用途只会越来越广。图 5.34 为 LED 作为照明光源的实物。

图 5.34　LED 射灯

5.3.7　双向触发二极管

双向触发二极管也称为二端交流器件(Diode for Alternating Current,DIAC)。它是一种硅双向电压触发开关器件,当双向触发二极管两端施加的电压超过其击穿电压时,两端即导通,导通将持续到电流中断或降到器件的最小保持电流时才会再次关断。双向触发二极管通常应用在过压保护电路、移相电路、晶闸管触发电路、定时电路中。它是 3 层、对称性质的两端半导体器件,等效于基极开路、发射极与集电极对称的 NPN 晶体管,其正反伏安特性完全对称。当器件两端的电压 U 小于正向转折电压 U_{BO} 时,呈高阻状态;当 $U > U_{BO}$ 时,进入负阻区。同样,当 U 超过反向转折电压 U_{BR} 时,管子也能进入负阻区。双向二极管的耐压值 U_{BO} 大致分为 3 个等级:$20 \sim 60V$,$100 \sim 150V$,$200 \sim 250V$。由于其结构简单、价格低廉,所以常用来触发双向晶闸管。图 5.35 为双向触发二极管的实物图。

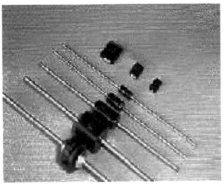

图 5.35　双向触发二极管实物

5.3.8　肖特基二极管

1. 工作原理

肖特基二极管不是利用 P 型半导体与 N 型半导体接触形成 PN 结原理制作,而是利用金属与半导体接触形成的金属-半导体结原理制作。其工作原理是金属-半导体接触具有整流效应,如果在紧密接触的金属和半导体之间加上电压,由于表面势垒的作用,加正、反向电压时所产生的电流大小不同,即有整流效应。

金属和 N 型半导体接触时,在未加偏压(即平衡时)的情况下,金属-半导体接触的能带如图 5.36(a)所示。当在金属一边加正电压,在半导体一边加负电压时,N 型半导体中的势垒将降低,如图 5.36(b)所示,则从 N 型半导体流向金属的电子流大大增加,成为金属-半导体整流接触的正向电流。

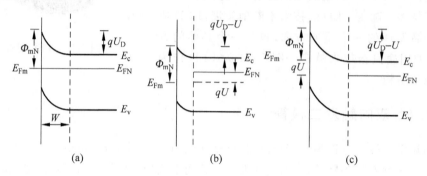

图 5.36 金属-半导体接触能带图

当在金属一边加负电压,在半导体一边加正电压时,势垒将增高,如图 5.36(c)所示。因此,N 型半导体中的电子基本上都爬不过去了,即从 N 型半导体流向金属的电子流减小到接近于零,而从金属流向 N 型半导体的电子流还是与以前一样,保持很小的数值,结果就出现了由金属流向半导体的小的电子流,这就是金属-半导体整流接触的反向电流。

上面介绍的就是金属-半导体接触的整流特性。不难发现,金属-半导体接触的整流效应与 PN 结的整流特性有许多相似之处,也具有单向导电性。整流接触常用合金、扩散、外延(或蒸发)、离子注入等方法来获得。

2. 肖特基势垒二极管

利用金属-半导体接触与 PN 结具有相似的整流效应的特性制成的二极管称为肖特基势垒二极管,简称肖特基二极管,其电流-电压特性曲线及符号如图 5.37 所示。

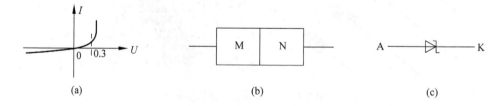

图 5.37 肖特基二极管的符号及电流-电压关系曲线

可见,肖特基二极管和 PN 结二极管具有类似的电流-电压关系,即它们都有单向导电性。但肖特基二极管与 PN 结二极管的相比又具有一些不同的特点,简要说明如下。

首先,就载流子的运动形式而言,PN 结正向导通时,由 P 区注入 N 区的空穴或由 N 区注入 P 区的电子,都是少数载流子,它们先形成一定的积累,再靠扩散运动形成电流。这种注入的非平衡载流子的积累称为电荷存储效应,严重地影响了 PN 结的高频性能。而肖特基势垒二极管的正向电流,主要是由半导体中的多数载流子进入金属形成的,它是多数载流子器件。例如,对于金属和 N 型半导体的接触,正向导通时,从半导体中越过界面进入金属的电子并不发生积累,而是直接成为漂移电流而流走。因此,肖特基势垒二极管比 PN 结二极管具有更好的高频特性。

其次,对于相同的势垒高度,肖特基二极管的扩散饱和电流要比 PN 结的反向饱和电流大得多。换言之,对于同样的使用电流,肖特基势垒二极管将有较低的正向导通电压,一般约为 0.3V,而 PN 结的正向导通电压约为 0.7V。

正因为有以上的特点,肖特基势垒二极管在高速集成电路、微波技术等许多领域得到广泛应用。例如,在硅高速 TTL 电路中,就是把肖特基二极管连接到晶体管的基极与集电极之间,从而组成钳位晶体管,大大提高了电路的速度。在 TTL 电路中,制作肖特基二极管常用的方法是,把铝蒸发到 N 型集电区上,再在 520～540℃ 的真空中或氮气中恒温加热约 10min,这样就形成铝和硅的良好接触,制成肖特基势垒二极管。

肖特基二极管通常用在高频、大电流、低电压整流电路中。常见的肖特基二极管实物如图 5.38 所示。

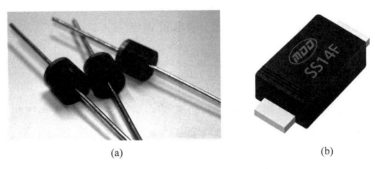

(a)　　　　　　　　　　　　　　　　(b)

图 5.38　常见肖特基二极管实物

5.4　二极管主要应用以及检测

5.4.1　二极管的应用

二极管是使用最早、应用很广的半导体器件,利用其单向导电性,可以构成整流、限幅、钳位等电路。

1. 整流电路

利用二极管的单向导电性将交流电变成直流电称为整流。整流电路有半波、全波、桥式等形式。如图 5.39 所示为半波整流电路及波形。

在 u_2 的正半周内,变压器次级绕组上端为正,下端为负,二极管正偏导通,如同开关闭合,有电流流过负载 R_L,忽略二极管的正向压降,则 $u_o \approx u_2$。在 u_2 的负半周内,变压器次级绕组上端为负,下端为正,二极管反偏截止,如同开关断开,无电流流过负载 R_L,$u_o = 0$。这样,在 R_L 上得到一个正向脉动直流电压,u_o 的波形如图 5.39(b)所示。该电路因为只有电源电压半个周期有电流流过负载,故称为半波整流电路。

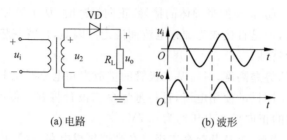

(a)电路   (b)波形

图 5.39 半波整流电路及波形

2. 钳位电路

钳位电路是利用二极管正向压降低的特性,使输出电位钳制在某一数值上保持不变的电路。如图 5.40 所示,设二极管为理想元件(忽略正向压降)。当输入 $U_A = U_B = 3V$ 时,二极管 VD_1、VD_2 取正偏导通,输出被钳制在 U_A 和 U_B 上,即 $U_F = 3V$;当 $U_A = 0V$,$U_B = 3V$ 时,二极管 VD_1 导通,输出被钳制在 $U_F = U_A = 0V$,VD_2 反偏截止。

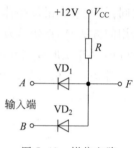

图 5.40 钳位电路

3. 限幅电路

限幅电路是限制输出信号幅度的电路,如图 5.41 所示,设二极管为理想元件。可知,由于两个二极管接有大小相等、方向相反的两个电压 u_{CC}(设为 5V),因此只有在 u_i(设为 10V)为正半周,且当 $u_i > u_{CC}$ 时,VD_1 才导通,其余时间均截止。VD_1 导通时,$u_o = +u_{CC}$,截止时,$u_o = u_i$。同理,在 u_i 为负半周,且当 $u_i < -u_{CC}$ 时,VD_2 才导通,其余时间均截止。VD_2 导通时,$u_o = -u_{CC}$;截止时,$u_o = u_i$。由此画出 u_o 的波形如图 5.41(b)所示,可见该电路将信号电压 u_i 的两个波顶被削掉了,信号电压被限幅在 $\pm u_{CC}$ 即 $\pm 5V$ 之间。

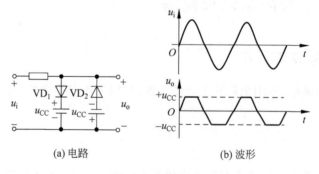

(a)电路   (b)波形

图 5.41 限幅电路

4. 稳压电路

利用稳压管可以构成简单的稳压电路。如图 5.42 所示是一种并联型稳压电路。电阻

R 在电路中起限流作用,限制稳压管电流 I_Z 不超过其允许值,同时它还具有电压调整作用。工作原理如下:当电网电压增加而使输出电压 U_o 也随之升高,U_o 即为稳压管两端的反向电压。U_o 微小的增量,会引起稳压电流 I_Z 的急剧增加,从而使 $I=I_Z+I_L$ 加大,则在 R 上的压降 $U_R=IR$ 也增大,则输出电压 $U_o=U_i-U_R$ 降低,从而使输出电压保持不变。同样,当负载电阻减小而使输出电压 U_o 降低时,则输出电流 I_L 减小,I 随之减小,通过限流电阻 R 和稳压管 VD 的调节作用亦可使输出电压保持不变。

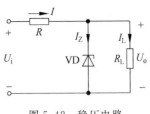

图 5.42　稳压电路

　　稳压管的稳定电压应按负载电压选取,即 $U_Z=U_o$。

　　稳压管的最大稳定电流 I_{Zmax} 大致应比最大负载电流 I_{oM} 大 2 倍,即 $I_{Zmax}\geqslant 2I_{oM}$。

　　稳压管可以串联使用。两只稳压管的稳定电压分别为 5V 和 9V,正向压降均为 0.7V。将它们按 4 种方式连接,相应可以得到 4 种稳压值,如图 5.43 所示。

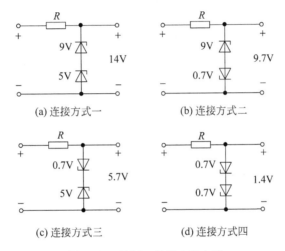

(a) 连接方式一　　　　　(b) 连接方式二

(c) 连接方式三　　　　　(d) 连接方式四

图 5.43　稳压二极管串联电路

　　由此可见,若将稳压管在电路中作正向连接,虽然可利用二极管正向导通时其管压降几乎不随正向电流而改变这一特性来稳压,但稳压值较低,仅约为 0.7V。

5.4.2　二极管的检测

　　使用二极管应根据需要正确选择型号。二极管实际工作电流和电压不能超过其额定电流和最高反向峰值电压。同一型号的二极管方可串、并联使用,串联能提高工作电压,并联能增大工作电流。二极管替换使用时,替换上去的二极管的最高反向工作电压和额定整流电流要与被替换者相同或更大。根据工作特点,还应考虑其他特性,如工作频率、开关速度等。

　　要保证二极管散热良好,应避免靠近发热体。工作在高频或脉冲电路中的二极管的引线应尽量短,不能用长引线或把引线弯成圈来达到散热目的。二极管使用前可以用万用表判别其极性和质量的好坏。

1. 用指针式万用表测试二极管

（1）二极管的好坏和电极的判别。用万用表的 R×1k 挡将红、黑两表笔分别接触二极管的两个电极，测出其正、反向电阻值，一般二极管的正向电阻为几十欧到几千欧，反向电阻为几百千欧以上。正反向电阻差值越大越好，应至少相差百倍为宜。若正、反电阻接近，则二极管性能差。用上述方法测得阻值较小的那次，黑表笔所接触的电极为二极管的正极，另一端为负极。这是因为在磁电式万用表的欧姆挡，黑表笔是表内电池的正端，红表笔是表内电池的负端。

由二极管的伏安特性可见，二极管是非线性元件。因此用不同量程的欧姆挡测量时，测出的阻值是不同的。

（2）二极管类型的判别。经验证明，用 500 型万用表的 R×1k 挡测二极管的正向电阻时，硅管为 6～20kΩ，锗管为 1～5kΩ。用 2.5V 或 10V 电压挡测二极管的正向导通电压时，一般锗管的正向电压为 0.1～0.3V，硅管的正向电压为 0.5～0.7V。

（3）硅稳压管与普通硅二极管的判别。首先利用万用表的低阻挡分出管子的正、负极，然后测出其反向电阻值。若在 R×1Ω、R×10Ω、R×100Ω、R×1k 挡上测出的反向电阻均很大，而在 R×10k 挡上测出的反向电阻却很小，说明管子已被击穿，该管为稳压管。若在 R×10k 挡上测出的反向电阻仍很大，说明管子未被击穿，该管为普通二极管。此种方法只在稳压值小于表内电池电压时才有效。

（4）双向二极管的判别。先用万用表 R×10k 挡测量其正、反向电阻，其正向转折电压 U_{BO} 和反向转折电压 U_{BR} 均大于 20V，故正反向电阻均应为无穷大。再配合兆欧表（摇表）测量其转折电压对称性。如图 5.44 所示，由兆欧表提供击穿电压，由万用表读出一次值（U_{BO}），再对调双向二极管电极测一次值（U_{BR}），则可看出 U_{BO} 和 U_{BR} 的对称性。U_{BO} 和 U_{BR} 的数值越接近，对称性越好。

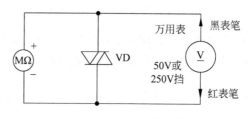

图 5.44　双向二极管的检测

2. 用数字式万用表测试二极管

（1）极性的判别。将数字万用表置于二极管挡，红表笔插入"V·Ω"插孔，黑表笔插入"COM"通孔，这时红表笔接表内电源正极，黑表笔接表内电源负极。将两只表笔分别接触二极管的两个电极，如果显示溢出符号"1"，说明二极管处于截止状态；如果显示 1V 以下，说明二极管处于正向导通状态，此时与红表笔相接的是管子的正极，与黑表笔相接的是管子的负极。

（2）好坏的测量。量程开关和表笔插法同上，当红表笔接二极管的正极，黑表笔接二极管的负极时,显示值在 1V 以下;当黑表笔接二极管的正极,红表笔接二极管的负极时,显示溢出符号"1",表示被测二极管正常。若两次测量均显示溢出,则表示二极管内部断路。若两次测量均显示"000",则表示二极管已击穿短路。

（3）硅管与锗管的测量。量程开关和表笔插法同上,红表笔接被测二极管的正极,黑笔接负极,若显示电压为 0.5~0.7V,说明被测管为硅管。若显示电压为 0.1~0.3V,说明被测管为锗管。

用数字式万用表测二极管时,不宜用电阻挡测量,因为数字式万用表电阻挡所提供的测量电流太大,而二极管是非线性元件,其正、反向电阻与测试电流的大小有关,所以用数字式万用表测出来的电阻值与正常值相差极大。

5.5 二极管在 Multisim 的应用实例

二极管的单向导电性使它在仿真电路中获得了广泛的应用。桥式整流电路便是应用二极管对电路进行整流的典型例子。

5.5.1 电路设计

实现整流的功能,首先进行电路原理图设计。为简单起见,采用有效值为 2V、频率 60Hz 的电压源,采用 4 个二极管按照特定方式连接,电路如图 5.45 所示。

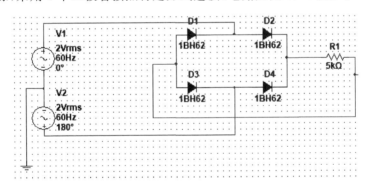

图 5.45　桥式整流电路

5.5.2 在 Multisim 中输入电路图

设计完电路后,需要在 Multisim 中输入电路图。根据图 5.45 所示的原理图进行元件的选择和连接。

在 Multisim 图标中选择单击"放置源"图标。接着选择 Sources 系列中的交流电源AC_POWER。

接着选择单击 Diodes 图标,出现图 5.46,选择 DIODE 系列,然后添加 4 个相同的二极管。并参照图 5.45 所示的电路原理图连接元器件。

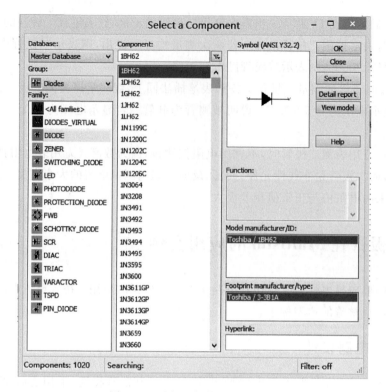

图 5.46　选择二极管器件窗口图

5.5.3　在 Multisim 中进行电路功能仿真

在完成输入电路图的基础上添加虚拟示波器。

参照图 5.47 连接示波器的 A、B 通道，单击仿真运行图标，进而在 Multisim 中进行电路功能仿真。

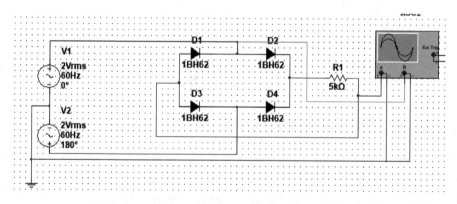

图 5.47　完整仿真测试电路图

在电路画布中双击示波器图标，出现图 5.48 所示的仿真结果图。修改其中 A、B 通道的刻度参数，观察显示结果。可以看到输出中 A 通道为整流后的波形，达到了设计要求。

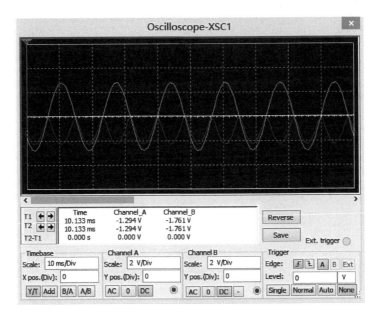

图 5.48 仿真结果图

第6章

晶体三极管

6.1　概述

三极管是一种能将电信号放大的元件,是组成放大电路关键元件之一,其外形特征是有三个引脚,其外壳有的用塑料封装,有的用金属封装。用金属封装是为了便于散热,因为大功率三极管上流过的电流一般很大,容易发热。在电路中用"T"或"VT"(旧文字符号为"Q"或"GB")表示三极管,它是有极性的。

三极管是通过一定的工艺,将两个 PN 结的三层半导体结合在一起的器件,中间是一块很薄的半导体(几微米至几十微米)。由于 PN 结之间的相互影响,使三极管表现出不同于单个 PN 结而具有电流放大的特性,从而使 PN 结的应用发生了质的飞跃。从三极管的三块半导体上各自接出的一根引线就是三个电极,它们分别称为发射极 e、基极 b 和集电极 c,对应的每块半导体称为发射区、基区和集电区。基区和发射区之间的 PN 结称为发射结,基区和集电区之间的 PN 结称为集电结。发射区比集电区掺杂的杂质多,在几何尺寸上,集电区的面积比发射区的大,因此它们并不是对称的。

晶体三极管的内部结构有以下 3 个特点。

(1) 基区起控制载流子的作用,掺杂浓度很低且制作得很薄;

(2) 发射区起发射载流子的作用,掺杂浓度(多数载流子的浓度)比基区大得多,一般在 100 倍以上;

(3) 集电区起收集载流子的作用,掺杂浓度比发射区小,尺寸较大,故不能把集电极当作发射极来用。

晶体三极管的分类:

(1) 按所用的半导体材料不同,可分为硅管和锗管两种;

(2) 按三极管的导电极性不同,可分为 NPN 和 PNP 型两种;

(3) 按三极管的工作频率不同,可分为低频管和高频管两种(工作频率大于 3MHz 的为高频管);

(4) 按三极管的功率不同,可分为小功率管和大功率管两种。

图 6.1 为各种三极管的实物图。

本章将围绕三极管为什么具有电流放大作用这个核心问题,讨论三极管的结构、内部载流子的运动过程以及它的特性曲线和参数等内容。

图 6.1　各种各样三极管实物

6.1.1　晶体管的结构和类型

双极型晶体管(Bipolar Transistor)简称晶体管或半导体三极管,常用的有硅晶体管和锗晶体管两种。

晶体管由两个 PN 结构成,可分为 PNP 与 NPN 两种类型。根据制造工艺、工作频率和功率来分类,晶体管又可分为多种类型。图 6.2(a)是几种常见晶体管的外形示意图。图 6.2(b)是用光刻、扩散工艺制成的 NPN 硅平面管的结构剖面图。图 6.2(c)是用合金工艺制成的 PNP 锗管的结构剖面图。

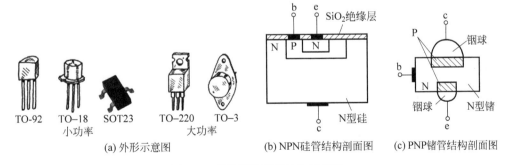

图 6.2　晶体管外形及结构示意图

图 6.3 表示 NPN 及 PNP 两类晶体管的原理结构图和它们的符号。两种晶体管的符号中发射极的箭头表示发射极电流的方向。箭头的指向是两种类型晶体管符号的区别标记。

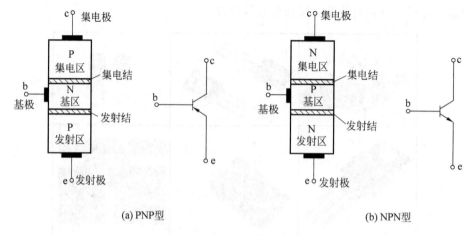

(a) PNP型   (b) NPN型

图 6.3　晶体管的原理结构图和符号

作为一个具有放大能力的元件,晶体管在结构上必须具有以下两个特点:

(1) 发射区掺杂浓度远大于集电区掺杂浓度,集电区掺杂浓度大于基区掺杂浓度。

(2) 基区必须很薄,一般只有几微米。

这种结构上的特点是晶体管放大作用的基础。

6.1.2　晶体管的电流分配关系和放大作用

现以 NPN 型晶体管为例来说明晶体管各极间电流分配关系及其放大作用原理。晶体管结构上的特点是晶体管放大作用的内部条件。为了实现它的放大作用,还必须具有一定的外部条件,即要给晶体管的发射结加正向电压(P 区接正,N 区接负),集电结加反向电压(N 区接正,P 区接负)。欲达到这个目的,可以有两种接法,一种是在基极与发射极之间加正向电压,基极与集电极之间加反向电压,即以基极为公共端,称为共基接法,如图 6.4(a)所示;另一种是在基极与发射极之间加正向电压,集电极与发射极之间加一更大的正向电压,使 $u_{CE} > u_{BE}$,这样 $u_{BC} < 0$,即集电结反向偏置,这种接法以发射极为公共端,称为共射接法,如图 6.4(b)所示。两种接法的晶体管内部载流子运动规律和电流流通过程都是相同的。

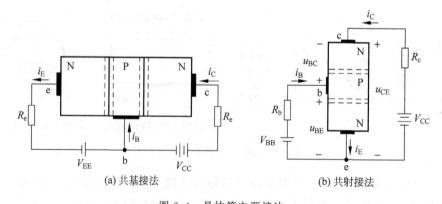

(a) 共基接法   (b) 共射接法

图 6.4　晶体管电源接法

下面以共射接法为例来分析晶体管内部载流子运动规律和电流分配关系。

1. 晶体管内部载流子的运动

（1）发射区向基区注入电子的过程。发射结加正向电压，发射区的多子电子就要向基区扩散形成电流 i_{En}，基区的多子空穴也要向发射区扩散。但是，由于发射区掺杂浓度远远大于基区的掺杂浓度，因而基区向发射区扩散的多子比起发射区向基区扩散的多子数量来说可以略去不计，因此这里的载流子运动主要表现为发射区向基区注入电子，形成电流 $i_E \approx i_{En}$。

（2）电子在基区的扩散过程。发射区的多子电子注入基区以后，就在基区靠近发射结的附近积累起来，称为基区的非平衡少子，显然这些非平衡少子要向基区深处扩散。由于基区做得很薄，并且掺杂浓度又低，所以注入的电子在扩散过程中，只有极少数与基区的空穴复合而形成基极电流 i_B'，绝大部分没来得及复合就已经扩散到集电结边界。

（3）电子被集电结收集的过程。集电结是反向偏置，显然发射区不断向基区注入的非平衡少子电子扩散到集电结边界，就会受到集电结上的电场吸引而迅速漂移过集电结，形成集电极电流 i_{Cn}。与此同时，集电结反向偏置必然要使集电区与基区的少子漂移，形成反向饱和电流 I_{CBO}。

从以上分析可知，晶体管中多子与少子两种载流子都参与导电，故称为双极型晶体管。

2. 晶体管的电流分配关系

通过上述分析可知，各极的电流构成如下：

$$i_E = i_B' + i_{Cn} \tag{6-1}$$

$$i_C = i_{Cn} + I_{CBO} \tag{6-2}$$

$$i_B = i_B' - I_{CBO} \tag{6-3}$$

图 6.5 表示晶体管内部载流子运动情况及电流分配关系。

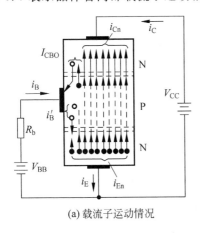
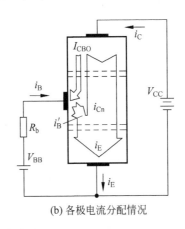

(a) 载流子运动情况　　　　　　　　(b) 各极电流分配情况

图 6.5　晶体管中的电流

不难看出，发射极电流 i_E 大部分流入集电极形成 i_{Cn}。若用 β 表示流入集电极的电流 i_{Cn} 与流入基极的电流 i_B' 的比值，即 $\bar{\beta} = i_{Cn}/i_B'$，显然，$\bar{\beta}$ 是一个远大于 1 的数。$i_{Cn} = \bar{\beta} i_B'$，这意

味着 i'_{B} 电流对 i_{Cn} 的控制,称为共射电流放大系数。这样,各极的电流分配关系可以表示如下:

$$\begin{cases} i_{\mathrm{E}} = (1+\bar{\beta})i_{\mathrm{B}} + (1+\bar{\beta})I_{\mathrm{CBO}} \\ i_{\mathrm{C}} = \bar{\beta}i_{\mathrm{B}} + (1+\bar{\beta})I_{\mathrm{CBO}} \end{cases} \tag{6-4}$$

令 $I_{\mathrm{CEO}} = (1+\bar{\beta})I_{\mathrm{CBO}}$,则 $i_{\mathrm{C}} = \bar{\beta}i_{\mathrm{B}} + I_{\mathrm{CEO}}$

$$i_{\mathrm{E}} = (1+\bar{\beta})i_{\mathrm{B}} + I_{\mathrm{CEO}} = i_{\mathrm{B}} + i_{\mathrm{C}} \tag{6-5}$$

若 $i_{\mathrm{B}} = 0$,则 $i_{\mathrm{E}} = i_{\mathrm{C}} = I_{\mathrm{CEO}}$,其中 I_{CEO} 称为穿透电流,它的大小与集电极反向饱和电流 I_{CBO} 及 $\bar{\beta}$ 有关。

$$\bar{\beta} = \frac{i_{\mathrm{C}} - I_{\mathrm{CEO}}}{i_{\mathrm{B}}} \tag{6-6}$$

若 $I_{\mathrm{CEO}} \approx 0$,则 $i_{\mathrm{C}} \approx \bar{\beta}i_{\mathrm{B}}$,即

$$\bar{\beta} = \frac{i_{\mathrm{C}}}{i_{\mathrm{B}}} \tag{6-7}$$

$\bar{\beta}$ 代表 i_{B} 对 i_{C} 的控制作用,$\bar{\beta}$ 越大,控制作用越强。

3. 晶体管的放大作用

晶体管放大作用的本质是它的电流控制作用,即 i_{B} 对 i_{C} 或 i_{E} 对 i_{C} 的控制作用。图 6.6(a)是共射极接法示意图,这种电路称为共发射极放大电路。基极电流 i_{B} 是由发射结间电压 u_{BE} 控制的,较小的(微伏或毫伏量级)u_{BE} 电压的变化,就会使 i_{B} 产生相应的变化,再通过 i_{B} 对 i_{C} 的控制作用,在集电极回路引起 i_{C} 对应的但幅度上放大了 $\bar{\beta}$ 倍的变化。这样,在集电极回路中串接一个负载电阻,就可以在负载电阻两端得到相应的幅度较大的变化电压。因而,可以把信号电压加到晶体管的基极与发射极之间,由它引起 i_{B} 变化,进而得到放大了的变化电流 i_{C},最终从大阻值的集电极负载电阻上得到比信号电压大得多的电压变化量,这就是放大了的输出信号电压。

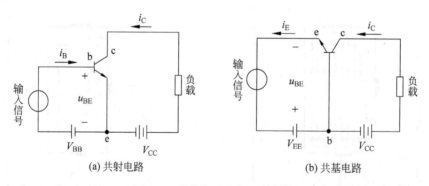

图 6.6　晶体管放大作用示意图

图 6.6(b)是共基极接法示意图,这种电路称为共基极放大电路。在这种电路中,把信号电压接在发射极回路,由信号电压控制发射极电流的变化,i_{C} 通过 i_{E} 的控制作用而产生相应的变化。虽然 i_{C} 的变化略小于 i_{E} 的变化,但在集电极回路中接入的负载电阻上,仍可得到放大的输出信号电压。

以上只是扼要地说明了晶体管放大作用的原理。要实现放大作用,获得良好的放大效果,还必须合理地设计电路的形式和参数。

4. PNP 型晶体管

以上以 NPN 型晶体管为例,说明了晶体管的工作原理。PNP 型晶体管的工作原理和 NPN 型晶体管相同,不过在使用时,应该注意到 PNP 管与 NPN 管之间有以下两点差别:

(1) 电源极性不同。对于 PNP 型晶体管,要使发射结正向偏置,集电结反向偏置,直流电源极性的接法必须与 NPN 型管相反,如图 6.7 所示。

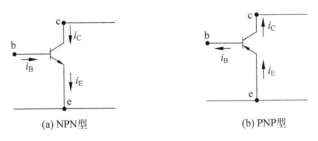

(a) NPN型   (b) PNP型

图 6.7　NPN 型和 PNP 型晶体管电路的差别

(2) 电流方向不同。对于 NPN 型晶体管,发射区的电子注入基区,然后扩散到集电结,被集电极收集而形成集电极电流,电流的方向与电子运动方向相反,所以是从集电极流向发射极。NPN 型晶体管符号中发射极的箭头方向便是表示这个电流的方向。

在 PNP 型晶体管中,发射区注入基区的是空穴,集电极电流是由集电极收集基区扩散过来的空穴所形成,电流方向与空穴运动方向一致,都是由发射极流向集电极,PNP 型晶体管符号中的箭头表示了这个电流方向。在图 6.7 中也画出了两种类型管子的电流方向。

6.1.3　晶体管的特性曲线

晶体管的特性曲线是表示晶体管各极间电压和电流之间关系的曲线,它们是选择使用晶体管,分析和设计晶体管电路的基本依据。

晶体管有三个电流,即 i_C、i_B、i_E,以及三个电压,即 u_{CE}、u_{BC}、u_{BE}。由图 6.8 可见,它们有如下关系:

$$\begin{cases} i_C + i_B = i_E \\ u_{CE} = u_{BE} - u_{BC} \end{cases} \tag{6-8}$$

因此,只要知道两个电流和两个电压就可以确定第三个电流和电压。通常是以发射极为公共端,画出 i_C、i_B、u_{CE} 和 u_{BE} 这 4 个量的关系曲线,称为共射特性曲线。这里只讨论最常用的两组曲线:一组是以 u_{CE} 为参变量的 i_B-u_{BE} 关系曲线,称为共射输入特性曲线;另一组是以 i_B 为参变量的 i_C-u_{CE} 关系曲线,称为共射输出特性曲线。

晶体管的特性曲线可以由晶体管特性图示仪直接描绘出来,也可以逐步测量得到。图 6.9 是逐点测量 NPN 型晶体管共射特性曲线的电路图。

1. 共射输入特性曲线

当 u_{CE} 为一个固定值时,i_B 和 u_{BE} 之间的关系曲线称为共射输入特性,即

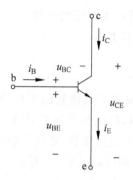

图 6.8　NPN 型晶体管的电压和电流参考方向

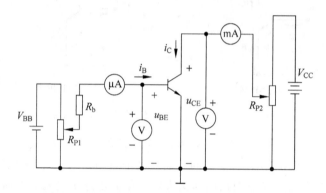

图 6.9　测量 NPN 型晶体管共射特性曲线的电路图

$$i_B = f(u_{BE}) \big|_{u_{CE}=\text{常数}} \tag{6-9}$$

　　测试时,调节电位器 R_{P2},使 $u_{CE}=0\text{V}$,然后通过调节电位器 R_{P1} 来改变基极电流 i_B,测出各个 i_B 所对应的 u_{BE} 值,在 i_B-u_{BE} 坐标系上画出一条输入特性曲线。然后再调节 R_{P2} 使 u_{CE} 固定为不同的值,便可画出一族输入特性曲线。图 6.10 为 NPN 型硅晶体管的输入特性曲线。

　　由图可见,NPN 型晶体管输入特性曲线有以下几个特点:

　　(1) 当 $u_{CE}=0\text{V}$ 时,输入特性曲线与二极管的正向伏安特性曲线形状类似。因为 $u_{CE}=0$ 时,相当于集电极与发射极短接,从基极和发射极看进去是正向偏置的发射结和集电结并联,如图 6.11 所示。所以这时的输入特性就是这两个 PN 结并联后的正向特性。

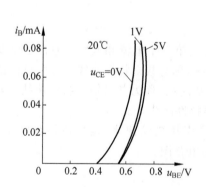

图 6.10　NPN 型硅晶体管的输入特性曲线

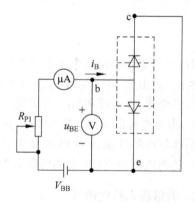

图 6.11　$u_{CE}=0$ 时的晶体管

（2）增大 u_{CE}，例如当 $u_{CE}=1$ 时，曲线位于 $u_{CE}=0V$ 的曲线的右边。它表明，u_{BE} 相同时，随着 u_{CE} 的增大，i_B 减小了。因为 u_{CE} 由零增大时，集电结上的电压 u_{BC} 将由正值变为负值。u_{BC} 为正时，集电结处于正向偏置，在基区靠近集电结边界处有非平衡少子积累。

u_{BC} 为负时，集电结处于反向偏置，能够收集到达集电结边界的全部电子。这说明，当 u_{CE} 增大时，基区中非平衡电子的总数减少，因而载流子复合机会减少，所以基极电流减小。

（3）继续增大 u_{CE}，例如当 $u_{CE}=5V$ 时，输入特性曲线右移的距离很小。因为当 $u_{CE}=1V$ 时，集电结已经处于反向偏置，基区中集电结边界处的电子浓度已经等于零，继续增大 u_{CE}，对基区中电子分布情况影响不大。所以 u_{CE} 继续增大时，集电极电流变化不大，基极电流也减小不多，曲线右移的距离很小。因此，常用 $u_{CE}=1V$ 这条曲线来代表 $u_{CE}>1V$ 的所有输入特性曲线。

图 6.12 是 PNP 型锗晶体管的输入特性曲线，它与上述 NPN 型硅晶体管的输入特性曲线比较，主要有两点不同：

（1）因为是 PNP 型管，所以其电压极性、电流方向与 NPN 型管不同。规定 PNP 型管各极电流和电压的参考方向如图 6.13 所示。正常工作时，电流的参考方向与实际方向一致，电流为正值；电压的参考方向与实际方向相反，所以电压为负值。

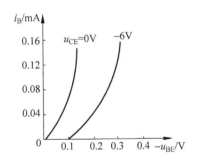

图 6.12　PNP 型锗晶体管的输入特性曲线

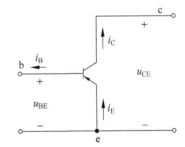

图 6.13　PNP 型晶体管的电压电流参考方向

（2）因为是锗管，所以其死区电压比硅管小。当硅管放大工作时，$u_{BE}\approx0.7V$，而锗管为 $-0.2\sim-0.3V$，在 I_B 不太大时常取 $-0.2V$。

2. 共射输出特性曲线

i_B 为固定值时，i_C 与 u_{CE} 之间的关系曲线，称为共射输出特性曲线，即

$$i_B = f(u_{BE})\,|_{u_{CE}=常数} \tag{6-10}$$

输出特性曲线仍可用图 6.8 的电路测得。测试时，调节电位器 R_{P1}，使 i_B 为某一固定值，然后调节电位器 R_{P2}，使 u_{CE} 由零增大，测出一族 u_{CE} 和对应的 i_C 值，画出一条 i_C-u_{CE} 曲线。再调节 R_{P1} 使 i_B 取不同的固定值，分别画出与每一固定的 i_B 对应的 i_C-u_{CE} 曲线，这样就得到晶体管的共射输出特性曲线族。图 6.14 为晶体管的输出特性曲线族。

根据输出特性的特点，可以将它划分为三个区域。

（1）截止区。指 $i_B\leqslant0$，$i_C\leqslant I_{CEO}$ 的工作区域。在这个区域中，电流 i_C 很小基本不导通，故称为截止区。对应于图 6.14(a) 中输出特性曲线 $i_B=0$ 的下面的阴影部分就是截止区。

硅管的 I_{CEO} 很小，对应于 $i_B=0$ 的输出特性曲线基本上与横轴重合。工作在截止区时，

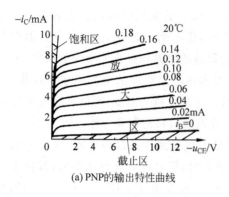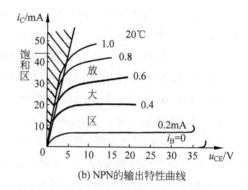

(a) PNP的输出特性曲线　　　　　　　(b) NPN的输出特性曲线

图 6.14　晶体管的输出特性曲线族

晶体管基本上失去放大作用。

实际上，晶体管在 $i_B=0$ 时并没有完全截止。为使晶体管真正截止，必须给发射结加反向电压，使发射区不再向基区注入载流子。

（2）饱和区。指输出特性曲线中 i_C 上升部分与纵轴之间的区域。饱和区特性曲线的特点是，当 i_B 固定不变时，i_C 随 u_{CE} 的增大而迅速增大。由特性可知，饱和区是对应 $u_{CE}<u_{BE}$ 的情况。通常把此时的 u_{CE} 称为饱和压降，记为 U_{CES}。这时集电结和发射结都处于正向偏置（$u_{BE}>0$，$u_{BC}>0$），因此在基区中靠近发射结和集电结处均有非平衡少子积累。当逐渐增加 u_{CE} 时，使集电结由正偏向反偏过渡，即收集到达集电结边界的非平衡电子的能力越来越强，所以集电极电流相应增大。这就是输出特性曲线开始时呈直线上升的原因。

（3）放大区。输出特性曲线上在饱和区和截止区之间的区域为放大区。饱和区与放大区的分界线可用方程 $u_{BE}-u_{CE}=0$ 表示，称为临界饱和线。在这个区域里，$i_B>0$，$u_{CE}>u_{BE}$，即发射结是正向偏置，集电结是反向偏置（$u_{BE}>0$，$u_{BC}<0$）。放大区的特点是：在 i_B 固定的情况下，u_{CE} 增大时，i_C 略微增大，但变化不大，如图 6.14 中曲线的平坦部分所示；当 u_{CE} 固定时，对应于不同的 i_B 值，i_C 变化很大，表现了 i_B 对 i_C 的控制作用。曲线之所以比较平坦，是由于此时集电结已经反偏，使发射区注入基区的电子绝大部分都能到达集电区，基区中靠近集电结边界的非平衡电子浓度已经等于零，故 u_{CE} 再增大时，对 i_C 的影响已不大。

6.1.4　晶体管的主要参数

晶体管的参数是用来表示晶体管的各种性能的指标，是评价晶体管的优劣和选用晶体管的依据，也是设计计算和调整晶体管电路时不可缺少的根据。

1. 电流放大系数

（1）共射直流电流放大系数 $\overline{\beta}$。它表示集电极电压 u_{CE} 一定时，集电极电流和基极电流之间的关系。即

$$\overline{\beta}=\frac{i_C-I_{CEO}}{i_B} \tag{6-11}$$

晶体管的 $\overline{\beta}$ 值可以从它的输出特性曲线上求出。例如：已知晶体管 2N3904 的输出特性曲线如图 6.15 所示，求 A 点的 $\overline{\beta}$ 值。由于 2N3904 是硅管，I_{CEO} 很小，近似为 0，那么从图上找

出 A 点对应的 $i_C=32\text{mA}$,$i_B=0.2\text{mA}$,则 $\overline{\beta}\approx i_C/i_B=160$。再如:晶体管 2N3906 的输出特性曲线如图 6.16 所示,求 B 点的 $\overline{\beta}$ 值。由于 2N3906 是锗管,I_{CEO} 较大,故用上式来计算 $\overline{\beta}$ 的值。在图上找出 B 点对应的 $i_C=36\text{mA}$,$i_B=20\mu\text{A}$,$I_{CEO}=0.8\text{mA}$,则 $\overline{\beta}\approx(i_C-I_{CEO})/i_B=140$。

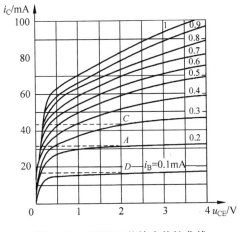

图 6.15　2N3904 的输出特性曲线　　　　图 6.16　2N3906 的输出特性曲线

(2) 共射交流短路电流放大系数 β。它表示集电极负载短路(即 u_{CE} 保持不变)的条件下,集电极电流的变化量与相应的基极电流变化量之比,即

$$\beta = \frac{\Delta i_C}{\Delta i_B}\bigg|_{u_{CE}=\text{常数}} \tag{6-12}$$

式中,β 值大表示只要基极电流有很小的变化,就可以控制产生集电极电流有较大的变化,即电流放大作用较强。

β 值也可以由晶体管的输出特性曲线求得。例如:求晶体管 2N3904 工作在 A 点时的 β 值,可以在 A 点附近找出两个 u_{CE} 相同的点 C 和 D。对应于 C 点,$i_C=44\text{mA}$,$i_B=0.3\text{mA}$;对应于 D 点,$i_C=17\text{mA}$,$i_B=0.1\text{mA}$,于是

$$\beta = \frac{\Delta i_C}{\Delta i_B} = \frac{44-17}{0.3-0.1} \approx 135 \tag{6-13}$$

用同样的办法可以求出 2N3906 工作在 B 点的 β 值,如图 6.16 所示。

关于晶体管的电流放大系数还需作以下两点说明:①由于输出特性曲线间的距离不等,因此同一晶体管在不同工作点上的 $\overline{\beta}$(或 β)值不尽相同。在靠近饱和区时,不同 i_B 时的输出特性曲线几乎重合,所以 β 很小。实际上,一般给出的 β 值是在一定的 i_C 和 u_{CE} 值的条件下测得的,使用时,该值只适用于指定工作点附近特性曲线较为均匀的范围内。②$\overline{\beta}$ 与 β 的定义不同,$\overline{\beta}$(简称直流 β)是表示集电极和基极直流电流值之间的关系,β(简称交流 β)是表示集电极和基极增量电流之间的关系。但是,对于实际晶体管,在常用工作范围内,$\overline{\beta}$ 与 β 的数值虽不完全相同,却比较接近,因此,计算时常认为 $\overline{\beta}\approx\beta$。

(3) 共基直流电流放大系数 $\overline{\alpha}$ 和共基交流电流放大系数 α。它们的定义与共射极接法时对 β 的定义相似,即

$$\bar{\alpha} = \frac{(i_C - I_{CBO})}{i_E} \approx \frac{i_C}{i_E} \tag{6-14}$$

$$\alpha = \frac{\Delta i_C}{\Delta i_E} \tag{6-15}$$

根据晶体管的电流分配关系,可以得到下列换算公式:

$$\begin{cases} \alpha = \dfrac{\beta}{1+\beta}, \bar{\alpha} = \dfrac{\bar{\beta}}{1+\bar{\beta}} \\[2mm] \beta = \dfrac{\alpha}{1-\alpha}, \bar{\beta} = \dfrac{\bar{\alpha}}{1-\bar{\alpha}} \end{cases} \tag{6-16}$$

2. 极间反向电流

(1) 集电极-基极反向饱和电流 I_{CBO}。I_{CBO} 是指发射极开路,集电极与基极之间加反向电压时产生的电流,也就是集电结的反向饱和电流,可以用图 6.17 所示电路测出。手册上给出的 I_{CBO} 都是在规定的反向电压之下测出的。反向电压大小改变时,I_{CBO} 的数值可能稍有改变。另外,I_{CBO} 是少数载流子电流,随温度升高而指数上升,影响晶体管工作的热稳定性。作为晶体管的性能指标,I_{CBO} 越小越好。硅管的 I_{CBO} 比锗管的小得多;大功率管的 I_{CBO} 值较大,使用时应注意。

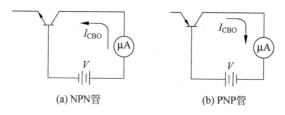

(a) NPN管　　　　　　　(b) PNP管

图 6.17　I_{CBO} 的测量电路

(2) 穿透电流 I_{CEO}。I_{CEO} 是基极开路,集电极与发射极间加反向电压时的集电极电流。由于这个电流由集电极穿过基区流到发射极,故称为穿透电流。测量 I_{CEO} 的电路如图 6.18 所示。根据晶体管的电流分配关系可知:$I_{CEO} = (1 + \bar{\beta}) I_{CBO}$。故 I_{CEO} 也受温度影响而改变,且 $\bar{\beta}$ 值大的晶体管的温度稳定性较差。

3. 极限参数

晶体管的极限参数规定了使用时不许超过的限度。主要极限参数如下。

(1) 集电极最大允许耗散功率 P_{CM}。晶体管电流 i_C 与电压 u_{CE} 的乘积称为集电极耗散功率 P_C,这个功率将导致集电结发热,温度升高。而晶体管的结温是有一定限度的,一般硅管的最高结温为 $150 \sim 200℃$,锗管的最高结温为 $70 \sim 100℃$,超过这个限度,管子的性能就要变坏,甚至烧毁。因此,根据管子的允许结温确定了集电极最大允许耗散功率 P_{CM},工作时管子消耗功率 P_C 必须小于 P_{CM}。可以在输出特性的坐标系上画出 $P_{CM} = i_C \cdot u_{CE}$ 的曲线,称为集电极最大功率损耗线。例如:假设 NPN 型管的 $P_{CM} = 300\text{mW}$,根据 $i_C \cdot u_{CE} = 300\text{mW}$,设定若干个 i_C 值,对应计算出 u_{CE} 值。在输出特性坐标系上把对应每组 i_C 与 u_{CE} 值的点连成一条曲线即为最大功率损耗线,如图 6.19 所示。曲线的左下方均满足 $P_C < P_{CM}$ 的条件。

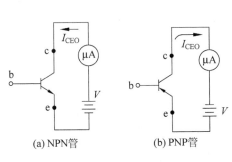

图 6.18 I_{CEO} 的测量电路

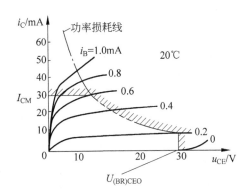

图 6.19 NPN 型管的安全工作区

最大允许耗散功率与环境温度和散热条件有关,手册上一般给出环境温度为 20℃时的 P_{CM} 值。若环境温度高、散热条件差,允许耗散功率值就要减小,管子应该降低功率使用。

(2) 反向击穿电压。是指极间允许加的最高反向电压。使用时如果超过这个电压将导致反向电流剧增,从而造成管子性能下降,甚至损坏。

$U_{(BR)CBO}$ 是发射极开路时,集电极-基极间的反向击穿电压。

$U_{(BR)CEO}$ 是基极开路时,集电极-发射极间的反向击穿电压。电压 U_{CE} 是加在串联的集电结和发射结之上的,可是因为基区很薄,发射结与集电结相互作用的结果,使得这时的击穿电压比单独一个集电结时还要低。

$U_{(BR)EBO}$ 是集电极开路时,发射极-基极间的反向击穿电压。一般晶体管的 $U_{(BR)EBO}$ 较小,只有几伏,尤其是高频管,有的甚至不到 1V,使用时应注意。

(3) 集电极最大允许电流 I_{CM}。由于结面积和引出线的关系,还要限制晶体管的集电极最大电流,如果超过这个电流使用,晶体管的 β 值就要显著下降,甚至可能损坏。

P_{CM}、$U_{(BR)CEO}$ 和 I_{CM} 这三个极限参数决定了晶体管的安全工作区。在图 6.19 中,根据 NPN 型管的三个极限参数:$P_{CM}=300mW$,$I_{CM}=30mA$,$U_{(BR)CEO}=30V$,画出了它的安全工作区。

4. 频率参数

由于发射结和集电结的电容效应,因此晶体管在高频工作时放大性能下降。频率参数是用来评价晶体管高频放大性能的参数。

(1) 共射极截止频率 f_β。晶体管的 β 值随信号频率升高而下降的特性曲线如图 6.20 所示。频率较低时,β 值基本保持为常数,用 β_0 表示低频时的 β 值。当频率升到较高值时,β 值开始下降,β 值下降到 β_0 的 0.707 倍时的频率称为共射极截止频率 f_β,也称为 β 的截止频率。应当说明,对于频率为 f_β 或高于 f_β 的信号,晶体管仍然具有放大作用。

(2) 特征频率 f_T。β 值下降到等于 1 时的频率称为特征频率 f_T。频率大于 f_β 之后,β 与 f 近

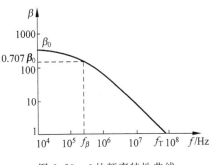

图 6.20 β 的频率特性曲线

似满足

$$f_T \approx \beta f \tag{6-17}$$

因此,知道了 f_T,就可以近似确定某一个 $f(f > f_\beta)$ 时的 β 值。通常,高频晶体管都用 f_T 来表征它的高频放大特性。

6.1.5 温度对晶体管参数的影响

晶体管中载流子的数量与温度有关,尤其是少子数量受温度影响很大,几乎使晶体管的全部参数均对温度敏感,严重影响晶体管电路的温度稳定性。通常主要考虑温度对三个参数的影响:共射短路电流放大系数 β、基-射极间正向电压 u_{BE} 和集电结反向饱和电流 I_{CBO}。

1. 温度对 I_{CBO} 的影响

I_{CBO} 是少数载流子形成的电流,其大小与少子浓度有关,因此与 PN 结的反向饱和电流一样,受温度影响很大。无论硅管或锗管,作为工程上的估算,都可以按温度每升高 10℃,I_{CBO} 增大一倍考虑,即

$$I_{CBO}(T) = I_{CBO}(T_0) \times 2^{\frac{T-T_0}{10}} \tag{6-18}$$

式中,$I_{CBO}(T_0)$ 为温度为 T_0 时的 I_{CBO} 值;$I_{CBO}(T)$ 为温度为 T 时的 I_{CBO} 值。通常手册上给出的 I_{CBO} 是温度为 25℃ 时的值,如果实际工作温度高于 25℃,则应用上式算出实际值。

硅管的 I_{CBO} 比锗管要小 2 个数量级,在要求温度稳定性高的场合,采用硅管为宜。

由于 $I_{CEO} = (1+\beta)I_{CBO}$,故穿透电流 I_{CEO} 随温度变化的规律与 I_{CBO} 类似。当温度升高时,I_{CEO} 的增大体现为整个输出特性曲线族向上平移,如图 6.21(a) 所示。

2. 温度对 β 值的影响

温度升高时 β 值随之增大。实验表明,对于不同类型的管子,β 值随温度升高而增大的情况是不同的。一般认为,以 25℃ 时测得的 β 值为基数,温度每升高 1℃,β 值增大 0.5% ~ 1%,即

$$\frac{1}{\beta(25℃)} \cdot \frac{\Delta\beta}{\Delta T} = (0.5\% \sim 1\%)/℃ \tag{6-19}$$

式中,$\dfrac{1}{\beta(25℃)} \cdot \dfrac{\Delta\beta}{\Delta T}$ 称为 β 的温度系数。温度升高时,β 值的增大体现在曲线的间隔距离增大,如图 6.21(a) 所示。

3. 温度对基-射极间正向电压 u_{BE} 的影响

温度升高时,对于同样的发射极电流,晶体管所需的 $|u_{BE}|$ 值减小。无论硅管还是锗管,u_{BE} 受温度的影响基本相同,在保持 i_E(或近似为 i_B)不变的情况下,均可认为温度每升高 1℃,$|u_{BE}|$ 减小 1.8~2.5mV,即

$$|u_{BE}(T)| = |u_{BE}(T_0)| - (1.8 \sim 2.5)(T - T_0)(\text{mV}) \tag{6-20}$$

当温度升高时,NPN 型管的 u_{BE} 减小,体现在输入特性曲线向左移动,如图 6.21(b) 所示。

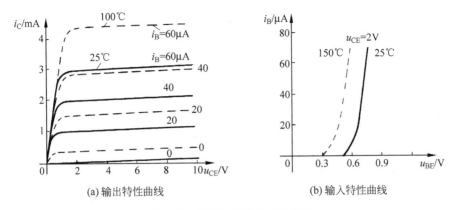

图 6.21 温度对特性曲线的影响

6.2 晶体三极管的选用和检测

6.2.1 晶体三极管的选用

晶体三极管的种类很多,用途各异,恰当、合理地选用三极管是保证电路正常工作的关键。

(1)根据不同电路的要求,选用不同类型的三极管。在不同的电子产品中,电路各有不同,如高频放大电路、中频放大电路、功率放大电路、电源电路、振荡电路、脉冲数字电路等。

由于电路的功能不同,构成电路所需要的三极管的特性及类型也不同,如高频放大电路所需要的是高频小功率管,如 3DG79、3DG80、3DG81 等,也可选用 3DG91、3DG92、3DG93 等超高频低噪声小功率管。又如电源电路的调整管可选用 3DA581、DF104D、2SC1875、2SC2060 等。功率放大电路可选用 2SC1893、2SC1894、D2027、2SC2383、DA2271 等。

(2)根据电路要求合理选择三极管的技术参数。三极管的参数较多,但其中主要的参数要满足电路的需求,否则将影响电路的正常工作:①电流放大系数 h_{FE};②集电极最大电流 I_{cm};③集电极最大耗散功率;④特征频率 f_T 等。对于特殊用途的三极管除满足上述的要求外,还必须满足对特殊管的参数要求。如选用光敏晶体管时,就要考虑光电流、暗电流和光谱范围是否满足电路要求。

(3)根据整机的尺寸合理选择三极管的外形及其封装。由于三极管的外形有圆形的、方形的、高筒形的、扁平形的等,封装又可分为金属封装、塑料封装等,尤其是近年来采用了表面封装三极管,其体积很小,节省了很多的空间位置,使整机小型化。选用三极管时在满足型号、参数的基础上,就要考虑外形和封装,在安装位置允许的前提下,优先选用小型化产品和塑封产品,以减小整机尺寸、降低成本。

1. 半导体三极管的一般选用原则

(1)当三极管使用的环境温度高于 30℃时,耗散功率 P_{CM} 应降额使用。

(2)三极管应尽量远离发热元件,以保证三极管能稳定正常地工作。

(3)当三极管的耗散功率大于 5W 时,应给三极管加装散热板或散热器,以减少温度对三极管参数变化的影响。

（4）在三极管的参数中，有一些参数容易受温度的影响，如 I_{CEO}、U_{BEO} 和 β 值。其中 I_{CEO} 和 U_{BEO} 随温度变化而变化的情况如下：

① 温度每升高 6℃，硅管的 I_{CEO} 将增加一倍；

② 温度每升高 10℃，锗管的 I_{CEO} 将增加一倍；

③ 硅管 U_{BEO} 随温度的变化量约为 1.7mV/℃。

（5）为了减少温度对三极管值的影响，应选用具有电流负反馈功能的偏置电路，或选用有热敏电阻补偿功能的偏置电路。

（6）装配三极管时，不允许在引出线离外壳 5mm 以内的地方进行引出线弯折或焊接。焊接三极管时，应采用熔点不超过 150℃ 的低熔点焊锡进行焊接。电烙铁以 20W 内热式电烙铁为宜，焊接时间越短越好，以小于 5s 为宜。焊接一次，没焊好，需要冷却后再补焊。必要时可用镊子夹住引脚进行焊接，以帮助散热。

（7）在甚高频或脉冲电路中使用的三极管，引出线应尽量短。

（8）超高频三极管或高频开关三极管，在试验或测试时，要防止自激而烧毁。

（9）为防止功率三极管出现二次击穿，应尽量避免采用电抗成分过大的负载。

（10）选用三极管时，在满足整机要求放大参数的前提下，不要选用直流放大系数 h_{FE} 过大的三极管，以防产生自激。

（11）三极管在接入电路时，应先接通基极。在集电极和发射极有电压时，不要断开基极电路。

（12）三极管的种类很多，因此应根据具体电路的要求来确定三极管的类型，然后根据三极管的主要参数进行选用。

（13）选用开关三极管时，要注意的主要参数有特征频率、开关速度、反向电流和发射极-基极饱和压降等。开关三极管要求有较快的开关速度和良好的开关特性，特征频率要高，反向电流要小，发射极-基极的饱和压降要低等。

2. 三极管的替换

在进行电器维修时，往往购不到损坏的原型号三极管，此时便要进行替换，替换时应注意以下几点。

（1）极限参数高的三极管，可以替换极限参数低的三极管。

（2）放大系数大的三极管可替换放大系数小的三极管。

（3）特性好的三极管可替换性能差的三极管。

（4）性能相同的国产管与进口管可相互替换。

（5）高频三极管可替换低频三极管，而低频三极管则不能替换高频三极管。由于高频管的集电极耗散功率较小，替换时应注意管子承受功率能力。

（6）用开关管可替换普通管，但普通三极管不能替换开关管。开关三极管的性能一般比高频管要好，如用 3DK、3AK 系列可替换 3DG、3AG 系列的高频三极管。

（7）不同极性的三极管，只要参数相同就可以互相替换。即 PNP 型管可替换 NPN 型管，NPN 也可替换 PNP 管，使用时要注意电路的极性要与管子的极性相同。

（8）用复合管可以替换三极管。复合后的 $\beta = \beta_1 \times \beta_2$。$\beta_1$、$\beta_2$ 分别为组成复合管的两个三极管 T_1、T_2 的电流放大倍数。

6.2.2 晶体三极管的检测

1. 三极管引脚和管型的判别

1）判断基极和三极管的管型

三极管的结构可以看作是两个背靠背的 PN 结,如图 6.22 所示,按照判断二极管极性的方法可以判断出其中一极为公共正极或公共负极,此极即为基极 b。对 NPN 型管,基极是公共正极;对 PNP 型管,基极是公共负极。因此,判别出基极是公共正极还是公共负极,即可知道被测三极管是 NPN 型或 PNP 型。

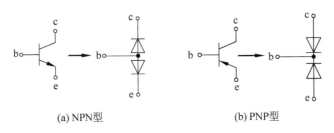

(a) NPN型   (b) PNP型

图 6.22 NPN 型和 PNP 型三极管的结构

具体方法如下:将万用表置于 R×1k 或 R×100 挡,先假设某一引脚为基极 b,将黑表笔与 b 相接,红表笔先后接到其余两个引脚上,如果两次测得的两个电阻都较小(或都较大),且交换红黑表笔后测得的两电阻都较大(或都较小),则所假设的基极是正确的。如果两次测得的电阻值一大一小,则说明所做的假设错了。这时就需假定另一引脚为基极,再重复上述的测试过程。

当基极确定以后,若黑表笔接基极,红表笔分别接其他两极,测得的两个电阻值都较小,则此三极管的公共极是正极,故为 NPN 型管;反之,则为 PNP 型管。

2）判断集电极 c 和发射极 e

若已知三极管为 NPN 型,则将黑表笔接到假定的 c 极,红表笔接到假定的 e 极,并用手捏住 b、c 两极(但不能使 b、c 两极直接接触),此时,手指相当于在 b、c 两极之间接入偏置电阻 R,如图 6.23(a)所示,读出 c、e 两极之间的电阻值;然后,将 c、e 两极反过来假设再测一次,并与前一次假设测得的电阻值比较,电阻值较小的那一次,黑表笔接的是 c 极,红表笔接的是 e 极。因为 c、e 两极之间的电阻值较小,说明通过万用表的电流较大,偏置正常,等效电路如图 6.23(b)所示。

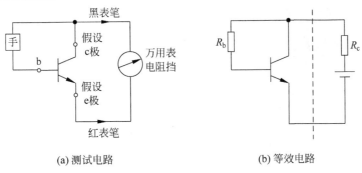

(a) 测试电路   (b) 等效电路

图 6.23 三极管集电极和发射极的判别

2. 穿透电流 I_{CEO} 大小的判别

如图 6.24 所示,将基极开路,用万用表测试 c、e 两极间的电阻,测得的电阻值越大,则表示三极管的穿透电流 I_{CEO} 越小。

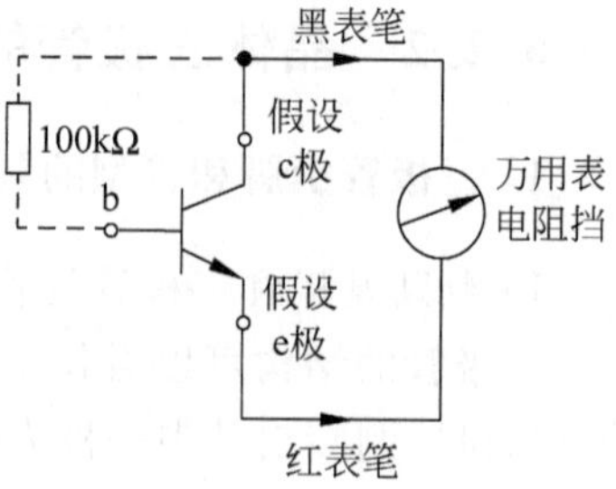

3. 电流放大倍数 β 大小的判别

用万用表判别三极管电流放大倍数 β 时,在 b、c 两极

图 6.24 判别 I_{CEO} 和 β 大小

间接入 100kΩ 电阻(或用手指搭接代替,但 b、c 两极不能相碰触),测试 c、e 两极间的电阻值。100kΩ 电阻器接入前后两次测得的阻值相差越大,则说明 β 越大。此方法一般适于检查小功率管的 β 值。

对于 S9014、S9013、S9015、S9012、S9018 系列的晶体小功率三极管,把显示文字平面朝自己,从左向右依次为发射极 e、基极 b、集电极 c;对于中小功率塑料三极管,使其平面朝向自己,三个引脚朝下放置,则从左到右依次为 e、b、c。

当前,国内晶体三极管有很多种,引脚的排列也不相同,在使用中不能确定引脚排列的三极管,必须进行测量确定各引脚正确的位置。

6.3 典型的晶体三极管

6.3.1 开关三极管

开关三极管是为在电路中起开关作用而设计的,通常称为开关晶体三极管。开关三极管广泛用于计算机、数控机床、数字化仪表、开关电源及其他脉冲电路和控制电路中。开关三极管的实物如图 6.25 所示。

开关晶体三极管工作在关闭和导通两种状态下,当管子关闭时,它工作在截止区,这时三个电极都只有很小的漏电流,相当于开关断开;当管子导通时,它工作在饱和区,这时晶体管上的电压降较小,流过的电流就较大,相当于开关闭合。为了尽量减小开关时间,开关三极管的电流放大系数要大,特征频率要高。

图 6.25 开关三极管实物

开关三极管根据开关速度的不同,可分为中速管和高速管。高速开关管的开关速度很快,有的可达毫微秒数量级。根据功率大小的不同,又可分为小功率开关管和中功率开关管。开关三极管除开关速度外,还要求它的饱和压降要低,反向电流要小。开关晶体三极管有 3AK 系列锗开关管和 3DK、3CK 系列硅开关管。常用于低电平、中速开关电路的有 3AK1、3AK5 型等;用于低电平、高速开关电路中的有 3AK7~3AK15 型等 PNP 型锗小功率开关管。

开关三极管的"通""断"是由加在基极上的脉冲

信号来控制的,它是一种无触点电子开关。与继电器、手控开关比较,其优点是用很小的电流,可以控制大电流的通、断;它没有机械活动部分和机械磨损,开关寿命长,安全可靠。另外,在单位时间内其开关次数可以极多,开关转换速度快。

1. 截止、饱和的条件

开关三极管电路如图 6.26 所示。

设电路的输入电压 v_I 为低电平时,$V_{BE} < 0V$(一般 $V_{BE} < 0.5V$ 时三极管就截止),$I_B = 0$,$I_C = 0$,$v_O = V_{CE} = V_{CC}$,三极管截止,相当于开关断开。因此把 $V_{BE} < 0V$(或 $V_{BE} < 0.5V$)作为三极管截止的条件。设电路的输入 v_I 为高电平,使三极管饱和导通。当 $V_{CE} = V_{BE}$ 时,三极管为临界饱和导通,则 I_C 用 I_{CS} 表示,$I_{CS} = (V_{CC} - 0.7)/R_C \approx V_{CC}/R_C$ 称为集电极临界饱和电流,$I_{BS} = I_{CS}/\beta \approx V_{CC}/(\beta R_C)$ 称为基极临界饱和电流。当 $I_B > I_{BS}$ 时,三极管工作在饱和状态,一般 $V_{CES} = 0.1 \sim 0.3V$,由于三极管的 c、e 之间电压很小,相当于开关闭合,因此,把 $I_B > I_{BS}$ 称为三极管饱和的条件。

2. 开关三极管的开关时间

开关三极管除了一般三极管具有的参数外,还有开关参数。开关三极管的开关时间如图 6.27 所示。

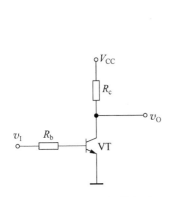

图 6.26　开关三极管电路

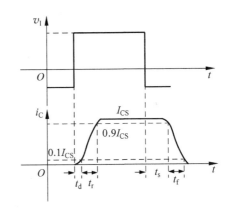

图 6.27　开关三极管的开关时间

三极管从关态到开态或从开态到关态的转变都有一个过程,即三极管的截止和饱和两种状态相互转换的过程需要一定的时间。该时间即是三极管中电荷的建立与消散过程所需的时间。所以集电极电流和输出电压的变化总是滞后于输入电压的变化。从关态转变到开态所需的时间,称为开启时间(t_{on}),t_{on} 是三极管发射结由宽变窄以及基区建立电荷所需的时间。从开态转变到关态所需的时间,称为关闭时间(t_{off}),t_{off} 主要是清除三极管内存储电荷的时间。

当开关管的工作是从截止转变到饱和,又从饱和转变到截止(即管子工作在饱和型开关电路中),它的开路时间 $t_{on} = t_d + t_r$;关闭时间 $t_{off} = t_s + t_f$。t_d 称为延迟时间,即表示正的输入信号(对 NPN 管而言)作用的瞬间到集电极电流 i_C 上升到最大值的 1/10 所需的时间。t_r

称为上升时间,表示集电极电流从最大值的 1/10 上升到最大值的 9/10 所需的时间。t_s 称为存储时间,表示输入信号下跳变(也是对 NPN 管而言)开始到 i_C 下降到最大值的 9/10 所需的时间。而 t_f 称为下降时间,表示 i_C 从最大值的 9/10 下降到最大值的 1/10 所需的时间。它们的含义也可以从图中理解。开关三极管的开关时间一般为纳秒(ns)数量级,并且 $t_{off} > t_{on}$,$t_s > t_f$,因此 t_s 的大小是决定三极管开关速度的最主要参数。

工作在开关状态下的三极管,它的饱和电流 I_{CS} 很大,但 V_{CE} 很小,所以管子功耗还是小;在截止时 V_{CE} 相当大,但 I_C 很小,所以管子的功耗也很小。最大的功耗发生在放大区。为了减小开关三极管的功耗,关键在于使两个状态的转变加速,更快地通过放大区,也就是说要减小开关时间,这样便于用到高速脉冲电路中去。

开关时间主要取决于三极管的特性、结构和制造工艺。为了尽量减小开关时间,开关三极管的电流放大系数要大,特征频率要高。在制造时,要在半导体中扩散金等复合中心,以减小注入载流子的寿命。

开关三极管有小功率和大功率、低速和高速之分。目前国内生产的开关三极管有 3AK 系列、3CK 系列和 3DK 系列。它们的 t_{on} 为几微秒至上百毫秒,t_{off} 为几微秒至几百毫秒,P_{cm} 一般为几十毫瓦至几瓦。

3. 开关型三极管的应用

三极管开关状态的判断方法(用万用表测量)是:当处于开状态时,三极管处于饱和状态 $U_{CE} \leqslant U_{BE}$,U_{CE} 间的电压很小,一般小于 PN 结正向压降($< 0.7V$)。当处于关状态时,基极电流 I_B 为 0,$U_{CE} > 1V$ 时为放大状态。

1)开关三极管电路在电动玩具中的应用

由开关三极管 VT、玩具电动机 M、控制开关 S、基极限流电阻器 R 和电源 GB 组成。VT 采用 NPN 型小功率硅管 8050,其集电极最大允许电流 I_{cm} 可达 1.5A,以满足电动机启动电流的要求。M 选用工作电压为 3V 的小型直流电动机,对应电源 GB 亦为 3V。

VT 基极限流电阻器 R 根据三极管的电流分配作用,在基极输入一个较弱的电流 I_B,就可以控制集电极电流 I_C 有较强的变化。假设 VT 电流放大系数 $\beta \approx 250$,电动机启动时的集电极电流 $I_C = 1.5A$,经过计算,为使三极管饱和导通所需的基极电流 $I_B \geqslant (1500\text{mA}/250) \times 2 = 12\text{mA}$。在图 6.28 所示的电路中,电动机空载时运转电流约为 500mA,此时电源电压降至 2.4V,VT 基极-发射极之间电压 $U_{BE} \approx 0.9V$。根据欧姆定律,VT 基极限流电阻器的电阻 $R = (2.4 - 0.9)V/12\text{mA} \approx 0.13\text{k}\Omega$。考虑到 VT 在 I_C 较大时,β 要减小。电阻值 R 还要小一些,实际取 100Ω。为使电动机更可靠启动,R 甚至可减少到 51Ω。在调试电路时,接通控制开关 S,电动机应能自行启动,测量 VT 集电极-发射极之间电压 $U_{CE} \leqslant 0.35V$,说明三极管已饱和导通,三极管开关电路工作正常,否则会使 VT 过热而损坏。

2)开关三极管在自动停车的磁力自动控制电路中的应用

如图 6.29 所示,开启电源开关 S,玩具车启动,行驶到接近磁铁时,安装在 VT 基极与发射极之间的干簧管 SQ 闭合,将基极偏置电流短路,VT 截止,电动机停止转动,保护了电动机及避免大电流放电。

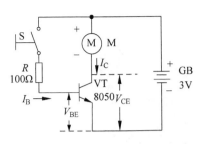

图 6.28 开关三极管电路在电动
玩具中的应用电路图

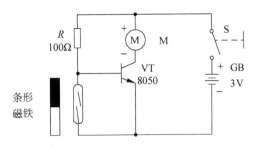

图 6.29 开关三极管在自动停车的磁力
自动控制电路中的应用

3) 开关三极管在光电自动控制电路中的应用

如图 6.30 所示,VT$_1$ 和 VT$_2$ 接成类似复合管电路形式,VT$_1$ 的发射极电流也是 VT$_2$ 的基极电流,R_2 既是 VT$_1$ 的负载电阻又是 VT$_2$ 的基极限流电阻器。因此,当 VT$_1$ 基极输入微弱的电流(0.1mA),可以控制末级 VT$_2$ 较强电流——驱动电动机运转电流(500mA)的变化。VT$_1$ 选用小功率 NPN 型硅管 9013,$\beta \approx 200$。同前计算方法,维持两管同时饱和导通时 VT$_1$ 基极偏置电阻器 R_1 约为 3.3kΩ,减去光敏电阻 RG 亮阻 2kΩ,限流电阻器 R_1 实取 1kΩ。光敏传感器也可以采用光敏二极管,使用时要注意极性,光敏二极管的负极提供电源正极。光敏二极管对控制光线有方向性选择,且灵敏度较高,也不会产生强光照射后的疲劳现象。

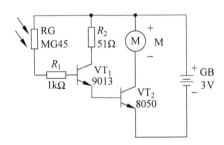

图 6.30 开关三极管在光电自动控制电路中的应用

6.3.2 高频三极管

高频三极管的实物如图 6.31 所示,高频三极管一般应用在卫星电视接收器、电视机顶盒、VHF、UHF、CATV、无线遥控数传、射频模块、微波雷达感应开关模块、无线安防报警器等高频宽带低噪声放大器上,这些使用场合大都用在高频(模拟数字无线信号频率超过 300MHz)条件下。高频三极管分成高频小功率管和高频大功率管两类。

1. 高频小功率管

截止频率 $f_\alpha \geqslant 3\text{MHz}$,最大耗散功率 $P_{CM} < 1\text{W}$ 的三极管称为高频小功率三极管。高频小功率三极管的型号繁多,用途极为广泛,适用于在广播电视、通信导航、仪器及其他电子设备中作中频放大、高频放大、超高频放大、混频及振荡或互补线路用。在变频、视频、视放和同步分离等电路中都要选用高频小功率管。

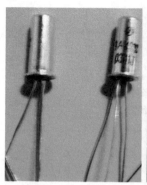

图 6.31　高频三极管 3AX31 和 3DA36 的实物

这种管子对高频信号具有电流和功率放大作用。为了提高高频晶体管的性能,采取的主要措施有:采用外延及扩散技术等制管工艺,尽量减小基区宽度,减小发射结面积,减小集电结面积和电容,并且尽可能使用载流子迁移率较大的材料等。针对提高截止频率,制造锗高频管多采用合金扩散工艺或把它制成台面管,制造硅高频管则主要采用外延平面工艺。

目前国内生产的高频小功率三极管主要有 3AG 系列、3DG 系列和 3CG 系列。锗高频小功率管有 3AG 系列,硅高频小功率管有 NPN 型 3DG 系列和 PNP 型 3CG 系列两种。为了使用上的方便,有时习惯上又把耗散功率为 $600\text{mW} \sim 1\text{W}$ 的管子称作中功率管。用于黑白电视机中作视频放大的 3DG150 型(原为 3DG27 型)硅高频管就属于这种类型。

2. 高频大功率管

通常把集电极耗散功率 $P_{CM} \geq 1\text{W}$、截止频率 $f_\alpha \geq 3\text{MHz}$ 的晶体三极管称为高频大功率晶体三极管。它主要用作功率放大、振荡和功率输出。高频大功率管常在大电流下工作,输出功率的大小受到管子的 P_{CM} 限制。为了解决提高频率与增大功率之间的矛盾,高频大功率管多采用外延平面工艺制成。高频大功率管的外形与低频大功率管一样,主要也是采用 G 型与 F 型封装结构。最近也已开始批量采用塑料封装的新工艺。目前,高频大功率管的特征频率 f_T 有的可以做到大于 1000MHz 以上,在加有散热器之后,有的最大耗散功率 (P_{CM}) 可达到 50W。

大功率管不仅体积大,而且各电极引出线与小功率管有所不同。集电极引出线与金属外壳相连,这样有利于管子的散热。对于小功率管来说,由于功耗小,一般靠它的外壳来散热。而对大功率管,单靠外壳散热是不够的,还要外加散热器来散热。加了散热器可以大大提高最大允许耗散功率,否则耗散功率将大为降低。例如,带散热器的 P_{CM} 为 50W,不带散热器时可能只有 3W。散热器大多采用铝材,重量轻、散热效果好。为了缩小体积,提高散热效率,可以把散热器做成各种形状。有的散热器涂成黑色,其目的是加强辐射散热。

目前国内生产的高频大功率管主要有 3DA 系列和 3CA 系列。它们的 f_T 最高达几百兆赫兹,P_{CM} 最大达百瓦。高频大功率管通常用于电子设备的高频功率放大和振荡电路中。随着电子工业发展的需要,大功率管的制造工艺日益改进,采用塑料封装的大功率晶体管已开始广泛应用起来,这种大功率管采用改性环氧封装后,黏附性好,气密性、坚硬度均高,同时,器件的热膨胀系数吸水性、透水性、热形变化、导热性、热稳定性等均有所提高,从而增加了可靠性能,而且这种管子比金属封装的同类产品的价格低 20%～30%。国内外普遍采用 TO-220 和 TO-202 型两种标准塑料封装管,这种晶体管适用于电视机的行、帧扫描电路、OTL 互补帧输出、伴音功放的互补电路、视频输出电路和电源激励等电路中,同时还可作为录音机、录像机等的代用管。

一般情况,在低电压、小信号、小电流条件下,将特征频率 f_T 在 5GHz 以上的三极管芯片称作高频微波三极管,其功率 P_{CM} 最小为 0.1W,最大为 2.25W,集电极电流 I_C 最小为 18mA,最大为 200mA,击穿电压 U_{CEO} 一般为 5～16V。高频微波低噪声功率晶体三极管是一种基于 N 型外延层的宽带晶体管,具有高功率增益、低噪声的功率特性以及宽频带大动态范围和理想的电流特性。其在产品选用以及设计、使用过程中应该注意如下事项。

(1) 如果集电极直流电源电压 U_{CE} 为 3.5V、输入的是接收的小信号时,击穿电压 BU_{CEO} 最好选为 5～12V,如果集电极电压 BU_{CBO} 为 5V 时,击穿电压 BU_{CEO} 最好选为 10～12V,如果集电极复合电压 U_{CE}(即直流电压加上交流信号)为 12～15V 时,击穿电压 BU_{CBO} 最好选为 15V 以上。若加在 c、e 上的交直流复合电压超过芯片的 BU_{CEO},则三极管会击穿烧毁或者处于击穿的临界状态。一般情况下,U_{CE} 不小于 3V,I_C 不小于 I_{CM} 的 1/4。要尽可能使工作点在放大区的中心点附近,避免进入击穿区、饱和区、截止区。

(2) 三极管的最佳工作点——集电极电流 I_C 和 U_{CE} 并不等同于其标称的 I_{CM} 和 BU_{CEO},一般都是其规格书测试 β 的工作点电流电压,基极上的最佳电压 $BU_{EBO}=0.8～1.4V$。

(3) 选用的高频三极管的 f_T 越高,其在高频频段的增益也就越高。假如需要在 433MHz 得到 15dB 以上的交流增益,那么选用 7GHz 以下的高频三极管就不能满足要求,要选用 9GHz 的 ON4973 或者 ON4832,才会得到 17～19dB 的增益。特征频率 f_T 越高,其使用时的增益越大、噪声越小。假如需要在 900GHz 得到 40dB 的增益,需要用 3 个不同电流容量的三极管来放大,三个三极管的增益之和要大于 40dB,且前一级的集电极交流输出与后一级的基极交流输入电流相吻合。

(4) 如果采用两级或者多级放大,初级的输入信号较弱,建议使用最大集电极电流 I_C 稍小的 BFG505、2SC4228、ON4973(BFG520),次级以及三级放大选用插入增益较大、功率适中的 PBR951、BFG520、BFG540 等。如果采用单级放大,建议直接选用最大集电极电流 I_C 及功率较大的 ON4832、BFQ540、BFQ591、2SC3357 或 PBR951。

(5) 在雷达感应开关产品上使用高频三极管进行 5.8GHz 高频信号的发射接收放大,一般都采用 BFR520-32W 芯片,即使感应板做到最小的 24×33mm,感应距离也会在 8m 以上,如果感应板做大、天线加长,感应距离可到 20～30m。感应距离远近以及方向性也与板子上的三个天线的设计、阻容器件的精密程度有关。

(6) 在 PCB 板设计上,要充分考虑输入输出端线条的分布参数和衰耗、干扰,信号输出线长不超过 6mm,宽不小于 1mm,地线与信号线的间隔不小于 5mm,采用 PCB 板一端输入、另一端输出,强弱信号线、不同信号线之间尽量避开,避免线条弯曲,以减小寄生容抗串扰效应。高频三极管大都是表面贴装芯片,不要使用插装芯片,以减小引脚间电容、电感以及衰耗。

(7) 在 PCB 布线中,高频三极管应尽量远离发热元件,以保证三极管能稳定正常地工作。有一些参数容易受温度的影响,如 I_{CEO}、U_{BEO} 和 β 值,其中 I_{CEO} 和 U_{BEO} 随温度变化而变化的情况如下:①温度每升高 6℃,I_{CEO} 将增加一倍;②U_{BEO} 随温度的变化量约为 1.7mV/℃。

(8) 在进行不同品牌厂商的同样型号的芯片之间替换时,虽然型号相同,但是因为其最佳直流工作点、基极输入阻抗等参数略有不同,需要调整偏置电路,以达到最佳工作点,取得最佳增益放大效果。

(9) 表面贴装芯片以 SOT23、SOT143 和 SOT89 的封装形式居多,这几种封装成本较低、市场拥有量较大,建议尽可能地选择这些封装形式的三极管,避免使用其他市面上较少的封装形式而增加采购成本。

高频三极管的型号很多,但是常用的就是那几个主要品种,因此应该根据产品性能的要求来确定三极管的主要性能参数,再根据这些主要参数进行选用,并且尽可能采用市场占有量较大的型号。之前,国外公司中,NEC 与 PHILIPS(NXP)生产的高频三极管,市场占有量较大。因为高频三极管晶圆的生产对半导体芯片生产的光刻线条要求很细(0.2μm),并且其工艺控制难度很大,这些原因使得其只能在具有特殊设备和工艺的超大规模集成电路生产线上生产,一般三极管芯片生产厂家不具备这些生产条件和经验。

6.3.3 光敏三极管

光敏三极管也是靠光的照射量来控制输出电流的器件,它可以视为一个光敏二极管连接到一个晶体管的集电结上的结合体。光敏三极管可分为 NPN 型和 PNP 型,其结构与普通三极管相似,由于受光 PN 结做得很大,可以扩大光的照射面。通常基极不引出,但一些光敏三极管的基极有引出,用于温度补充和附加控制。光敏三极管具有电流放大作用。光敏三极管一般用硅材料制作,它的外边仅引出集电极和发射极,其外形与光敏二极管一样,其光谱范围与光敏二极管相同。光敏三极管的实物如图 6.32 所示。

图 6.32　光敏三极管实物

1. 光敏三极管的光电转换原理

根据 PN 结的反向特性可知,在一定反向电压范围内,反向电流很小且处于饱和状态。此时,如果无光照射 PN 结,则因本征激发产生的电子-空穴对数量有限,反向饱和电流保持不变,在光敏二极管中称为暗电流。当有光照射 PN 结时,结内将产生附加的大量电子-空穴对(称为光生载流子),使流过 PN 结的电流随着光照强度的增加而剧增,此时的反向电流称为光电流。

不同波长的光(蓝光、红光、红外光)在光敏二极管的不同区域被吸收形成光电流。被表面 P 型扩散层所吸收的主要是波长较短的蓝光,在这一区域,因光照产生的光生载流子(电子),一旦漂移到耗尽层界面,就会在结电场作用下,被拉向 N 区,形成部分光电流;波长较长的红光,将透过 P 型层在耗尽层激发出电子-空穴对,这些新生的电子和空穴载流子也会在结电场作用下,分别到达 N 区和 P 区,形成光电流。波长更长的红外光,将透过 P 型层和耗尽层,直接被 N 区吸收。在 N 区内因光照产生的光生载流子(空穴)一旦漂移到耗尽层界面,就会在结电场作用下,被拉向 P 区,形成光电流。因此,光照射时,流过 PN 结的光电流应该是三部分光电流之和。

2. 光敏三极管的主要参数

(1) 暗电流 I_D。暗电流是指光敏三极管在无光照时,光敏三极管在反向电压作用下 c-e 之间的漏电流,一般要求 I_D 应小于等于 $0.3\mu A$,但 I_D 的值会随着环境温度的升高而增大。

(2) 光电流 I_L。光电流是指光敏三极管在一定光照和反向电压作用下,光敏三极管 c-e 极之间的电流值。光敏三极管因具有放大作用,一般可达几十微安。

(3) 反向工作电压 V_R。反向击穿电压是在无光照条件下,光敏三极管的 c-e 极之间漏电流 $\leqslant 0.5\mu A$ 时,c-e 间所加的最高电压,一般为 $10\sim50V$。

(4) 最大功耗 P_M。最大功耗是指光敏晶体管能够安全工作而不致损坏的最大耗散功率。光电流与三极管承受电压的乘积即为三极管的功耗。使用时,晶体管不会因过热而损坏。光敏三极管的最大功耗一般为 $50\sim150mW$。

3. 光敏三极管的基本特性

(1) 光照特性。光敏三极管的光照特性给出了光敏三极管的输出电流与照度之间的关系。它们之间呈近似线性关系。当光照足够大时,会出现饱和现象,使光敏三极管既可作线性转换器件,也可作开关元器件。

(2) 温度特性。温度特性反映光敏三极管的暗电流或光电流与温度之间的关系,温度变化对光电流的影响很小,而对暗电流的影响很大。在电路设计中应对暗电流进行补偿,以免引起输出误差。

(3) 输出特性。光敏三极管的输出特性与一般三极管的输出特性相同,其差别仅在于参变量不同,一般三极管的参变量为基极输入电流,而光敏三极管的参变量为入射光的照度。

(4) 光谱响应特性。与光敏二极管一样,光敏三极管的光谱响应特性取决于所用半导体材料、结构与工艺。光敏三极管的光谱特性反映在照度一定时,输出的光电流(或相对光谱灵敏度)随光波波长的变化情况。光敏三极管存在一个最佳灵敏度的峰值波长。当入射光波长较大时,相对灵敏度要下降,这是因为光子的能量太小,不足以激发出电子-空穴对。当入射光波长太短时,由于材料对短波的吸收剧增,使光子在半导体表面附近激发的电子-空穴对不能到达 PN 结,所以相对灵敏度下降。

(5) 频率特性光敏三极管的频率特性受负载电阻的影响,减小负载电阻可以提高频率响应。近年来为了配套使用光电器件与红外发光二极管,工艺上采用黑色树脂来封装光电器件。这样,既可以透过红外线,又可以滤除可见光的干扰,提高了光电接收器件的抗干扰能力。

4. 光敏三极管的应用

1) 应用一：光信号放大电路

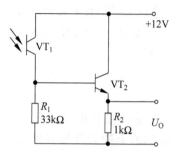

图 6.33　光敏三极管应用电路——光信号放大电路

光信号放大电路的原理图如图 6.33 所示。当无光照射时,光敏三极管 VT_1 内阻很大,使三极管 VT_2 处于截止状态,输出端无电压信号。当有光照射时,光敏三极管 VT_1 产生光电流,使 VT_2 导通,在 R_2 上获得输出信号。

2) 应用二：光控开关电路

光敏三极管 3DU5 的暗电阻(无光照射时的电阻)大于 $1M\Omega$,光电阻(有光照射时的电阻)约为 $2k\Omega$。开关管 3DK7 和 3DK9 共同作为光敏三极管 3DU5 的负载。当 3DU5 上有光照射时,它被导通,从而在开关管 3DK7 的基极上产生信号,使 3DK7 处于工作状态；3DK7 则给 3DK9 基极上加一个信号,使 3DK9 进入工作状态并输出约 25mA 的电流,使继电器 K 通电工作,即常闭触点断开,常开触点导通。当光敏管使 3DU5 上无光照射时,电路被断开,3DK7、3DK9 均不工作,也无电流输出,继电器不动作,即常闭触点导通,常开触点断开。因此通过有无光照射到光敏感 3DU5 上即可控制继电器的工作状态,从而控制与继电器连接的电路工作。

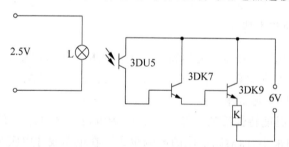

图 6.34　光敏三极管应用电路——光控开关电路

3) 应用三：红外检测器

红外检测器主要用于检测红外遥控发射装置是否正常工作。红外检测的电路如图 6.35所示。当红外遥控发射装置发出的红外光照射到光敏三极管 VT_1 时,其内阻减小,驱动 VT_2 导通,使发光二极管 VD_1 随着入射光的节奏被点亮。由于发光二极管 VD_1 的亮度取决于照射到光敏三极管 VT_1 上的红外光的强度。因此,根据发光二极管 VD_1 的发光亮度,可以估计出红外发射装置上的电池是否还可以继续使用。

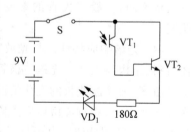

图 6.35　光敏三极管应用电路——红外检测电路

5. 光敏三极管的识别

光敏三极管有金属壳封装的、有环氧平头的、有带基极引脚的，也有无基极引脚的。

（1）金属壳封装的光敏三极管。金属壳管帽下沿有一凸块，与凸块接近的引脚为发射极 e。若该管仅有 2 个引脚，则剩下的引脚是集电极 c；若该管有 3 个引脚，则离发射极 e 最近的为基极 b，离发射极远的为集电极 c。

（2）环氧平头式光敏三极管或微型光敏三极管。这两种三极管的 2 个引脚不一样长，所以识别最容易，长脚为发射极 e，短脚为集电极 c。

使用光敏三极管之前，最好先查阅光敏三极管的产品说明书，确定引脚。倘若手上的光敏晶体管是用过的，且管壳上的字样模糊不清，可用万用表进行测试。

将万用表量程转换开关置于 R×1k 挡，将光敏三极管管壳罩严，黑表笔接集电极，红表笔接发射极，指针微摆（约 1/4 小格）再把三极管放到灯光下或阳光处，同时转动三极管，以改变光线的入射角，这时可以发现，接收到的光线越强，晶体管的内阻越低，从数千欧直到几百欧。

为能较准确地辨别是光敏三极管还是光敏二极管，可把万用表的挡位转换开关置于 R×100 挡，这时在光线较强处，电阻值约为 600Ω。凡测得的结果接近上述数据，则为光敏三极管，若不符，则把表笔换一下再测。据此，不仅可以识别光敏三极管的引脚，还可以发现该管有无光敏功能。至于光敏二极管，其灵敏度不及光敏三极管，在上述同一条件下，所测得的光电阻值远比光敏三极管的大。

6.3.4　大功率三极管

通常把集电极最大允许耗散功率 $P_{CM}>1W$ 的三极管称为大功率三极管。由于大功率三极管的耗散功率比较大（1～200W），所以其体积也比较大，各电极的引线较粗而硬，且管芯的集电极都是与管座（外壳）相连，并把外壳作为集电极引出端，便于合理安装散热器，有利于管芯的散热，使三极管工作时结温不致太高。大功率三极管的实物图如图 6.36 所示。

图 6.36　大功率三极管实物

1. 大功率三极管的应用

大功率三极管可广泛应用于高、中、低频功率放大电路、开关电路、稳压电路、模拟计算机功率输出电路等。大功率三极管又可分为高频大功率三极管和低频大功率三极管。其中高频大功率三极管主要用于功率驱动电路、功率放大电路、通信电路的设备中；低频大功率三极管的用途很广泛,如电视机、扩音机、音响设备的低频功率放大电路、稳压电源电路、开关电路等。

2. 大功率三极管的分类

大功率三极管在材料上又可以分成硅大功率三极管和锗大功率三极管。常见的硅低频大功率三极管主要的类别及参数如表6.1所示,常见的锗低频大功率三极管主要的类别及参数如表6.2所示。

表6.1 常见的硅低频大功率三极管的类别及主要参数

型号 参数	P_{CM}/W	I_{CM}/A	$U_{(BR)CEO}/V$	I_{CEO}/mA	U_{CES}/V	f_T/MHz
3DD12　　　A			100			
B、C	50	5	200、300	≤1	≤1.5	≥1
D、E			400、500			
3DD21　　　A、B	100	15	80、100	≤1	≤1.5	≥2
C、D			150、200		≤2	
3DD030　　A、B、C		3	30、50、80			
D、E、F	30	1.5	100、120、150	≤1.5	≤1.5	≥3
G、H、I		0.75	200、300、400			
3DD050　　A、B、C		5	30、50、80			
D、E、F	50	2.5	100、120、150		≤1.5	≥3
G、H、I		1.2	200、300、400			
			$I_C=5mA$ $I_C=10mA$	$U_{CE}=50V$		

注:1. 3DD12、3DD21 为 NPN 型管,最大允许结温为 125℃。

　　2. 3DD030、3DD050 为 PNP 型管,最大允许结温为 150℃。

表6.2 常见的锗低频大功率三极管的类别及主要参数

型号 参数	P_{CM}/W	I_{CM}/A	$U_{(BR)CEO}/V$	I_{CEO}/mA	f_β/kHz	$T_{JM}/℃$
3AD50　　A			18			
(3AD6)　　B	10	3	24	≤2.5	4	90
C			30			
3AD53　　A			12	≤12		
(3AD30)　B	20	6	18	≤10	2	90
C			24	≤10		
3AD56　　A			40			
(3AD18)　B	50	15	20	≤15	3	90
C			60			
D			80			
测试条件			$I_C=10mA$ $I_C=20mA$ $I_C=100mA$	$U_{CE}=-10V$		

注:3AD60、3AD53、3AD56 均为 PNP 型管。

3. 大功率三极管的检测

利用万用表检测中、小功率三极管的极性、管型及性能的各种方法，对检测大功率三极管来说基本适用。但是由于大功率晶体三极管的漏电流一般都比较大，所以用万用表来测量其极间电阻时，应采用满度电流比较大的低电阻挡为宜。否则，极间低电阻的差别难以区分。

测量时将万用表置于 R×1 挡或 R×10 挡，表笔接法如同测量中、小功率晶体三极管那样，共进行 6 种不同连接的测量，其中发射结和集电结的正向电阻都比较低，其余 4 种连接的阻值都较高。例如，用万用表 R×1 挡测量硅材料大功率三极管的发射结或集电结的正向电阻时，通常指针指在中间稍偏右的位置；而测量锗材科大功率三极管的发射结或集电结的正向电阻时，指针则应向右偏转至接近 0Ω 处。如果继续用此挡位测量极间高电阻，则对硅大功率三极管而言，万用表指针应基本停在刻度为无穷大（∞）位置不动；而对锗大功率三极管来讲，指针向右偏转一般不应超过满偏角的 1/4，否则说明该器件性能较差甚至已经损坏，必要时需作进一步的检测。

6.3.5　贴片三极管

片式三极管也称为芝麻三极管，贴片采用 SOT-23 封装，高度为 0.97mm，宽度为 2.4mm，长度为 2.9mm。贴片式三极管的最大特点是体积微小，且引脚相当短，可直接焊在印制电路板上。因此，贴片式三极管非常适宜在高频电路中使用，其外形如图 6.37 所示。

图 6.37　贴片三极管的 3D 图

贴片三极管与对应的过孔器件比较，体积小，耗散功率也较小，其他参数及性质类似。电路设计时，应该考虑散热条件，可通过给器件提供热焊盘将器件与热通路连接，或用封装顶部加散热片的方法加快散热，还可采用降额使用来提高可靠性，如选用额定电流和电压为实际最大值的 1.5 倍，额定功率为实际耗散功率的 2 倍的贴片三极管。

1. 贴片式三极管的型号识别

我国三极管型号是 3A～3E 开头，日本是 2S 开头，美国是 2N 开头。

欧洲对三极管的命名方法为：第一部分用 A 或 B 开头（A 表示锗管，B 表示硅管），第二部分用 C、D、F、L、S、U 字母表示（C 为低频小功率管，D 为低频大功率管，F 为高频小功率管，L 为高频大功率管，S 为小功率开关管，U 为大功率开关管）；第三部分用 3 位数表示登记序号。如 BC87 表示硅低频小功率三极管。例如，摩托罗拉公司生产的三极管是以 M 开头的。例如，在一个封装内带有两个偏置电阻的 NPN 三极管，其型号为 MUN211T1，相应的 PNP 三极管为 MUN2211T1（型号中 T1 也是该公司的后缀）。

2. 贴片三极管的种类

贴片三极管按极性划分为 NPN 型三极管和 PNP 型三极管，贴片三极管按材料分为硅三极管和锗三极管，按贴片三极管工作频率分为低频三极管和高频三极管，按贴片三极管功率分为小功率三极管、中功率三极管、大功率三极管,按贴片三极管用途分为放大管和开关管。由于贴片三极管分类不同,性能和功能上也有所不同,在贴片三极管实际使用中可根据需要进行适当选择,以满足不同需求。

贴片三极管主要是代码标注法,元件表面的印字有单字母、双字母、多字母、数字等多种标注方式。由印字(代码)查资料得知元件的具体型号,再由型号查资料得知该元件的相关参数值。单从印字上往往看不出晶体管的使用参数。贴片晶体管的印字具有"一代多"的现象,相同的印字可能代表不同的贴片晶体管,而且同一家的产品也可能有"一代多"的现象。

3. 常见贴片式三极管

(1)普通三极管有 3 个电极的,也有 4 个电极的。贴片三极管有 3 个电极的贴片三极管:一般为左基极,右发射极,中间集电极;4 个电极的贴片三极管:其中(往往是中间相对应的)两端子是相通的,从背面可看出直接相连接,多为集电极,兼用于散热,将相连的端子当作一个端子——集电极。实物如图 6.38 所示。

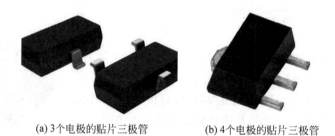

(a)3个电极的贴片三极管   (b)4个电极的贴片三极管

图 6.38　普通贴片式三极管实物

(2)复合三极管:这类贴片式三极管为近年来开发的新型贴片式三极管,它是一个封装中有两个三极管,其电路符号如图 6.39 所示。不同的复合三极管,其内部三极管的连接方式不一样,由于连接方式不够统一,因此在维修和替换时要特别注意,具体的内部连接方式如图 6.40 所示。

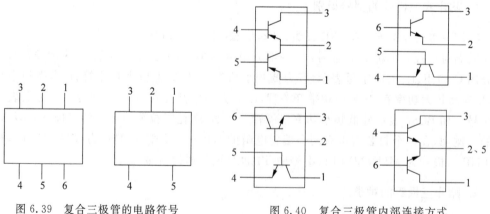

图 6.39　复合三极管的电路符号   图 6.40　复合三极管内部连接方式

（3）贴片式带电阻三极管：在三极管芯片上加一个或两个偏置电阻，这类三极管以日本生产为多。各厂的型号各异，常见贴片式带电阻三极管外形及内部电阻如图 6.41 所示。这类三极管在通信装置中应用最为普遍，可以节省空间。

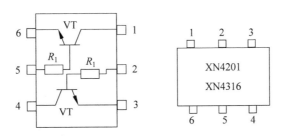

图 6.41 常见带电阻三极管的外形及内部电路

4. 贴片三极管的作用

贴片三极管常用于开关电源电路、高频振荡电路、驱动电路、模数转换电路、脉冲电路及输出电路等。当加在贴片三极管发射结的电压大于 PN 结的导通电压，且贴片三极管基极电流增大到一定程度时，集电极电流将不再随基极电流增大而增大，而是处于一定值附近不再变化。贴片三极管和插件三极管具有同样功能，只不过是三极管的封装不同。贴片三极管在外形上更小、省空间同时免去人工插件。

6.4 达林顿开关三极管（复合管）

达林顿开关三极管是两个三极管串接组合的。其电流放大倍数是两个三极管各自放大倍数的相乘，这个数值往往可以过万。很明显，较之一般开关三极管，达林顿开关三极管的驱动电流甚小，在驱动信号微弱的场合是较好的选择。达林顿开关三极管的缺点就是输出压降较一般开关三极管多了一个量级，它是两个三极管输出压降的相加值。由于第一级三极管功率较小，一般输出压降较大，所以造成达林顿开关三极管是一般开关三极管输出压降 3 倍左右。使用时要特别注意是否产生高温；另外，高放大倍数带来的不良作用就是容易受干扰，在设计线路时也要注意相关的保护措施。在电子学电路设计中，达林顿接法常用于功率放大器和稳压电源中。图 6.42 为达林顿开关三极管的实物图。

图 6.42 达林顿开关三极管实物

参见图 6.43，达林顿开关三极管有 4 种接法，即 NPN＋NPN，PNP＋PNP，NPN＋PNP，PNP＋NPN。

1. 优点

达林顿开关三极管就是两个三极管按照电流流向复合地接在一起，它相比普通三极管

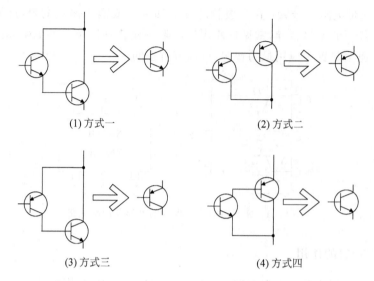

(1) 方式一   (2) 方式二

(3) 方式三   (4) 方式四

图 6.43   达林顿开关三极管 4 种接法的示意图

的优点就是放大倍数高,具体放大倍数等于两个三极管的放大倍数乘积。在功率放大器和作稳压电源时,常常用到达林顿开关三极管。

2. 应用

(1) 用于大功率开关电路、电机调速、逆变电路。

(2) 驱动小型继电器。利用 CMOS 电路经过达林顿开关三极管驱动高灵敏度继电器的电路。

(3) 驱动 LED 智能显示屏。LED 智能显示屏是由微型计算机控制,以 LED 矩阵板作显示的系统,可用来显示各种文字及图案。该系统中的行驱动器和列驱动器均可采用高 β 值、高速低压降的达林顿开关三极管。应注意的是,达林顿开关三极管由于内部由多只管子及电阻组成,用万用表测试时,be 结的正反向阻值与普通三极管不同。对于高速达林顿开关三极管,有些管子的前级 be 结还反并联一只输入二极管,这时测出 be 结正反向电阻阻值很接近,容易误判断为坏管,应引起注意。

6.5   三极管在 Multisim 的应用实例

三极管的放大作用在仿真电路中具有较为广泛的应用。例如:常用的共射极放大电路,用一个三极管来实现。

6.5.1   电路设计

实现放大的功能,首先进行电路原理图设计。为简单起见,采用一个 NPN 型三极管、电阻、电容来实现放大功能。电路如图 6.44 所示。

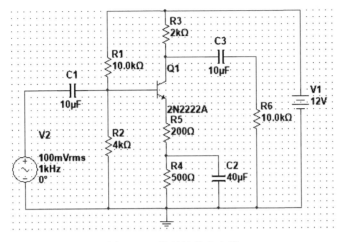

图 6.44 共射极放大电路

6.5.2 在 Multisim 中输入电路图

设计完电路后,需要在 Multisim 中输入电路图。根据图 6.44 所示的原理图进行元件的选择和连接。

在 Multisim 图标中选择单击"放置源"图标。接着参看图 6.45 选择 Transistors 系列中 2N2222A 型号的三极管。

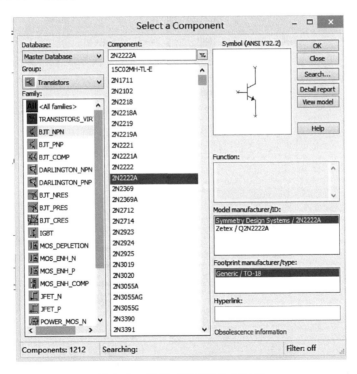

图 6.45 选择三极管器件窗口图

在电路绘制画面中出现三极管图标后，双击该图标，选择如图 6.46 所示的 Edit model 图标。

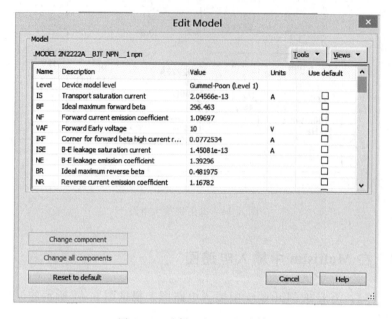

图 6.46　选择 Edit model 图标

在出现的如图 6.47 所示窗口中可以查看三极管的各种参数。

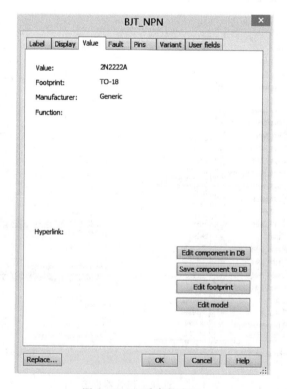

图 6.47　查看参数窗口

6.5.3 在 Multisim 中进行电路功能仿真

在完成输入电路图基础上,下一步添加虚拟示波器。

参照图 6.48 连接示波器的 A、B 通道,单击仿真运行图标,进而在 Multisim 中进行电路功能仿真。

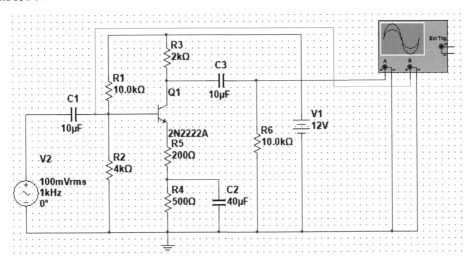

图 6.48 完整仿真测试电路

在电路画布中双击示波器图标,出现图 6.49 所示的仿真结果窗。修改其中 A、B 通道的刻度参数,观察显示结果。可以看到输出的信号电压成功被放大,达到了设计要求。

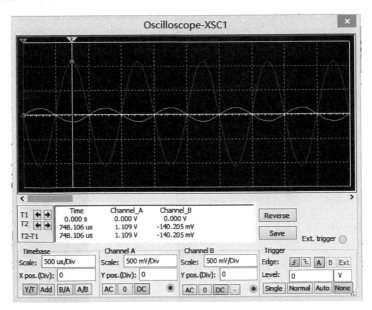

图 6.49 仿真结果图

第7章

场 效 应 管

7.1　概述

场效应晶体管(Field Effect Transistor,FET)简称场效应管。半导体三极管有两大类型,一类是双极型半导体三极管;另一类是场效应半导体三极管。双极型半导体三极管是由两种载流子(故称双极型器件)参与导电的半导体器件,它由两个 PN 结组合而成,是一种CCCS(电流控制的电流源)器件。

场效应半导体三极管仅由一种载流子(故称单极型器件)参与导电,是一种 VCCS(电压控制电流源)器件。场效应管是利用输入电压产生的电场效应来控制输出电流的一种电压控制器件。它因具有输入电阻高($10^7 \sim 10^{15}\ \Omega$)、热稳定性好、噪声小、功耗低、动态范围大、易于集成、没有二次击穿现象、安全工作区域宽、便于集成化等优点而得到广泛应用。

从场效应管的结构来划分,场效应管又分为绝缘栅场效应管和结型场效应管两大类。

目前应用最广泛的绝缘栅场效应管是一种金属氧化物半导体场效应管(Metal Oxide Semiconductor),简称 MOS 管。MOS 管按其工作方式可分为增强型和耗尽型两类。场效应管从参与导电的载流子来划分,分为电子作为载流子的 N 沟道器件和空穴作为载流子的P 沟道器件。

场效应管的具体分类参见图 7.1,实物图参见图 7.2。

图 7.1　场效应管的分类图

图 7.2　直插型场效应管

7.2 场效应管的结构和符号

7.2.1 绝缘栅场效应管

绝缘栅场效应管称为金属-氧化物-半导体场效应管,简称 MOS 管,它的栅极和源极、漏极完全绝缘,所以输入电阻可达 $10^{12}\,\Omega$。这种场效应管是利用半导体表面的电场效应进行工作的,又称为表面场效应器件。

图 7.3 是 N 沟道增强型 MOS 管的结构示意图,用一块 P 型半导体为衬底,在衬底上面的左、右两边制成两个高掺杂浓度的 N 型区,用 N^+ 表示。在这两个 N^+ 区各引出一个电极,分别称为源极(s)和漏极(d)。管子的衬底也引出一个电极 b,称为衬底引线。管子在工作时 b 极通常与 s 极连接。在这两个 N^+ 区之间的 P 型半导体表面做出一层很薄的二氧化硅绝缘层,再在绝缘层上面喷一层金属铝电极,称为栅极(g)。图 7.3(b)是 N 沟道增强型 MOS 管的符号。P 沟道增强型 MOS 管以 N 型半导体为衬底,再制作两个高掺杂浓度的 P^+ 区作为源极 s 和漏极 d,其符号如图 7.3(c)所示,衬底 b 的箭头方向是区别 N 沟道与 P 沟道的标志。

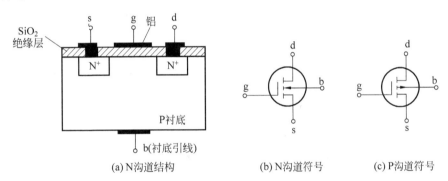

(a) N沟道结构   (b) N沟道符号   (c) P沟道符号

图 7.3 增强型 MOS 管的结构和符号

与双极型晶体管一样,场效应管的电压、电流关系也是用特性曲线来描述的。N 沟道增强型 MOS 管的特性曲线如图 7.4 所示。由于绝缘栅场效应管的栅极电流 $I_G=0$,故没有必要讨论它的输入特性。一般在场效应管中讨论它的输出特性和转移特性。这些特性曲线可用晶体管特性图示仪显示或通过电路来测试。

输出特性是指 u_{GS} 为固定值时,i_D 与 u_{DS} 之间的关系,即

$$i_D = f(u_{DS})\,\big|_{u_{GS}} \tag{7-1}$$

同双极型晶体管一样,可以把图 7.4 所示的整个输出特性曲线分成 3 个区:可变电阻区、恒流区和截止区。

(1) 可变电阻区。图 7.4 中 I 区,该区对应 $u_{GS}>U_T$,u_{DS} 很小,$u_{GD}=u_{GS}-u_{DS}>U_T$ 的情况。该区的特点:若 u_{GS} 不变,i_D 随 u_{DS} 的增大而线性上升,可以看成是一个电阻;若固定不同的 u_{GS} 值,则各条特性曲线直线部分的斜率改变,即阻值发生改变。因此该区是一个受 u_{GS} 控制的可变电阻区,工作在这个区的场效应管相当于一个压控电阻。

(2) 恒流区(亦称饱和区)。图 7.4 中 II 区,该区对应 $u_{GS}>U_T$,u_{DS} 很大,$u_{GD}<U_T$,导电

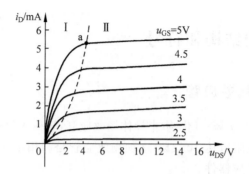

图 7.4　N 沟道增强型 MOS 管的输出特性曲线

沟道中出现夹断区的情况。该区的特点：若 u_{GS} 固定为某个值时，随着 u_{DS} 的增大，i_D 几乎不变，特性曲线近似为水平线，因此称为恒流区，或叫饱和区。

（3）截止区。该区对应于 $u_{GS} \leqslant U_T$ 的情况。该区的特点：由于没有感生沟道，故电流 $i_D \approx 0$，管子处于截止状态。这个区域和横轴几乎重合，图 7.4 中未画出。

图 7.5 所示为 N 沟道增强型 MOS 管的转移特性曲线。转移特性是指 u_{DS} 为固定值时，i_D 与 u_{GS} 之间的关系，即

$$i_D = f(u_{GS}) \mid_{u_{DS}} \tag{7-2}$$

转移特性表示 u_{GS} 对 i_D 的控制作用。转移特性可以通过输出特性曲线获得。

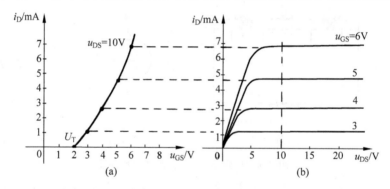

图 7.5　N 沟道增强型 MOS 管的转移特性曲线

在工程计算中，与恒流区相对应的转移特性，可用下式来表示：

$$i_D = K(u_{GS} - U_T)^2 \tag{7-3}$$

式中，K 为常数，由管子结构决定。如果已知转移特性，可通过 U_T 和转移特性曲线上任意一点的 u_{GS} 和 i_D 值估算出 K 值的大小。

N 沟道增强型 MOS 管的主要参数如下。

1）直流参数

（1）开启电压 U_T。它的物理意义是在衬底半导体表面感生出导电沟道所需的栅源电压。但实际上是在规定的 u_{DS} 条件下，增大 u_{GS}，当 i_D 达到规定的数值时所需要的 u_{GS} 值。

（2）直流输入电阻 R_{GS}。R_{GS} 为在 $u_{DS} = 0$ 的条件下，栅极与源极之间加一定直流电压时，栅、源极间的直流电阻。因为栅、源极间有 SiO_2 绝缘层，所以 R_{GS} 的值很大，一般大于 $10^9 \Omega$。

2）交流参数

（1）跨导 g_m（或称互导）。跨导定义为当 u_{DS} 一定时,漏极电流变化量与引起这一变化的栅源电压变化量之比,即

$$g_m = \frac{\partial i_D}{\partial u_{GS}}\bigg|_{u_{DS}=常数} \tag{7-4}$$

所以 g_m 相当于图 7.5 中转移特性曲线的斜率。由于转移特性的非线性,因此 g_m 值随工作点不同而变化,其值在几毫西门子以下($1mS=1mA/V$）。g_m 反映了场效应管的放大能力。它可以用类似于求 β 时的作图法从输出特性曲线上求出,或根据转移特性表达式求导数而得到。

（2）极间电容。场效应管的电极之间存在着极间电容:栅、源极间电容 C_{gs} 和栅、漏极间电容 C_{gd},它们是影响高频性能的交流参数,应越小越好。一般管子极间电容为几皮法。

3）极限参数

（1）漏极最大允许电流 I_{DM}。I_{DM} 是指场效应管工作时允许的最大漏极电流。

（2）漏极最大耗散功率 P_{DM}。P_{DM} 是管子允许的最大耗散功率,相当于双极型三极管的 P_{CM},根据这个参数也可以在输出特性曲线上画出功率损耗曲线。

（3）栅、源极间击穿电压 $U_{(BR)GS}$。是指在 $u_{DS}=0V$ 时,栅、源极间绝缘层发生击穿,产生很大的短路电流所需的 u_{GS} 值。击穿将会损坏管子。

（4）漏、源极间击穿电压 $U_{(BR)DS}$。是指在 u_{DS} 增大时,使 i_D 开始急剧增大时的 u_{DS} 值。此时,不仅感生沟道中的电子参与导电,空间电荷区（即 PN 结）也发生击穿,故使电流增大,如图 7.6 所示。

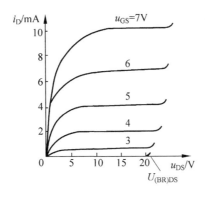

图 7.6　$U_{(BR)DS}$ 的图示

N 沟道耗尽型绝缘栅场效应管的结构示意图如图 7.7(a)所示,符号如图 7.7(b)所示。绝缘栅场效应管具有制作工艺简单等优点,因此在大规模集成电路中得到广泛的应用。

7.2.2　结型场效应管

结型场效应管可以用 JFET(Junction Field Effect Transistor)来表示。这种场效应管与 MOS 管的结构和工作原理略有不同。图 7.8(a)是 N 沟道结型场效应管的结构示意图。它是在一块 N 型半导体的两边制作高掺杂浓度的 P^+ 区,形成两个 PN 结,彼此相连作为栅极。其电路图参见图 7.8(b)。

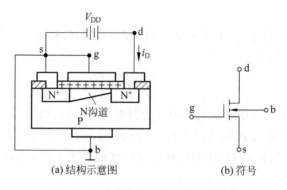

(a) 结构示意图　　　　　　　　　(b) 符号

图 7.7　N 沟道耗尽型绝缘栅场效应管

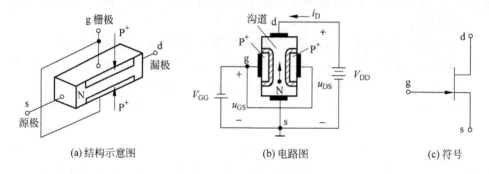

(a) 结构示意图　　　　　　　　(b) 电路图　　　　　　　　(c) 符号

图 7.8　N 沟道结型场效应管

在 N 型半导体的两端各引出一个电极作为源极和漏极。两个 P^+ 区中间为 N 型半导体,加上正向 u_{DS} 电压就有电流流过,故称为 N 沟道。图 7.8(c)是 N 沟道结型场效应管的符号,栅极箭头指向源极的是 N 沟道,反之为 P 沟道。

图 7.9 为 N 沟道结型场效应管的特性曲线。

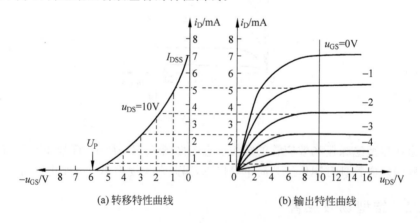

(a) 转移特性曲线　　　　　　　　(b) 输出特性曲线

图 7.9　N 沟道结型场效应管的特性曲线

结型场效应管的主要参数和耗尽型 MOS 管一样,此处不再赘述。

与 N 沟道的各种场效应管对应的 P 沟道的管子,除了在结构上各部分半导体的类型相反,外电路所加的 u_{GS}、u_{DS} 的极性相反之外,在特性与工作原理方面和 N 沟道管子是相同的,只是电流、电压的方向相反。表 7.1 列出了 4 种 MOS 场效应管以及 2 种结型场效应管的符号、输出特性和转移特性曲线。

表 7.1　4 种 MOS 场效应管以及 2 种结型场效应管的符号、输出特性和转移特性曲线

结构种类	工作方式	符　　号	转移特性曲线	输出特性曲线
绝缘栅（MOSFET）N 沟道	耗尽型	d g b s	i_D U_P O u_{GS}	i_D $+2$ $u_{GS}=0V$ -2 -4 O u_{DS}
	增强型	d g b s	i_D U_T O u_{GS}	i_D $u_{GS}=6V$ 5 4 3 O u_{DS}
绝缘栅（MOSFET）P 沟道	耗尽型	d g b s	i_D U_P O u_{GS}	$-i_D$ -1 $u_{GS}=0V$ $+1$ $+2$ O $-u_{DS}$
	增强型	d g b s	U_T i_D O u_{GS}	$-i_D$ $u_{GS}=-6V$ -5 -4 -3 O $-u_{DS}$
结型（JFET）P 沟道	耗尽型	d g s	i_D U_P O u_{GS}	$-i_D$ $u_{GS}=0V$ $+1$ $+2$ $+3$ O $-u_{DS}$
结型（JFET）N 沟道	耗尽型	d g s	i_D U_P O u_{GS}	i_D $u_{GS}=0V$ -1 -2 -3 O u_{DS}

注：流入漏极的 i_D 方向为 i_D 的正方向。

7.2.3　VMOS 场效应管

为了适合大功率运行,于 20 世纪 70 年代末研制出了具有垂直沟道的绝缘栅场效应管,即 VMOS 管。

VMOS 管是继 MOSFET 之后新发展起来的高效、功率开关器件。它不仅继承了 MOS 场效应管输入阻抗高、驱动电流小(0.1μA 左右)的优点,还具有耐压高(最高可耐压 1200V)、工作电流大(1.5～100A)、输出功率高(1～250W)、跨导的线性好、开关速度快等优良特性。正是由于它将电子管与功率晶体管的优点集于一身,因此在电压放大器(电压放大倍数可达数千倍)、功率放大器、开关电源和逆变器中正获得广泛应用。

传统的 MOS 场效应管的栅极、源极和漏极大致处于同一水平面的芯片上,其工作电流基本上是沿水平方向流动。如图 7.10 所示,VMOS 管具有两大结构特点:①金属栅极采用 V 形槽结构;②具有垂直导电性。由于漏极是从芯片的背面引出,所以 i_D 不是沿芯片水平流动,而是自重掺杂 N$^+$ 区(源极 S)出发,经过 P 沟道流入轻掺杂 N$^-$ 漂移区,最后垂直向下到达漏极 D。

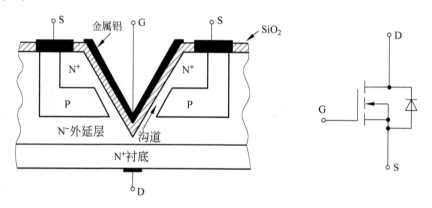

图 7.10　VMOS 管的结构剖面图以及电路符号

电流方向如图中箭头所示,因为流通截面积增大,所以能通过大电流。由于在栅极与芯片之间有二氧化硅绝缘层,因此它仍属于绝缘栅型 MOS 场效应管。

垂直 MOS 场效应晶体管(VMOSFET)的沟道长度是由外延层的厚度来控制的,因此适合于 MOS 器件的短沟道化,从而提高器件的高频性能和工作速度。但在栅氧化过程和退火处理过程中,由于源极和漏极的杂质(硼)扩散作用,使得短沟道化受到限制。据报道,垂直 P 沟道 MOSFET 最短沟道长度为 0.25μm。SiGeC 的引入能俘获氧化过程和退火处理过程中产生的硅自间隙原子,有效抑制了硼的瞬态加强扩散(TED)和氧化加强扩散(OED),因而在源区和漏区引入 SiGeC 层,抑制硼的外扩散,可以得到更短的沟道器件。沟道长度定义为两层 P$^+$ Si 薄膜之间的厚度。由于较高的沟道掺杂浓度(2.5×10^{18} cm^{-3}),亚阈值斜率相对较大,为 190mV/(°),器件沟道的加长和沟道掺杂浓度的降低都能降低亚阈值斜率。为了更好地了解这种器件的适用范围,Min Yang 等人制备了沟道长度为 25nm 的 PMOSFET,发现这些器件开始出现穿通现象。但是在线性区栅电压仍能控制漏电流。研究指出,在源区采用窄能带材料能抑制图形漂移作用,但对于上述低漏电压的 P 沟道器件(相对低的雪崩系数),这种抑制作用有待进一步的研究。采用栅区完全包围沟道的结构,将能提高亚阈值斜率和抑制短沟道效应,器件的性能也将进一步提高。

VMOS 管以 N^+ 型硅构成漏极区;在 N^+ 上外延一层低浓度的 N^- 型硅;通过光刻、扩散工艺,在外延层上制作出 P 型衬底(相当于 MOS 管 B 区)和 N^+ 型源极区;利用光刻法沿垂直方向刻出一个 V 形槽,并在 V 形槽表面生成一层 SiO_2 绝缘层并覆盖一层金属铝,作为栅极。当 $u_{GS} > U_T$ 时,在 V 形槽下面形成导电沟道。这时只要 $u_{DS} > 0$,就有 i_D 电流产生。显见,VMOS 管的电流流向不是沿着表面横向流动,而是垂直表面的纵向流动。

由于 VMOS 管独特的结构设计,使得它具有以下优点:u_{GS} 控制沟道的厚度。导电沟道为在 P 型衬底区打开了漏极到源极的电子导电通道,使电流 i_D 流通。当 u_{DS} 增大到饱和状态后,这一通道与 u_{DS} 关系很小,即沟道调制效应极小,恒流特性非常好。

在恒流区,当 u_{GS} 较小时,i_D 随 u_{GS} 的升高呈平方律增长,与一般的 MOS 管相同。当 u_{GS} 增大到某一数值后,其导电沟道不再为楔形,而近于矩形,且矩形的高度随 u_{GS} 线性增加,故转移特性也为线性增加。

VMOS 管的漏区面积大,散热面积大(它的外形与三端稳压器相似,便于安装散热器),沟道长度可以做得比较短,而且利用集成工艺将多个沟道并联,所以允许流过的漏极电流 i_D 很大(可达 200A),其最大耗散功率 P_C 可达数百瓦,甚至上千瓦。轻掺杂的外延层电场强度低、电阻率高,VMOS 管所能承受的反压可达上千伏。金属栅极与低掺杂外延层相覆盖的部分很小,所以栅、漏极之间的电容很小,因而 VMOS 管的工作速度很快(其开关时间只有数十纳秒),允许的工作频率可高达数十兆赫兹。VMOS 管的上述性能使 MOS 管不仅跨入了功率器件的行列,而且在计算机接口、通信、微波、雷达等方面获得了广泛的应用。

7.3 场效应管的参数和使用特点

7.3.1 场效应管的参数

1. 直流参数

(1) 饱和漏极电流 I_{DSS}。I_{DSS} 是耗尽型或结型场效应管的一个重要参数,是指结型或耗尽型绝缘栅场效应管中,当栅、源之间的电压 U_{GS} 等于零,而漏、源之间的电压 U_{DS} 大于夹断电压 U_P 时对应的漏极电流。

(2) 夹断电压 U_P。U_P 也是耗尽型和结型场效应管的重要参数,是漏、源极之间刚截止时的栅极电压。其定义为当 U_{DS} 一定时,使 I_D 减小到某一个微小电流(如 $1\mu A$,$50\mu A$)时所需的 U_{GS} 值。

(3) 开启电压 U_T。U_T 是增强型场效应管的重要参数,是漏、源极之间刚导通时的栅极电压。它的定义是当 U_{DS} 一定时,漏极电流 I_D 到达某一数值(例如 $10\mu A$)时所需加的 U_{GS} 值。

2. 交流参数

交流参数可分为输入电阻、输出电阻和低频互导 3 个参数。

(1) 输入电阻 R_{GS}。R_{GS} 是栅、源极之间所加电压与产生的栅极电流之比,由于栅极几乎不索取电流,因此输入电阻很大,结型场效应管为 $10^6\,\Omega$ 以上,MOS 管可超过 $10^{10}\,\Omega$。

(2) 输出电阻一般在几十千欧到几百千欧之间,而低频互导一般为十分之几至几毫西,特殊的可达 100mS,甚至更高。

(3) 低频跨导 g_m。是描述栅、源电压对漏极电流的控制作用,即 i_D 的变化量和引起该变化的 U_{GS} 的变化量之比,即 $g_m = \Delta i_D / \Delta U_{GS}$,该值越大越好。$g_m$ 是衡量场效应管放大能力的重要参数。

3. 极限参数

(1) 最大漏极电流,是指管子正常工作时漏极电流允许的上限值,是一项极限参数,是指场效应管正常工作时,漏、源极之间所允许通过的最大电流。场效应管的工作电流不应超过 I_{DSM}。

(2) 最大耗散功率,是指场效应管性能不变坏时所允许的最大漏源耗散功率。使用时,场效应管实际功耗应小于 P_{DSM} 并留有一定余量。

(3) 最大漏源电压,是指栅源电压 U_{GS} 一定时,场效应管正常工作所能承受的最大漏源电压。这是一项极限参数,加在场效应管上的工作电压必须小于 U_{DS}。

(4) 最大栅源电压,是指栅源间反向电流开始急剧增加时的电压值。结型场效应管正常工作时,栅、源极之间的 PN 结处于反向偏置状态,若电流过高,则产生击穿现象。

除以上参数外,还有极间电容、高频参数等其他参数。

7.3.2　场效应管的使用特点

1. 场效应管的用途

场效应管与三极管一样存在极限参数,使用时不要超过击穿电压和最大耗散功率等极限值。

由于 MOS 管的栅极与其他极之间是绝缘的,直流输入电阻极高,所以,在栅极电容上感应的电荷不易放掉,外界静电感应很容易在栅极上产生很高的电压,从而导致管子击穿。因此,使用时应注意:在接入电路时,栅、源极之间必须保证有直流电路(通常在栅、源极之间加反向二极管或稳压管);存放时,3 个电极应短接;焊接时,电烙铁外壳必须接地。

(1) 场效应管可应用于放大。由于场效应管放大器的输入阻抗很高,因此耦合电容较小,不必使用电解质电容器。

(2) 场效应管很高的输入阻抗非常适合作阻抗变换,常用于多级放大器的输入级作阻抗变换。

(3) 场效应管可以用作可变电阻。

(4) 场效应管可以方便地用作恒流源。

(5) 场效应管可以用作电子开关。

2. MOS 场效应晶体管使用注意事项

MOS 场效应晶体管在使用时应注意分类,不能随意互换。MOS 场效应晶体管由于输入阻抗高(包括 MOS 集成电路),极易被静电击穿,使用时应注意以下规则:

(1) MOS 器件出厂时通常装在黑色的导电泡沫塑料袋中,切勿自行随便拿一个塑料袋装。可用细铜线把各个引脚连接在一起,或用锡纸包装。

(2) 取出的 MOS 器件不能在塑料板上滑动,应用金属盘来盛放待用器件。

(3) 焊接用的电烙铁必须良好接地。

(4) 在焊接前应把电路板的电源线与地线短接,MOS 器件焊接完成后再分开。

(5) MOS 器件各引脚的焊接顺序是漏极、源极、栅极。拆机时顺序相反。

(6) 电路板在装机之前,要用接地的线夹子去碰一下机器的各接线端子,再把电路板接上去。

(7) MOS 场效应晶体管的栅极在允许条件下,最好接入保护二极管。在检修电路时应注意查证原有的保护二极管是否损坏。

3. 场效应管与三极管的性能比较

(1) 场效应管的源极 s、栅极 g、漏极 d 分别对应于三极管的发射极 e、基极 b、集电极 c,它们的作用相似。

(2) 场效应管是电压控制电流器件,由 u_{GS} 控制 i_D,其放大系数一般较小,因此场效应管的放大能力较差;三极管是电流控制电流器件,由 i_B(或 i_E)控制 i_C。

(3) 场效应管栅极几乎不取电流,而三极管工作时基极总要吸取一定的电流,因此场效应管的输入电阻比三极管的输入电阻高。

(4) 场效应管只有多子参与导电,三极管有多子和少子两种载流子参与导电。因少子浓度受温度、辐射等因素影响较大,所以场效应管比三极管的温度稳定性好、抗辐射能力强。在环境条件(温度等)变化很大的情况下应选用场效应管。

(5) 场效应管在源极未与衬底连在一起时,源极和漏极可以互换使用,且特性变化不大;而三极管的集电极与发射极互换使用时,其特性差异很大,β 值将减小很多。

(6) 场效应管的噪声系数很小,在低噪声放大电路的输入级及要求信噪比较高的电路中要选用场效应管。

(7) 场效应管和三极管均可组成各种放大电路和开关电路,但由于前者制造工艺简单,且具有耗电少、热稳定性好、工作电源电压范围宽等优点,因而被广泛用于大规模和超大规模集成电路中。

7.3.3　场效应管放大器应用

在场效应管放大电路中,直流偏置电路常采用自偏压电路(仅适合于耗尽型场效应管)和分压式自偏压电路。场效应管共源极及共漏极放大电路分别与三极管共射极及共集电极放大电路相对应,但比三极管放大电路输入电阻高、噪声系数低、电压放大倍数小。

场效应管与三极管一样,在组成放大器时须建立合适的静态工作点。因场效应管是电压控制型器件,需要合适的栅极偏置电压。通常的偏置电路有 3 种。

(1) 固定偏置电路。如图 7.11 所示,栅偏压 $U_{GS}=E_G$。

(2) 自给偏压电路。如图 7.12 所示,栅偏压 $U_{GS}=-i_D R_S$。适用于结型场效应管和耗尽型绝缘栅场效应管。因增强型绝缘栅场效应管只有 $U_{GS}>U_T$ 后才有 i_D,故不能采用自给偏压电路。

（3）分压式偏置电路。如图 7.13 所示，适用于结型场效应管和绝缘栅场效应管，是最常用的偏置电路。栅偏压为 $U_{GS} = U_G - I_D R_S = \dfrac{R_{G2} E_D}{R_{G2} + R_{G1}} - I_D R_S$。

场效应管在放大器的应用与三极管相似，它也有 3 种接法，即共源极接法、共栅极接法和共漏极接法。

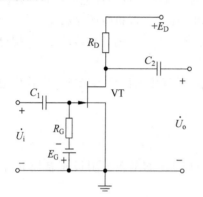

图 7.11　固定偏置电路

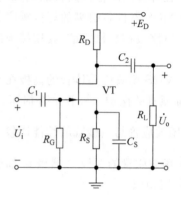

图 7.12　自给偏压电路

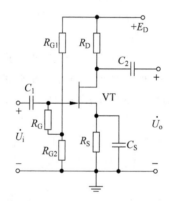

图 7.13　分压式偏置电路

7.3.4　场效应管的检测

1. 结型场效应管的检测

1）用测电阻法判别结型场效应管的电极

场效应管的栅极相当于晶体管的基极，源极和漏极分别对应于晶体管的发射极和集电极。根据场效应管的 PN 结正、反向电阻值不一样的现象，可以判别出结型场效应管的三个电极。

具体方法：将万用表置于 R×1k 挡上，任选两个电极，分别测出其正、反向电阻值。当某两个电极的正、反向电阻值相等，且为几千欧姆时，则该两个电极分别是漏极 d 和源极 s。因为对结型场效应管而言，漏极和源极可互换，剩下的电极肯定是栅极 g。对于有 4 个引脚的结型场效应管，另外一极是屏蔽极（使用中接地）。

也可以将万用表的黑表笔（或红表笔）任意接触一个电极，另一只表笔依次去接触其余的两个电极,测其电阻值。

当出现两次测得的电阻值近似相等时,则黑表笔所接触的电极为栅极,其余两电极分别为漏极和源极。制造工艺决定了场效应管的源极和漏极是对称的,可以互换使用,并不影响电路的正常工作,所以不必加以区分。源极与漏极间的电阻为几千欧。

若两次测出的电阻值均很大,说明是反向 PN 结,即都是反向电阻,可以判定是 N 沟道场效应管,且黑表笔接的是栅极;若两次测出的电阻值均很小,说明是正向 PN 结,即是正向电阻,判定为 P 沟道场效应管,黑表笔接的也是栅极。若不出现上述情况,可以调换黑、红表笔按上述方法进行测试,直到判别出栅极为止。

注意,不能用此法判定绝缘栅场效应管的栅极。因为这种管子的输入电阻极高,栅、源之间的极间电容又很小,测量时只要有少量的电荷,就可在极间电容上形成很高的电压,容易将管子损坏。

2)用测电阻法判别场效应管的好坏

测电阻法是用万用表测量场效应管的源极与漏极、栅极与源极、栅极与漏极、栅极 g_1 与栅极 g_2 之间的电阻值同场效应管手册标明的电阻值是否相符去判别管子的好坏。

具体方法:首先将万用表置于 R×10 或 R×100 挡,测量源极 s 与漏极 d 之间的电阻,通常在几十欧到几千欧范围(各种不同型号的管,其电阻值是各不相同的),如果测得阻值大于正常值,可能是由于内部接触不良;如果测得阻值是无穷大,可能是内部断极。然后把万用表置于 R×10k 挡,再测栅极 g_1 与 g_2 之间、栅极与源极、栅极与漏极之间的电阻值,当测得其各项电阻值均为无穷大,则说明管子是正常的。

若测得上述各阻值太小或为通路,则说明管子是坏的。若两个栅极在管内断极,可用元件替换法进行检测。

3)用感应信号输入法估测场效应管的放大能力

具体方法:用万用表电阻的 R×100 挡,红表笔接源极 s,黑表笔接漏极 d,给场效应管加上 1.5V 的电源电压,此时表针指示出的是漏、源极之间的电阻值。然后用手捏住结型场效应管的栅极 g,将人体的感应电压信号加到栅极上。这样,由于管子的放大作用,漏源电压 U_{DS} 和漏极电流 i_D 都要发生变化,也就是漏、源极之间电阻发生了变化,由此可以观察到表针有较大幅度的摆动。如果手捏栅极表针摆动较小,说明管子的放大能力较差;表针摆动较大,表明管子的放大能力大;表针不动,说明管子是坏的。

例如:根据上述方法,用万用表的 R×100 挡测结型场效应管 3DJ2F。先将管子的 g 极开路,测得漏源电阻 R_{DS} 为 600Ω,用手捏住 g 极后,表针向左摆动,指示的电阻 R_{DS} 为 12kΩ,表针摆动的幅度较大,说明该管子是好的,并有较大的放大能力。

运用这种方法时要说明几点。

(1) 在测试场效应管用手捏住栅极时,万用表针可能向右摆动(电阻值减小),也可能向左摆动(电阻值增加)。这是由于人体感应的 50Hz 交流电压较高,而不同的场效应管用电阻挡测量时的工作点可能不同(或者工作在饱和区或者在不饱和区)所致,因此用手捏栅极时表针可能向右摆动,也可能向左摆动。试验表明,多数管的 R_{DS} 增大,即表针向左摆动;少数管的 R_{DS} 减小,使表针向右摆动。但无论表针摆动方向如何,只要表针摆动幅度较大,就说明管有较大的放大能力。

(2) 此方法对 MOS 场效应管也适用。但要注意,MOS 场效应管的输入电阻高,栅极 g

允许的感应电压不应过高,所以为了保护 MOS 场效应管不要直接用手去捏栅极,必须用手握螺丝刀的绝缘柄,用金属杆去碰触栅极,以防止人体感应电荷直接加到栅极,引起栅极击穿,将管子损坏。

(3) 每次测量完毕,应当将 g-s 极间短路一下。这是因为 g-s 结电容上会充有少量电荷,建立起 U_{GS} 电压,再进行测量时表针可能不动,因此必须将 g-s 极间电荷短路放掉。

4) 用测电阻法判别无标志的场效应管

首先用测量电阻的方法找出两个有电阻值的引脚,也就是源极 s 和漏极 d,余下两个脚为第一栅极 g_1 和第二栅极 g_2。把先用两表笔测的源极 s 与漏极 d 之间的电阻值记下来,对调表笔再测量一次,把其测得电阻值记下来,两次测得阻值较大的一次,黑表笔所接的电极为漏极 d,红表笔所接的为源极 s。用这种方法判别出来的 s、d 极,还可以用估测管子放大能力的方法进行验证,即放大能力大的黑表笔所接的是 d 极,红表笔所接的是 s 极,两种方法检测结果均应一样。当确定了漏极 d、源极 s 的位置后,按 d、s 的对应位置装入电路,一般 g_1、g_2 也会依次对准位置,这就确定了两个栅极 g_1、g_2 的位置,从而就确定了 d、s、g_1、g_2 引脚的顺序。

5) 用测反向电阻值的变化判断跨导的大小

对 N 沟道增强型场效应管测量跨导性能时,可用红表笔接源极 s、黑表笔接漏极 d,这就相当于在源、漏极之间加了一个反向电压。此时栅极是开路的,管子的反向电阻值很不稳定。将万用表的欧姆挡选在 R×10k 的高阻挡,此时表内电压较高。当用手接触栅极 g 时,会发现管子的反向电阻值有明显的变化,其变化越大,说明管子的跨导值越高;如果被测管子的跨导很小,用此法测时,反向阻值变化不大。

2. MOS 场效应管的检测以及注意事项

1) MOS 场效应管的检测方法

(1) 准备工作:测量之前,先把人体对地短路后,才能摸触 MOSFET 的引脚。最好在手腕上接一条导线与大地连通,使人体与大地保持等电位。再把引脚分开,然后拆掉导线。

(2) 判定电极:将万用表置于 R×100 挡,首先确定栅极。若某脚与其他脚的电阻都是无穷大,证明此脚就是栅极 g。

交换表笔重新测量,s-d 之间的电阻值应为几百至几千欧,其中阻值较小的那一次,黑表笔接的为 d 极,红表笔接的是 s 极。日本生产的 3SK 系列产品,s 极与管壳接通,据此很容易确定 s 极。

(3) 检查放大能力(跨导):将 g 极悬空,黑表笔接 d 极,红表笔接 s 极,然后用手指触摸 g 极,表针应有较大的偏转。双栅 MOS 场效应管有两个栅极 g_1、g_2。可用手分别触摸 g_1、g_2 极,其中表针向左侧偏转幅度较大的为 g_2 极。目前有的 MOSFET 管在 g-s 极间增加了保护二极管,平时就不需要再把各引脚短路了。

2) 场效应管的使用注意事项

(1) 为了安全使用场效应管,在线路的设计中不能超过管子的耗散功率、最大漏源电压、最大栅源电压和最大电流等参数。

(2) 各类型场效应管在使用时,都要严格按要求的偏置接入电路中,要遵守场效应管偏置的极性。如结型场效应管栅源漏之间是 PN 结,N 沟道管栅极不能加正偏压;P 沟道管栅极不能加负偏压等。

（3）MOS 场效应管由于输入阻抗极高，所以在运输、贮存中必须将引出脚短路，要用金属屏蔽包装，以防止外来感应电势将栅极击穿。尤其要注意，不能将 MOS 场效应管放入塑料盒子内，保存时最好放在金属盒内，同时也要注意管子的防潮。

（4）为了防止场效应管栅极感应击穿，要求一切测试仪器、工作台、电烙铁、线路本身都必须有良好的接地；引脚在焊接时，先焊源极；在连入电路之前，管的全部引线端保持互相短接状态，焊接完后才把短接材料去掉；从元器件架上取下管时，应以适当的方式确保人体接地，如采用接地环等；当然，如果能采用先进的气热型电烙铁，焊接场效应管是比较方便的，并且确保安全；在未关断电源时，绝对不可以把管子插入电路或从电路中拔出。以上安全措施在使用场效应管时必须注意。

（5）在安装场效应管时，注意安装的位置要尽量避免靠近发热元件；为了防止管件振动，有必要将管壳体紧固起来；引脚引线在弯曲时，应当在大于根部尺寸 5mm 处进行，以防止弯断引脚和引起漏气等。对于功率型场效应管，要有良好的散热条件。因为功率型场效应管在高负荷条件下运用，必须设计足够的散热器，确保壳体温度不超过额定值，使器件长期稳定可靠地工作。

总之，确保场效应管安全使用，要注意的事项多种多样，采取的安全措施也是各种各样，广大的专业技术人员，特别是广大的电子爱好者，都要根据自己的实际情况，采取切实可行的办法，安全有效地用好场效应管。

3. VMOS 场效应管的检测方法

VMOS 场效应管（VMOSFET）简称 VMOS 管或功率场效应管，其全称为 V 型槽 MOS 场效应管。

国内生产 VMOS 场效应管的主要厂家有 877 厂、天津半导体器件四厂、杭州电子管厂等，典型产品有 VN401、VN672、VMPT2 等。

具体检测方法如下。

（1）判定栅极 g。将万用表置于 R×1k 挡，分别测量三个引脚之间的电阻。若发现某脚与其他两脚的电阻均呈无穷大，并且交换表笔后仍为无穷大，则证明此脚为 g 极，因为它和另外两个引脚是绝缘的。

（2）判定源极 s、漏极 d。在源、漏极之间有一个 PN 结，因此根据 PN 结正、反向电阻存在差异，可识别 s 极与 d 极。用交换表笔法测两次电阻，其中电阻值较低（一般为几千至十几千欧）的一次为正向电阻，此时黑表笔接的是 s 极，红表笔接 d 极。

（3）测量漏-源通态电阻 $R_{DS}(on)$。将 g-s 极短路，选择万用表的 R×1 挡，黑表笔接 s 极，红表笔接 d 极，阻值应为几至十几欧。由于测试条件不同，测出的 $R_{DS}(on)$ 值比手册中给出的典型值要高一些。例如：用 500 型万用表 R×1 挡实测一只 IRFPC50 型 VMOS 管，$R_{DS}(on)=3.2\Omega$，大于 0.58Ω（典型值）。

（4）检查跨导。将万用表置于 R×1k（或 R×100）挡，红表笔接 s 极，黑表笔接 d 极，手持螺丝刀去碰触栅极，表针应有明显偏转，偏转越大，管子的跨导越高。

注意事项：

（1）VMOS 管也分为 N 沟道管与 P 沟道管，但绝大多数产品属于 N 沟道管。对于 P

沟道管,测量时应交换表笔的位置。

(2) 有少数 VMOS 管在 g-s 之间并有保护二极管,本检测方法中的(1)、(2)项不再适用。

(3) 目前市场上还有一种 VMOS 管功率模块,专供交流电机调速器、逆变器使用。例如,美国 IR 公司生产的 IRFT001 型模块,内部有 N 沟道、P 沟道管各三只,构成三相桥式结构。

(4) 现在市售 VNF 系列(N 沟道)产品,是美国 Supertex 公司生产的超高频功率场效应管,其最高工作频率 $f_p = 120\mathrm{MHz}$,$I_{DSM} = 1\mathrm{A}$,$P_{DM} = 30\mathrm{W}$,共源小信号低频跨导 $g_m = 2000\mu\mathrm{S}$,适用于高速开关电路和广播、通信设备中。

(5) 使用 VMOS 管时必须加合适的散热器,以 VNF306 为例,该管子加装 140mm×140mm×4mm 的散热器后,最大功率才能达到 30W。

(6) 多管并联后,由于极间电容和分布电容相应增加,使放大器的高频特性变坏,通过反馈容易引起放大器的高频寄生振荡。为此,并联复合管的管子一般不超过 4 个,而且在每管子基极或栅极上串接防寄生振荡电阻。

7.4 场效应管在 Multisim 的应用实例

场效应管通常可应用于放大电路。例如,用 N 沟道增强型场效应管构建放大电路。场效应管放大电路与晶体管放大电路类似,只是前者的输入电阻较高而电压放大倍数较小。

7.4.1 电路设计

实现上述功能,首先进行电路设计。选择一个 N 型 MOS 管、若干电容与电阻进行电路的搭建。电路图如图 7.14 所示。

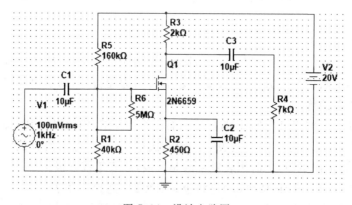

图 7.14 设计电路图

7.4.2 在 Multisim 中输入电路图

设计完电路后,需要在 Multisim 中输入电路图。

参看图 7.15,在 Multisim 图标中选择单击"放置源"图标,然后选择 Transistors 系列中的 MOS_ENH_N,选择相应的场效应管。

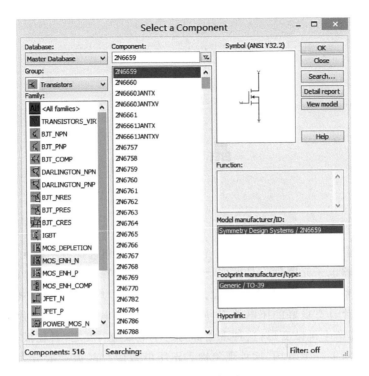

图 7.15 选择器件图

7.4.3 在 Multisim 中进行电路功能仿真

在输入电路图基础上,添加虚拟示波器,连接示波器的 A、B 通道后,即可以在 Multisim 中进行电路功能仿真。仿真结果见图 7.16。

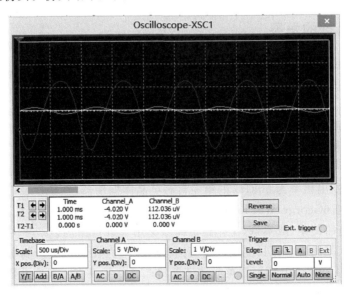

图 7.16 仿真结果图

观察仿真结果,实现对信号的放大,达到设计要求。

第8章

晶　振

晶振是石英晶体振荡器的简称,是一种用于稳定频率和选择频率的元器件,是高精度和高稳定度的振荡器电子元器件。晶振广泛应用于彩电、计算机、遥控器等振荡电路中,在通信系统中用于频率发生器,为数据处理设备产生时钟信号,并为特定系统提供基准信号。

由于石英晶片具有良好的压电效应,所以能用于振荡电路。若在晶片的两个极板间加一电场,会使晶体产生机械变形,这种现象称为逆压电效应;反之,若在极板间施加机械力,又会在相应的方向上产生电场,这种现象称为正压电效应。晶振一般分为无源晶振和有源晶振两种类型。

本章主要介绍晶振的发展和趋势;电路符号、参数、型号及命名、识别方法、特点及检测;有源晶振的外形引脚、主要参数、种类和检测。

8.1　晶振简述

8.1.1　晶振的发展

石英晶体谐振器具有优良的频率稳定性,LC 或 RC 元器件振荡器的频率稳定度仅能达到 $10^{-2}\sim10^{-3}$,对于要求频率稳定性高的电子产品,晶振是其最好的选择,这也促进了晶振的发展。

晶振经历了漫长的发展时期,1880 年皮埃尔·居里(Pierre Curie)发现石英晶体具有压电效应;1894 年福克特(W. Voigt)更严谨地测定出晶体结构和压电性的关系;1905—1909年意大利人乔治·史佩兹(George Spezi)成功地以高压釜培育出人工水晶;1921 年一个英国科学家成功研制出频率为 50kHz 的第一台石英晶体振荡器,其频率稳定度数量级达到了 10^{-5};乔治皮尔斯(George W. Pierce,1872—1956)发明了皮尔斯晶体振荡器,是一种电子振荡电路,因其电路简单、成本低、工作稳定而广泛用于进行振荡以产生时钟信号;1934 年日本科学家古贺、德国科学家贝克曼以及英国科学家莱克在同一年研制了具有零温度系数和三次频温曲线的 AT、BT 切型石英晶体谐振器;1940 年具有小温度系数的晶振也成功研制;1956 年模拟温补晶体振荡器(TCXO)成功问世,温度变化时,能够利用热敏电阻的阻值和晶体等效串联电容容值相应变化,来抵消或削减振荡频率的温度漂移;1970 年研制了贴片式晶振,开始了小型化、片式化的发展趋势,促进了微电子技术发展;1975 年研制了应力补偿特性的 SC 切型温补谐振器；1976 年数字化的发展，促使数字温补晶振（DTCXO）和微机温补晶振（MTCXO）研发成功；1980 年至今，计算机、智能手机和精密仪器等一系列电子产品兴起，晶振技术也越来越成熟。

晶振种类繁多，被应用于各行各业，因而对晶振的要求也越来越多。晶振在促进各行业蓬勃发展的同时也促进了自身的发展，各种类型的晶振逐渐被研发出来。未来社会中仪器越来越精密，对晶振的要求也会越来越高，驱使晶振朝着高稳定化、微型化、低功耗化、环保化发展。

8.1.2　晶振的发展趋势

晶振的发展方向，不再仅仅局限于晶振种类的多样化和市场需求量等方面，而是产品技术创新方面。随着计算机、智能手机、智能机器人等各种电子产业的高速发展，这就促使晶振向小型化、薄片化、高稳定度化、高精度化、低噪化、高频化、低功耗、启动快以及绿色环保的方向发展。

1. 小型化、薄片化

现今各种电子产品开始朝着轻巧便携方向发展，这就促使其内部的电子元器件向小型化、薄片化发展。石英晶振的封装正在由传统的裸金属外壳向覆塑料金属和陶瓷封装转变。温补晶振器件的体积已经比原来大大缩小。温补晶振采用了表面贴装器件（SMD）封装，使其厚度小于 2mm。

2. 高稳定度、高精度

目前在无补偿的情况下，普通晶振（SPXO）可以达到 ±25ppm 的精度水平；压控温补晶振（VT-TCXO）频率稳定度可达 ±0.5ppm。

3. 低噪声、高频化

相位噪声是表征振荡器频率颤抖的一个重要参数，频率颤抖是不允许在卫星导航系统中发生的。卫星导航系统的高要求，促进了恒温晶振相位噪声性能的改善。目前，除了压控晶振以外的晶振的最高输出频率普遍低于 200MHz，提高压控晶振振荡频率主要依靠压控 SAW 振荡器（VCSO）。

4. 低功耗、快速启动

一个完整的电子产品由繁多的元器件组成，要想降低产品的耗能问题，可以考虑降低每一个元器件的耗能。晶振低电平驱动和低电流消耗是其未来的发展趋势。现在很多压控晶振与温度补偿晶振产品电流的损耗通常低于 2mA。晶振的快速启动能大大提高产品的工作效率。近几年，晶振的快速启动技术得到了可观的进展，如日本 EPSON（爱普生）生产的 VG-2320SC 型压控晶振稳频时间不超过 4ms。

5. 绿色环保化

环境问题一直都为人们所关注，绿色环保也会是晶振未来发展的重要趋势。低功耗、小尺寸也是环保方面的体现,因为这将减少耗能及原材料的损耗。无铅、无卤素的无毒无害晶振将会使人们用得更放心。

8.2 晶振分类

8.2.1 无源晶振

无源晶振也称谐振器,晶振脚位通常以 2 脚和 4 脚居多,同时还有 3 脚的,3 脚晶振是一种集晶振和电容为一体的复合元件。无源晶振在电路中需要借助外部电路起振,自身无法起振。

1. 电路符号和等效电路

晶振的电路符号和等效电路如图 8.1 所示,等效电路中 C_0 可看成平板电容,L_1 和 C_1 分别模拟晶体振动时的质量和弹性,R_1 为损耗。

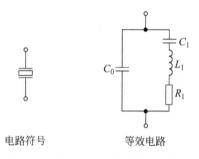

电路符号   等效电路

图 8.1 晶振电路符号及等效电路

2. 无源晶振的性能参数

(1)标称频率。在负载电容容量一定的条件下,晶振的振荡频率即要求输出的标称频率。

(2)频率老化。晶振的输出频率信号会随上电工作时间的增长而产生漂移,慢慢偏离于标称频率,称为老化。

(3)频率稳定度。

① 频率瞬时稳定度:指在 1s 或 1ms 内晶振频率信号的不规律变化,主要来自于晶振的相位噪声。

② 频率短期稳定度:指在一天以内晶振频率的最大变化值。

③ 频率长期稳定度:指在一天、一个月、一年里晶振输出频率变化的最大值。

(4)开机特性。指晶振输出频率在晶振开机工作一段时间并完成预热后的这段时间内发生的最大变化。

(5)相位噪声。简称为相噪,通常指存在于晶振内部的噪声导致相位产生随机性的波动。

3. 无源晶振型号的命名

由于晶振的精度很高,一般新旧晶振替换,要求型号必须一致。

晶振命名由三部分组成。

1）外壳封装材料

J：金属；S：塑料；B：玻璃。

2）晶体的切型取向的类型

切型即对晶体坐标轴某种取向的切割,通常用切型符号第一个字母表示。

A：AT 切型,切角＋35°21′；

B：BT 切型,切角－49°10′；

C：CT 切型,切角＋37°～＋38°；

D：DT 切型,切角＋52°～－53°；

E：ET 切型,切角＋66°30′；

F：FT 切型,切角－57°；

G：GT 切型,切角＋51°/＋45°。

3）序号

阿拉伯数字顺序,区分石英谐振器的主要特性及外形尺寸。

例如：JA18 为 AT 切型矩形金属壳硬脚谐振器；JD8 为 DT 切型矩形金属壳软脚谐振器；BX1 为 X 切型圆形玻璃壳硬脚谐振器。

4. 无源晶振的识别

无源晶振的封装有插件形状也有贴片形状。

（1）插件晶振常见到的 32.768kHz 圆柱晶振,49/S 晶振。如图 8.2(a)所示为日本 KDS 公司生产的 32.768kHz 圆柱晶振,图(b)为中国台湾泰艺公司生产的 49/S 晶振。

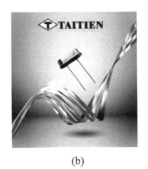

(a)　　　　　　　　　　　(b)

图 8.2　插件晶振

（2）贴片晶振中较为常见的有 3215 贴片晶振封装系列和 3225 贴片晶振两脚、四脚封装的。四脚贴片封装中,有两个脚为固定作用。如图 8.3(a)所示为日本 KDS 公司生产的 3215 贴片封装晶振,图(b)为日本大河晶振公司生产的 3225 贴片封装晶振,图(c)为图(b)的 3225 贴片封装晶振的内部结构。

(a)

(b)

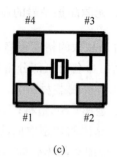
(c)

图 8.3　贴片晶振

5. 无源晶振的检测

（1）将万用表调至 R×10k 挡，用表笔分别连接无源晶振两个引脚。引脚之间的阻值，测得为无穷大，则正常，若为有限值，则晶振损坏。

（2）可用试电笔，将其刀头插入火线孔内，一只手捏住晶振的一个引脚，另一个引脚触碰试电笔顶端的金属部分。若试电笔氖管发光，则正常；若不发光，则晶振损坏。

8.2.2　有源晶振

有源晶振也称为振荡器，由晶体、晶体管和阻容元件组成，晶振的脚位有 4 引脚和 4 引脚以上的。无源晶振一般为无极性器件，自身无法振荡，需要借助于时钟电路调整其至谐振状态后才能产生振荡信号；而有源晶振是一个完整的振荡器，自身即可完成振荡功能。

1. 有源晶振的外形及引脚

有源晶振的外形如图 8.4 所示，有源晶振四个边角中有一个尖角、三个弧形脚。晶振表面有黑色圆点标记的地方为引脚 1，按逆时针方向，其他引脚分别为 2、3、4。

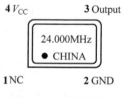
图 8.4　有源晶振

2. 有源晶振的性能参数

（1）总频差。是指在规定的时间内，由工作和非工作参数全部组合而引起的晶振频率与给定标称频率之间的最大偏差。

（2）频率温度稳定度。是指在标称电源和负载下，晶振工作在规定温度范围内的带隐含基准温度或不带隐含基准温度的最大允许频偏。

（3）短稳。短期稳定度，是指在一天之内晶振频率的最大变化值。

（4）单边带相位噪声$\mathcal{L}(f)$。是指偏离载波 f 处，一个相位调制边带的功率密度与载波功率之比。

（5）频率老化率。是指在恒定的环境条件下测量晶振频率时，晶振频率和时间之间的关系。

3. 有源晶振的种类

（1）温度补偿晶体振荡器（TCXO）。温度的变化会对元器件的参数造成影响，可以采用一些温度补偿手段解决温度稳定性问题，其原理是将感应到的环境温度信息做适当变换后来控制晶振的输出频率，达到稳定输出频率的目的。

温度补偿晶体振荡器如图8.5所示，图8.5(a)为日本KDS公司生产的温度补偿晶体振荡器；图8.5(b)为日本EPSON（爱普生）公司生产的温度补偿晶体振荡器；图8.5(c)为中国台湾泰艺公司生产的温度补偿晶体振荡器。

(a)   (b)   (c)

图8.5 温度补偿晶体振荡器

从表8.1可以看出，三种晶振都是高频率晶振，电源电压小，功耗低，体积小。小型化、薄片化正是其发展趋势。

表8.1 三种温度补偿晶振参数

TCXO（温补晶振）	频率/MHz	电源电压/V	外部尺寸/mm×mm×mm
KDS	10～40	+2.3～+3.6	2.5×2.0×0.8
EPSON	13～52	1.8/2.8	2.5×2.0×0.8
TAITIEN	10～52	3.3/5.0	5×3.2×1.1

（2）普通晶体振荡器（SPXO）。SPXO通常称为钟振，完全是由晶体的自由振荡完成。这类晶振主要应用于稳定度要求不高的场合。如图8.6所示是KDS公司生产的贴片封装的SPXO，可以看出这是6个引脚的有源晶振。

（3）压控晶体振荡器（VCXO）。晶振具有压控功能。如图8.7所示，图8.7(a)为中国台湾鸿星晶振公司生产的4引脚贴片封装的VCXO，图8.7(b)为中国台湾加高晶振公司生产的6引脚贴片的VCXO。

（4）压控温补振荡器（VC-TCXO）。将压控和温补这两项功能结合的晶振。如图8.8所示为中国台湾加高晶振公司生产的贴片封装4脚位的VC-TCXO。

图8.6 普通晶体振荡器

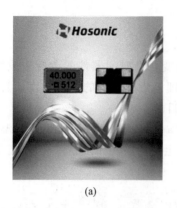

(a)

(b)

图 8.7　压控晶体振荡器

图 8.8　压控温补振荡器

4. 有源晶振的检测

利用高于有源晶振频率的示波器,示波器探头阻抗应足够大,将探头上的外皮夹子连接公共地线,探头在晶振起振后触碰晶振一端,观察晶振波形,为方波时,表明晶振正常。

8.3　晶振在 Multisim 的应用实例

晶体振荡器是指从一块石英晶体上按一定方位角切下薄片并在封装内部添加 IC 组成振荡电路的晶体元件。由于石英谐振器具有体积小、重量轻、可靠性高、频率稳定度高等优点,被应用于家用电器和通信设备中。许多高性能的石英晶振被广泛应用于通信网络、无线数据传输、高速数字数据传输等领域。

石英晶体振荡电路可分为两类,一类为并联式,另一类为串联式。本例利用晶振连接成并联式石英晶体振荡电路。在并联式石英晶体振荡电路中石英晶体呈电感性,与外界电容器组成并联谐振,振荡频率在 $f_s \sim f_p$ 之间。

8.3.1　电路设计

为了实现上述的功能,首先进行电路原理图设计。在并联型晶体振荡器中,石英晶体起着等效电感的作用,若作为容抗,则在石英晶片失效时,石英谐振器的支架电容还存在,线路仍可能满足振荡条件而振荡,并联振荡电路中,C_1、C_2 和石英谐振器构成谐振回路,谐振回路的振荡频率处于石英谐振器的 $f_s \sim f_p$ 之间。石英晶体相当于一个电感,这样,C_1、C_2 和石英晶体构成一个电容三点式振荡电路,取 $R_1 = R_2 = 5.1\text{k}\Omega$,则 $R_3 = 400\Omega$。取 $L_1 = 1\mu\text{H}$,$C_1 = 10\text{nF}$,$C_2 = 300\text{pF}$,$C_3 = 1600\text{pF}$。实际电路如图 8.9 所示。

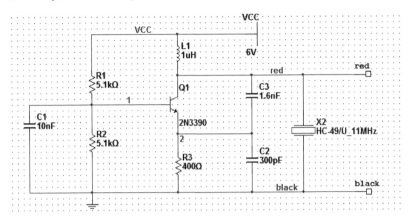

图 8.9　并联式石英晶体振荡电路设计图

8.3.2　在 Multisim 中输入电路图

设计完电路后,需要在 Multisim 中输入电路图。根据图 8.9 所示的原理图进行元件的选择和连接。

首先放置晶振,在 Multisim 图标中选择单击"放置模拟原件"图标,在 Misc 系列中的 CRYSTAL 部分选择 HC-49/U 系列中的 11MHz 晶振,如图 8.10 所示。接着选择 Transistors 系列中的 BJT_NPN 管子(图 8.11),可参考本例中的 2N3390,最后添加电源和接地线,并将各个电阻、电容添加进原理图中(图 8.12),并修改其参数,检查无误后,可进行连线。

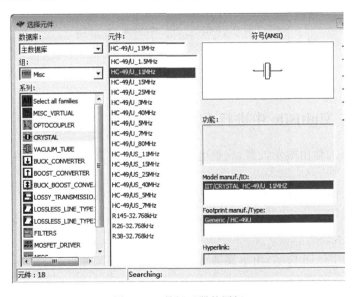

图 8.10　晶振元器件图标

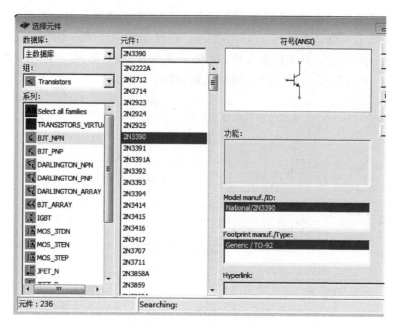

图 8.11　三极管元器件图标

元器件摆放完毕后如图 8.12 所示。参照图 8.9 所示的电路原理图连接元器件。

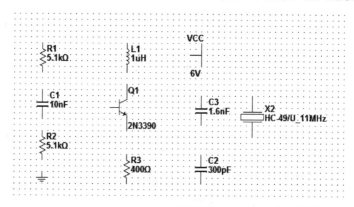

图 8.12　元件摆放图

8.3.3　在 Multisim 中进行电路功能仿真

连接好后,添加输出端示波器,完整电路图如图 8.13 所示,单击"开始仿真"按钮进行电路功能仿真。

开始仿真后,因其振动频率很快,无法观察到确切波形,可单击在"开始仿真"按钮右侧的"暂停"键,如图 8.14 所示,并在示波器界面调成合适的 X 步长和 Y 步长才能看到正弦波形,如图 8.15 所示。

仿真结果如图 8.16 所示,由示波器可发现,输出正弦波周期 $T=111\mathrm{ns}$,频率 $f=1/T=9\mathrm{MHz}$,振幅 $A=7.55\mathrm{V}$。

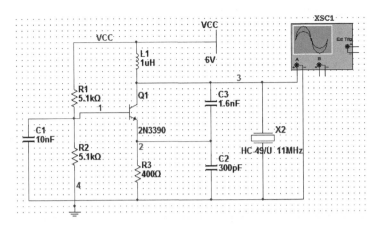

图 8.13　完整仿真测试电路图

图 8.14　暂停键

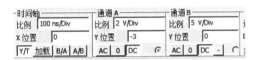

图 8.15　示波器步长设置

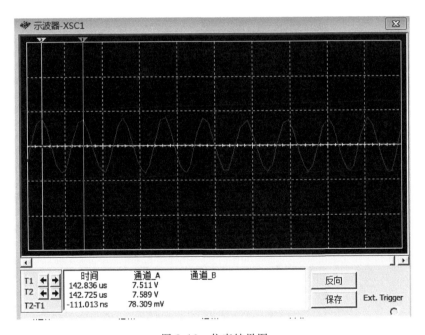

图 8.16　仿真结果图

参考文献

[1]　赵广林.图解常用电子元器件的识别与检测[M].北京：电子工业出版社,2013.
[2]　卜冬.石英晶振相关特性的研究及边沿效应的应用[D].西安：西安电子科技大学,2015.

［3］ 龚美霞.石英晶体元器件技术的发展及应用［J］.国外电子元器件,2001,(01)：9-11.

［4］ 杨承毅.图表新说元器件［M］.北京：人民邮电出版社,2013.

［5］ http：//www.ruitairt.com/.

［6］ 何应俊,戴先波.图解电子元器件即学即用［M］.北京：电子工业出版社,2013.

［7］ 夏昂然,刘修泉,黄平.胶囊内窥镜中晶振电路的设计与实验研究［J］.现代制造工程,2014,(10)：
60-65.

［8］ https：//baike.so.com/doc/5973495-6186454.html.

［9］ http：//wenku.baidu.com/view/316b1fa2f524ccbff1218472.html 晶体振荡器工作原理.

第9章

声音输出器件

需要执行发声功能的电子设备都要有声音输出器件,如电视机、门铃、通信设备等,其应用广泛,给我们的日常生活带来了极大的便利。

声音输出器件大致可分为扬声器、蜂鸣器、耳机三类,都是生活中常见的电子元器件。

本章将简要地从电路图符号、结构特点及工作原理、分类、主要评价参数以及如何选用等方面介绍这三类声音输出器件,最后一节介绍声音输出器件在 Multisim 的应用。

9.1　声音输出器件简述

声音输出器件应用广泛,其功用是将电信号转换成声音信号进行输出,完成将电能向声音能量的能量转换。

在多媒体系统中,声音输出器件可以和其他设备连接到一起,成为系统重要的组成部分。随着声音输出器件的发展和完善,对各类声音输出器件也提出了声音强度、声音清晰度、声音还原度等方面越来越高的要求。未来,各类声音输出器件除了完善声音方面的性能外,也趋向于智能化和人机工程学方面的研究。

9.2　声音输出器件分类

按照结构和用途分类,声音输出器件可分为扬声器、蜂鸣器、耳机三类。下面将详细介绍这三种常见的电子元器件。

9.2.1　扬声器

1. 概述

扬声器又称"喇叭",它可以将电信号的波动转化为人耳所能感知的压力波,是一种十分常用的电声换能器件,在电视、计算机、手机、汽车电子设备中都能见到它。扬声器在电路图中的符号如图9.1所示。

图 9.1　扬声器电路符号

2. 扬声器结构及其工作原理

动圈式扬声器结构如图 9.2 所示,主要包括磁回路系统、振动系统和支撑辅助系统三部分。磁回路系统中包括磁铁、芯柱、导磁板;振动系统中包括线圈和纸盆(振动膜);支撑辅助系统中包括定心支片、盆架等。

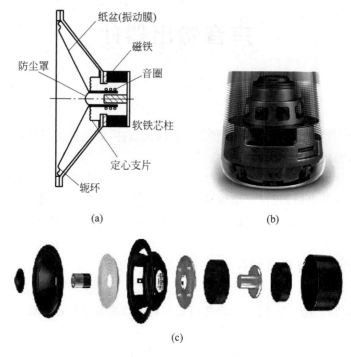

纸盆(振动膜)
磁铁
防尘罩
音圈
软铁芯柱
定心支片
轭环

(a)　　　　　　　　　(b)

(c)

图 9.2　扬声器结构示意图

(1)线圈:线圈是扬声器的驱动单元,它是用很细的铜导线分两层绕在纸管上,一般绕有几十圈,放置于导磁芯柱与导磁板构成的磁气隙中,并与纸盆固定在一起。

(2)纸盆:纸盆是扬声器的声音辐射单元,是决定扬声器放声性能的重要结构。

(3)轭环:轭环主要的功用是限制纸盆的自由度,使纸盆可以沿扬声器轴向运动但不能横向运动,同时能够阻挡纸盆前后的空气流通。

(4)定心支片:定心支片的作用是支撑线圈和纸盆的结合部位,避免其倾斜。定心支片上有许多同心圆环,使线圈在磁隙中可以上下移动但不能横向运动,从而保证线圈不与导磁板相碰。定心支片上的防尘罩是为了防止外部灰尘等进入磁隙,避免扬声器因为灰尘进入而产生异响。

当线圈中通过电流后,线圈产生随电流变化的磁场,从而产生了使线圈和磁铁不断出现排斥和吸引的作用力,在这种力的作用下,线圈发生运动(时而远离磁铁,时而靠近磁铁),线圈的运动带动与它相连的纸盆振动,振动与周围空气发生共鸣而发出声音,从而实现了电声的转换。

3. 扬声器的分类

扬声器的种类繁多,分类方法也有很多种,下面介绍几种常见的分类方法。

（1）按频率范围,扬声器可分为低频(低音)扬声器、中频(中音)扬声器、高频(高音)扬声器。

（2）按换能机理和结构,扬声器可分为动圈式(电动式)、电容式(静电式)、压电式(晶体或陶瓷,现多为陶瓷式)、电磁式(压簧式)、电离子式、数字式、气动式扬声器等。其中,动圈式扬声器(图 9.3)具有电声性能好、结构牢固、成本低等优点,应用最为广泛。

（3）按纸盆形状,扬声器可分为圆形、椭圆形、双纸盆,橡皮折环扬声器。

图 9.3 扬声器

（4）按振膜形状,扬声器可分为锥盆式、球顶式、带式、平板式、平膜式扬声器。

（5）按声波辐射材料,扬声器可分为纸盆式、号筒式、膜片式扬声器。

（6）按磁路形式,扬声器可分为内磁式、外磁式、励磁式、双磁路式、屏蔽式扬声器。

4. 扬声器的命名

国产扬声器的命名由四部分组成:

第一部分,主称,扬声器用字母 Y 表示;

第二部分,类型,D 表示电动式,DG 表示电动式高音,HG 表示号筒式高音;

第三部分,重放频带或口径,详见表 9.1;

第四部分,序号,用数字或数字、字母组合表示。

表 9.1 重放频带或口径

字母或数字	D	Z	G	QZ	QG	HG	130	140	165	176	200	206
含义	低音	中音	高音	球顶中音	球顶高音	号筒高音	130mm	140mm	165mm	176mm	200mm	206mm

例如,YD165.5 表示口径为 165mm 的电动式扬声器,主称 Y 表示扬声器,D 表示电动式,165 表示口径为 165mm,5 表示序号为 5。

5. 扬声器的主要参数与选用

1）扬声器的参数

（1）额定功率。又称作标称功率或不失真功率,是指扬声器在不失真范围内能长时间输入的最大功率。额定功率的单位为瓦特(W),在扬声器的商标、技术说明书上标注的功率即为该功率值。通常,扬声器的输入功率小于额定功率,但为了保证扬声器工作的可靠性,实际设计时扬声器的最大功率为额定功率的 1.5～2 倍。

（2）额定阻抗。又称作标称阻抗,是指在额定功率下,从扬声器输入端测得的交流阻抗值,是线圈直流电阻与线圈感抗的矢量和。阻抗值的单位为欧姆(Ω),交流阻抗值和输入信号的频率有关。扬声器的额定阻抗值有 4Ω、8Ω、16Ω、32Ω 等,一般为 8Ω,部分小型的扬声器可能有更高的阻抗值。

（3）频率特性。是指扬声器的输入信号频率改变时输出声压的响应特性,其实际意义是表征扬声器可以在哪个频率范围内工作。理想的扬声器频率特性应为 20～20kHz,这样就能把全部音频均匀地重放出来。然而实际上这是做不到的,每一只扬声器只能较好地重放音频的某一部分。

(4) 失真度。是指扬声器输出的声音与原来的声音的偏差。失真有两种:频率失真和非线性失真。频率失真是由于对某些频率的信号放音较强,而对另一些频率的信号放音较弱造成的,失真破坏了原来高、低音响度的比例,改变了原声音色。而非线性失真是由于扬声器振动系统的振动和信号的波动不够一致造成的,在输出的声波中增加了新的频率成分。

(5) 灵敏度。是指在给扬声器输入功率为 1W 的电信号时,在距扬声器 1m 的距离处所产生的声压。音响灵敏度一般用分贝(dB)表示,其表征了扬声器电声转换的效率。

(6) 指向特性。是指扬声器的声压在空间中的分布特性。指向性与频率相关,频率越高扬声器声压在空间中分布的越狭窄,也就是指向性越强;同时,指向性还与纸盆的大小有关,在相同频率下,纸盆越大指向性越强。

(7) 效率。是指输出的声功率与输入的电功率的比值,比值越大效率越高。扬声器的电声转换效率很低,一般约为 1%。

2) 扬声器的选用

选用扬声器时,首先选择与设备相匹配的标称功率和标称阻抗;其次,选择自己喜欢的音质,好的扬声器输出的声音高、中、低音层次分明,清晰,和谐。检查扬声器时,要检查外观接线口等是否完整,各部分安装连接是否牢固,轻按纸盆时有无线圈与铁芯的相互摩擦声音等。

9.2.2 蜂鸣器

1. 概述

蜂鸣器是一种可以产生固定或者有规律声音的电子元件,通常采用直流电压供电,广泛应用在电子玩具、汽车电子设备、警报器、家用电器中做提示声音或警报声音输出装置。蜂鸣器在电路中用字母 H 或 HA 表示,其电路符号如图 9.4 所示。

图 9.4　蜂鸣器电路符号

2. 蜂鸣器结构及工作原理

蜂鸣器的结构是将一个圆形膜片粘在圆筒形塑料外壳的边缘,圆筒外壳的底部是密封的,顶部有一个小孔,声音可以从圆筒顶部发出,外壳内包含可以产生一种或多种音调的电子电路,圆筒本身起谐振放大声音的作用。

(1) 压电式蜂鸣器。主要由多谐振荡器、压电蜂鸣片、阻抗匹配器、共鸣箱、外壳等组成。有的压电式蜂鸣器外壳上还装有发光二极管。多谐振荡器由晶体管或集成电路构成。当接通电源后(1.5～15V 直流工作电压),多谐振荡器起振,输出 1.5～2.5kHz 的音频信号,阻抗匹配器推动压电蜂鸣片发声。

(2) 电磁式蜂鸣器。由振荡器、电磁线圈、磁铁、振动膜片、外壳等组成。接通电源后,振荡器产生的音频信号电流通过电磁线圈,使电磁线圈产生磁场。振动膜片在电磁线圈和磁铁的相互作用下,周期性地振动而发声。

3. 蜂鸣器的分类

按驱动方式分类,蜂鸣器可分为有源蜂鸣器和无源蜂鸣器;按结构分类,可分为电磁式蜂鸣器(图9.5(a))、压电式蜂鸣器(图9.5(b))、机械式蜂鸣器(图9.5(c))、贴片式蜂鸣器(图9.5(d))等。

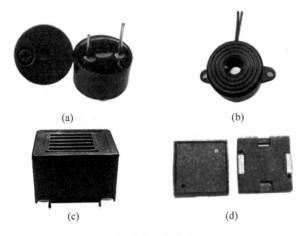

(a)　　　　　　　　　　　(b)

(c)　　　　　　　　　　　(d)

图9.5　蜂鸣器

4. 蜂鸣器的参数与选用

1) 蜂鸣器的参数

(1) 工作电压。蜂鸣器的工作电压通常为1.5~24V,大功率的蜂鸣器工作电压一般在12V以上,蜂鸣器输出的声压随工作电压呈非线性的变化。

(2) 工作电流。压电式蜂鸣器的工作电流很小,低至5mA,因此蜂鸣器的发热很低。

(3) 标称阻抗。蜂鸣器的标称阻抗规格主要有16Ω、32Ω、50Ω。

(4) 频率。蜂鸣器的发电频率为3~3.5kHz,压电式蜂鸣器的发声频率最低为1kHz。

(5) 占空比。占空比是指在一个脉冲周期内,通电时间占总时间的比例。压电式蜂鸣器由于其发热量非常小,其占空比可以达到100%。

2) 蜂鸣器的选用

压电式蜂鸣器结构简单耐用,但音调单一、音色差,适用于报警器等设备。而电磁式蜂鸣器由于音色好,所以多用于语音、音乐等设备。

9.2.3　耳机

1. 概述

耳机是一种佩戴在耳朵上,用来发出声音的电子元器件,是一种缩小的扬声器,它不仅可以避免自己播放声音时干扰外界,也可以一定程度上防止外界噪声的干扰。和扬声器类似,耳机也是将电信号的波动转化为人耳所能感知的压力波的电声换能器件,耳机在电路中用字母B或BE表示,其电路图形符号如图9.6所示。

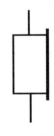

图9.6　耳机电路图形符号

201

随着工业设计和制造工艺的发展,耳机的人机工程学做得越来越优秀,耳机和人耳接触部分的形状和材质逐渐优化,使耳机佩戴时的舒适性得到很大的提高。同时,性能相同的条件下,协调合理的外观设计成为我们选择耳机的重要参考因素。

有立体声功能的耳机,耳塞上有左、右声道的标记,L 为左声道,R 为右声道,使用时需要正确佩戴。

2. 耳机的命名

国产耳机型号命名由四部分组成:

第一部分,主称,耳机用字母 E 表示;

第二部分,类型,D 表示动圈式,C 表示电磁式,Y 表示压电式,R 表示静电式;

第三部分,特征,用字母或数字表示,如 S 表示耳塞式,G 表示耳挂式,Z 表示听诊式,D 表示头戴式,C 表示手持式,L 表示立体声;

第四部分,序号,用数字或数字、字母组合表示。

例如,EDL.5 表示立体声动圈式耳机,主称 E 表示耳机,D 表示动圈,L 表示立体声式,5 表示序号为 5。

3. 耳机的分类

耳机的种类繁多,分类方法也有很多种,下面介绍几种常见的分类方法。

(1) 按佩戴方式,耳机可以分为耳塞式(耳塞式耳机又分为入耳式和非入耳式两种,非入耳式耳塞为动圈结构,而入耳式耳塞包括了动圈、动铁以及压电式结构)、耳挂式、头戴式、听诊式、帽盔式、手柄式耳机等。图 9.7 展示了几种常见的耳机类型。

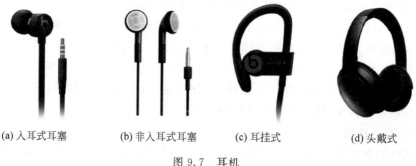

| (a) 入耳式耳塞 | (b) 非入耳式耳塞 | (c) 耳挂式 | (d) 头戴式 |

图 9.7 耳机

(2) 根据其驱动器(换能器)的类型,耳机可以分为电动式(动圈式)、电磁式、静电式、压电式耳机等。

动圈式耳机是最常见的耳机,它的驱动单元可以看作是一个小型的动圈扬声器,其工作原理可参照动圈扬声器。动圈式耳机效率比较高,且可靠耐用。

4. 耳机的参数与选用

1) 耳机的主要参数

耳机主要参数的意义与扬声器的基本相同。

(1) 额定阻抗。耳机的额定阻抗也是其交流阻抗值。耳机的额定阻抗值有 4Ω,5Ω,6Ω,8Ω,16Ω,20Ω,25Ω,32Ω,35Ω,37Ω,40Ω,50Ω,55Ω,125Ω,150Ω,200Ω,250Ω,300Ω,

$600\Omega,640\Omega,1k\Omega,1.5k\Omega,2k\Omega$ 等规格。通常,耳机的阻抗为 $25\sim70\Omega$。

（2）灵敏度。是指向耳机输入 1mW 功率时,耳机输出的声压值。耳机灵敏度一般用符号表示为 dB/mW,用来反映耳机的电声转换效率。灵敏度高意味着达到一定的声压级所需功率要小,动圈式耳机的灵敏度一般为 $90\sim116$dB/mW。

（3）失真度。耳机的失真度一般很小,高保真耳机的总谐波失真（THD）小于等于 1%,比扬声器的失真要小得多。

（4）频率特性。是指输入信号频率与输出声压的关系,将这种关系用曲线表示出来,便称为频率特性曲线,它可以表征耳机可以在哪个频率范围内工作。人的听觉范围是 20Hz～20kHz,优秀的耳机频率响应宽度可以达到 5Hz～45kHz。好的耳机其频率特性曲线波动应该在 ±5dB 内,但是如果耳机的频率特性曲线完全平直,声音在进入耳道之前就已经与头部发生了作用产生了峰和谷,声音也不会好,所以在设计耳机时常常采用均衡的办法,使耳朵所接收到的频率特性曲线是比较平坦的。

2）耳机的选用

首先,要根据自己的需求选择耳机的类型;其次,耳机的阻抗等参数要与设备相匹配,好的耳机应该佩戴舒适,声音清晰柔和,层次分明。

9.3 声音输出器件在 Multisim 的应用

蜂鸣器是一种电子讯响器,它是一种采用直流电源供电的有源器件,可以通过调节振动频率来控制发出声音的音调。

本例中利用蜂鸣器和上章学过的继电器连接成一组电路异常报警装置,实现对电路的短路异常和断路异常实时报警,防止因电路异常发生的意外,并便于维修人员抢修。

9.3.1 电路设计

实现上述功能,首先进行电路原理图设计。本例采用 360V 直流电压供电给 LED 灯作为实际电路的模拟,为了达到短路保护功能,接入一根熔断电流为 0.5A 的保险丝（接下来会有具体介绍）,并接入继电器,如图 9.8 所示。

在报警电路部分,采用略高于蜂鸣器工作电压（本例采用的蜂鸣器为 9V）的直流电源供电,将继电器与蜂鸣器并联组成报警电路,如图 9.9 所示。

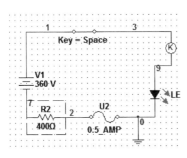

图 9.8 控制电路部分

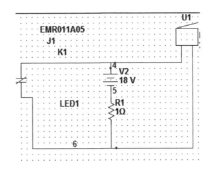

图 9.9 报警电路部分

9.3.2 在 Multisim 中输入电路图

设计完电路后,需要在 Multisim 中输入电路图。根据图 9.8 和图 9.9 所示的原理图进行元件的选择和连接。

首先添加保险丝,保险丝为电路安全器件,在电路电流达到一定大小时熔断,单击"放置元件"按钮,在 Power 系列中选择 FUSE 组,在右侧列表中选择 0.5_AMP 保险丝,即此保险丝熔断电流为 0.5A,参看图 9.10。在保险丝的选择上应保证电路正常工作电流低于其熔断电流,同学们可接入电流表测试电路的正常工作电流,约为 390mA,故选择 0.5A 的保险丝最为合适。

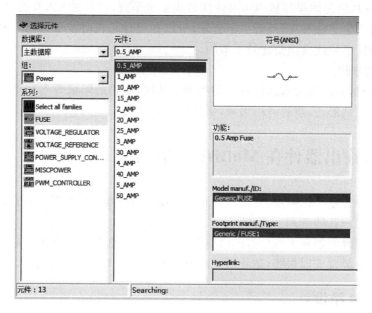

图 9.10 选择电源元器件窗口图

然后在电路绘制画面放置直流电源符号,右击该电源符号,并在直流电源属性窗修改电源电压为 360V,最后按照绘制继电器并按图 9.8 方式连线完成控制电路部分。

接着完成报警电路部分的连接,首先单击放置元器件图标,在 Indicators 系列中选择 BUZZER 放置蜂鸣器,如图 9.11 所示。接下来双击蜂鸣器,在弹出的窗口中单击"参数"选项卡,在 Frequency 中改变频率的数值可以使蜂鸣器发出不同的音调,如图 9.12 所示。

在此需要说明,根据频率的不同发出的不同高、中、低的音调与频率具有对应关系,对应关系大致如表 9.2 所列。同学们可以根据表 9.2 对频率值进行不同调试,分析其中音调的差别,感兴趣的同学也可进行尝试在 Multisim 中模拟一简单的乐器电路。

表 9.2 音调与频率对应表

音调(简)	1	2	3	4	5	6	7
低	262	294	330	349	392	440	494
中	523	587	659	698	784	880	988
高	1046	1175	1318	1397	1568	1760	1967

放置蜂鸣器后,再添加一个 18V 的直流电源为蜂鸣器供电,直流电源供电电压比蜂鸣器额定电压略大的原因是要求在另一电阻分压的情况下蜂鸣器仍然可正常工作。最后将几部分按图 9.9 进行连线,即完成了整个报警电路的连接。

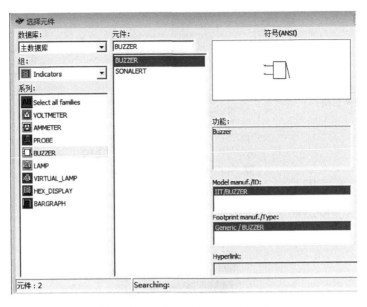

图 9.11　选择蜂鸣器元器件窗口

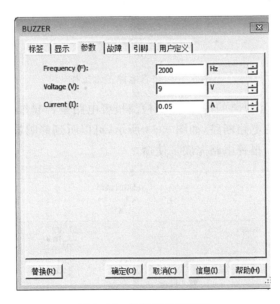

图 9.12　设定蜂鸣器频率

9.3.3　在 Multisim 中进行电路功能仿真

电路连接完毕后,单击"开始仿真"按键,可以看到工作电路中 LED 灯正常亮起,如图 9.13所示,代表电路一切正常,同时报警蜂鸣器不响。

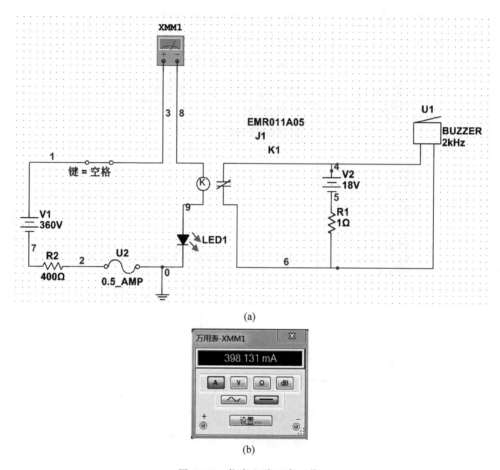

(a)

(b)

图 9.13　仿真电路正常工作

以下模拟电路断路和短路的情况,分别检测报警电路是否起作用。

首先断开开关,即主电路断路,如图 9.14 所示,可以听到蜂鸣器报警,警告电路异常,这表示在电路短路情况下,报警电路完成了使命。

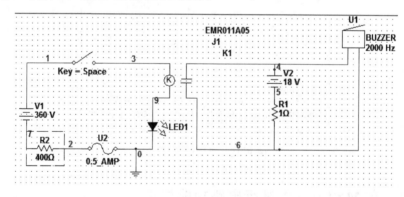

图 9.14　仿真电路断路

接下来模拟工作电路元器件短路,双击电阻 R_2,在"故障"选项卡中选择短路并勾选左侧的两个端口(表示设置了该元件这两个端口之间短路),如图 9.15 所示,设置完成后,单击

"开始仿真"。开始仿真后,此时软件即认为该电阻发生了短路故障,可以看到图 9.16(a)所示电流已经超过 0.5A,等待几秒,可以发现保险丝被熔断,同时因熔断后电路断路,触发报警电路,如图 9.18(b)所示,因而听到了蜂鸣器报警,这表示在电路短路的情况下,报警电路完成了使命。

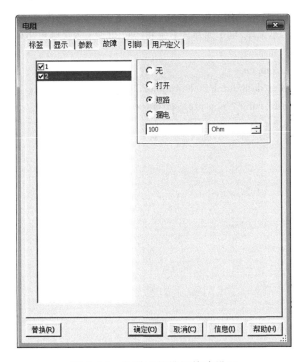

图 9.15 电器元件模拟故障设置

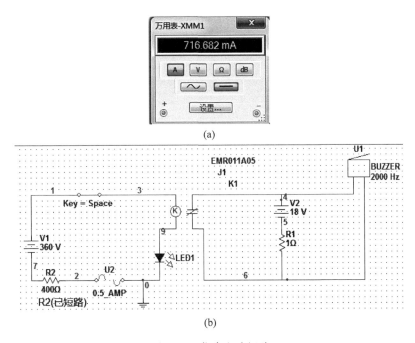

(a)

(b)

图 9.16 仿真电路短路

参考文献

[1] 王新贤,王龙,刘会英.电子元器件及其应用[M].北京:电子工业出版社,2013.

[2] 张宪,张大鹏.电子元器件的选用与检测[M].北京:化学工业出版社,2014.

[3] (美)Charles Platt 著,赵正译.电子元器件百宝箱[M].北京:人民邮电出版社,2016.

[4] https://www.bose.cn.

[5] http://www.alpine.com.cn.

[6] http://www.dzsc.com/data/html/2008-4-22/62293.html.

[7] http://www.dgpiaoshi.com/?-app-prot-act-index-cat-24.html.

[8] https://www.apple.com.cn.

第10章

微 处 理 器

微处理器主要有单片机、ARM、DSP 等几种类型。

本章主要介绍微处理器的发展,同时介绍几种典型的微处理器。

10.1 微处理器简述

20 世纪 70 年代初期,美国计算机巨头 Intel 公司决定将微型处理器商业化。为微处理器和计算机软件行业的发展注入了活力,使微处理器和计算机软件行业得到了前所未有的发展,微处理器和计算机软件迅速成为美国的龙头产业。TI(Texas Instruments,德州仪器)公司目前是主要的微处理器厂商之一。图 10.1 所示为 TI 公司生产的 AM3359 微处理器。

图 10.1　微处理器实物

虽然目前微处理器仍然保持着高速的发展,但是各种可能的挑战已经逐渐显露出来。这些挑战可以形象地描述为如下四堵墙。

(1) 频率墙。工艺尺寸缩小一直是微处理器性能提升的重要手段。随着工艺特征尺寸的缩小,器件的延时也等比例减小,但互连线的延迟却无法同步减小。工艺进入超深亚微米后,线延时超过门延时而占据主导地位,成为提高芯片频率的主要障碍。即使采用铜金属和低 k 值介质,在 35nm 工艺下,一根 1mm 长线的互连 RC 响应时间为 250ps,而一个最小尺寸 MOS 管的开关延迟仅为 2.5ps,互连延迟是 MOS 管开关延迟的 100 倍。

(2) 功耗墙。随着晶体管变小,集成晶体管数量增多,集成空间缩小,以及时钟频率加快,漏流也会随之增大,从而使得微处理器芯片功耗迅速增加。随着嵌入式应用的迅速发展,手机、手提电脑、PDA 及便携式媒体播放器等依靠电池供电的设备需要使用低功耗、高性能的微处理器,这对微处理器的设计者提出了极大的挑战。

(3) 存储墙(Memory Wall)。当前主流的商用微处理器主频已达 3GHz 以上,存储总线主频仅 400MHz;处理器速度每年增长 60%,存储器存取延迟每年仅改善 7%。由通信带宽和延迟构成的存储墙成为提高系统性能的最大障碍。为了解决这一问题,传统的方法是建立复杂的存储层次,但是这些复杂的存储层次会带来过长的互连线,难以随着工艺进步而提高频率。

(4) 应用墙。微处理器在应用于不同领域时出现了分化,形成了专门应用于某一领域的微处理器,包括桌面、网络、服务器、科学计算以及 DSP 等;每一种处理器在各自的领域内都有着很高的性能。但是这种高性能是非常脆弱的,如果应用条件发生变化,则会导致性能明显下降,出现了通用微处理器并不通用的问题,即通常所说的应用墙。

10.2 微处理器分类

10.2.1 单片机

1. 单片机简介

单片机是集成电路芯片中的一种,是采用超大规模集成电路技术把各种功能模块集成在一块硅基片上的微型处理器系统。它具有体积小巧、高可靠性、成本低廉等优点,在工业控制、仪器仪表、家电等方面广泛应用。一般单片机的硬件最小系统包括 CPU(中央处理器)、RAM(随机存储器)、ROM(只读存储器)、I/O(输入/输出接口),以上能实现最简单的单片机模块,它们通过地址总线(AB)、数据总线(DB)和控制总线(CB)相互连接进行数据的传输交换。而随着电子技术的发展,Interrupt(中断系统)、Timer(定时器)、ADC(模/数转换模块)甚至 PWM(脉冲宽度调制)等模块也在 PIC、STM-32、AVR 等系列的单片机中常见。单片机的处理速度也有了飞速发展,从一开始的 4 位到现在的 64 位,晶振速度也已达到 3.4GHz。作为最常见的嵌入式微处理器,单片机在推动电子技术的发展方面起到了先驱的作用。

从处理器来理解,单片机即是一台小型计算机。CPU 类似于计算机的处理器,负责运算处理等;RAM 就类似于计算机的内存,掉电数据即失;ROM 相当于计算机中的硬盘,为掉电非易失模块,不同的是,部分单片机的 ROM 为一次刻写,有些可以多次擦写,具体根据应用场合进行选择;I/O 接口则根据外部设备进行选择,类似计算机中有 USB、HDMI 等接口对应不同的设备。

2. 单片机的发展及方向

单片机诞生后,经历了 SCM、MCU、SoC 三大阶段。

(1) SCM (Single Chip Microcomputer,单片微型计算机)阶段,主要是寻求最佳的单片形态嵌入式系统的最佳体系结构。其代表产品有通用 CPU 68XX 系列和专用 CPU MCS-48 系列。

(2) MCU (Micro Controller Unit,微控制器)阶段。主要的技术发展方向是不断扩展满足嵌入式应用时对象系统要求的各种外围电路与接口电路,突显其对象的智能化控制能力。其代表产品以 8051 系列为代表,如 8031、8032、8751、89C51、89C52 等。它所涉及的领域都与对象系统相关,因此,发展 MCU 的重任不可避免地落在电气、电子技术厂家。从这一角度来看,Intel 公司逐渐淡出 MCU 的发展也有其客观原因。在发展 MCU 方面,最著名的厂家当数 Philips 公司。Philips 公司以其在嵌入式应用方面的巨大优势,将 MCS-51 从单片微型计算机迅速发展到微控制器。

（3）单片机是嵌入式系统的独立发展之路。向 MCU 阶段发展的重要因素,就是寻求应用系统在芯片上的最大化解决。因此,专用单片机的发展自然形成了 SoC（System on Chip,片上系统）化趋势。随着微电子技术、IC（Integrated Circuit,集成电路）设计、EDA（Electronic Design Automation,电子设计自动化）工具的发展,基于 SoC 的单片机应用系统设计将会有较大的发展。因此,对单片机的理解可以从单片微型计算机、单片微控制器延伸到单片应用系统。

未来单片机技术的发展趋势可归结为以下 10 个方面。

（1）主流型机发展趋势。8 位单片机为主流,再加上少量 32 位机,而 16 位机可能被淘汰。

（2）全盘 CMOS 化趋势。指在 HCMOS 基础上的 CMOS 化。CMOS 速度慢、功耗低,而 HCMOS 具有本质低功耗及低功耗管理技术等特点。

（3）RISC 体系结构的发展。早期 CISC 指令较复杂,指令代码周期数不统一,难以实现流水线（单周期指令仅为 1MIPS）。采用 RISC 体系结构可以精简指令系统,使其绝大部分为单周期指令,很容易实现流水线作业（单周期指令速度可达 12MIPS）。

（4）大力发展专用单片机。

（5）OTPROM、Flash ROM 成为主流供应状态。

（6）ISP 及基于 ISP 的开发环境。Flash ROM 的应用推动了 ISP（系统可编程技术）的发展,这样就可实现目标程序的串行下载,PC 机可通过串行电缆对远程目标高度仿真及更新软件等。

（7）单片机的软件嵌入。目前的单片机只提供程序空间,没有驻机软件。ROM 空间足够大后,可装入平台软件、虚拟外设软件和用于系统诊断管理的软件等,以提高开发效率。

（8）实现全面功耗管理。例如：采用 ID 模式、PD 模式、双时钟模式、高速时钟/低速时钟模式和低电压节能技术。目前已有在 1.2～1.8V 低电压下工作的单片机。

（9）推行串行扩展总线,如 12C 总线等。

（10）ASMIC 技术的发展,例如：以 MCU 为核心的专用集成电路（ASIC）。

3. 常用单片机

1）Intel 单片机

Intel 系列单片机基本上是以 MSC-51 为内核的单片机。在实用系统中以 8031、AT89C51、AT89C52、AT89C2051、80C196、8XC552、8098 单片机居多,它们都具有很强的运算和控制能力,促进了仪器小型化的快速发展。8031、AT89C51、AT89C52 都有 P0、P1、P2 和 P3 四个 8 位 I/O 双向并行端口,其 P3 为功能复用端口,利用它可以很方便地实现全双工串行数据的传输,因此在需要控制的信号或外设比较多的情况下使用是很方便的。

2）ATMEL 单片机

ATMEL 公司的单片机(AVR 单片机)是内载 Flash 存储器的单片机，芯片上的 Flash 存储器附在用户的产品中，可随时编程、再编程，使用户的产品设计容易，更新换代方便。AVR 单片机采用增强的 RISC 结构，使其具有高速处理能力。在一个时钟周期内可执行复杂的指令，每兆赫可实现 1MIPS 的处理能力。单片机工作电压为 2.7~6.0V，可实现耗电最优化。它广泛应用于计算机外部设备、工业实时控制、仪器仪表、通信设备、家用电器、宇航设备等各个领域。

3）Microchip 单片机

Microchip 单片机的主要产品是 PIC 16C 系列和 17C 系列 8 位单片机，CPU 采用 RISC 结构，分别仅有 33、35、58 条指令。采用 Harvard 双总线结构，运行速度快，工作电压低，功耗低，具有较大的输入/输出直接驱动能力，价格低，一次性编程，体积小。它适用于用量大、档次低、价格敏感的产品，在办公自动化设备、消费电子产品、电讯通信、智能仪器仪表、汽车电子、金融电子、工业控制等领域都有广泛的应用。PIC 系列单片机在世界单片机市场份额排名中逐年提高，发展非常迅速。

4）其他单片机

目前，市场上还有很多公司生产单片机。比如，飞思卡尔和 TI 公司。不同厂商的单片机具有不同的特色，可以选择使用。

4. 单片机部分常用参数举例

以 TMS320F28051 为例，其中 TMS320F28050、TMS320F28052 为可替代的单片机，其部分参数如表 10.1 所列。

表 10.1　单片机部分表

指标项 ＼ 型号	TMS320F28051	TMS320F28050	TMS320F28052
CPU(中央处理单元)	C28x	C28x	C28x
Frequency（频率/MHz）	60	60	60
Flash(内存/KB)	32	64	64
RAM(随机存取存储器/KB)	12	20	16
ADC Resolution(模数转换分辨率)	12-bit	12-bit	12-bit
GPIO(通用输入/输出口)	42	42	42

5. 单片机的应用领域

单片机技术应用范围广，在各种仪器仪表生产单位，石油、化工和纺织机械的加工行业、家用电器等领域都有应用。例如：

（1）应用单片机设计的自动电饭煲、冰箱、空调机、全自动洗衣机等家用电器。

（2）应用单片机设计的卫星定位仪、雷达、电子罗盘等导航设备。

（3）通过 IC 卡、单片机、PC 机构成的各种收费系统。

（4）各种测量工具，如时钟、超声波水位尺、水表、电表、电子称重计。

（5）各种教学用仪器、医疗仪器、工业用仪器仪表。

（6）由单片机构成的霓虹灯控制器。

（7）汽车安全系统、消防报警系统。

（8）智能玩具、机器人。

单片机的几种应用如图 10.2 所示。

(a) 工业自动化

(b) 测试与测量

(c) 智能家用电器

图 10.2 单片机应用领域实物

10.2.2 ARM 微处理器

1. ARM 微处理器简介

近年来，嵌入式应用领域中以 ARM 处理器发展最为突出，ARM 被公认为业界领先的、优秀的 32 位嵌入式处理器结构。ARM 系列处理器凭借高性能、低成本和低功耗等特点，在嵌入式应用领域中占据了绝对的市场份额。

例如：ATMEL 公司 AT91SAM9260 型微控制器是基于 ARM926EJ-S 的处理器，扩展了数字信号处理指令，具备 8KB 数据缓存以及 8KB 指令缓存，带有存储器管理单元（MMU），主频 180MHz 时性能高达 200MIPS。包含了 8KB SRAM 以及 32KB ROM，在最高处理器或总线速度下可实现单周期访问。该产品还具备外部总线接口，这些外部总线接口中包含了诸多控制器，用于控制 SDRAM 以及包括 NAND Flash 和 Compact Flash 在内的静态存储器。其广泛的外围设备集包括通用串行总线(USB)、全速主机和设备接口、以太网媒体访问控制(MAC)、图像传感器接口、多媒体卡接口(MCI)、同步串行控制器(SSC)、4路增强通用同步/异步收发器(USART)、2路3线通用异步收发器、2个主/从串行外围设备接口(SPI)、2个各自带有3通道的16位定时计数器(TC)、1个双线接口(TWI)以及4通道10位模/数转换器(A/D)。3个32位并行I/O控制器,使引脚可以与这些外围设备实现多路复用,从而减少了设备的引脚数量以及外围设备直接存储器访问(DMA)通道,将接口与片上、片外存储器之间的数据吞吐量提升到了最高水平。AT91SAM9260丰富的外设、稳定的性能以及强大的功能使其作为微型智能PLC的主处理器具有非常高的性价比。

2. ARM 微处理器的种类

ARM微处理器主要系列ARM7系列微处理器主要应用领域为工业控制、internet设备、网络和调制解调器设备、移动电话等多种多媒体和嵌入式应用。ARM7系列微控制器包括的核有ARM7TDMI、ARM7TDMI-S、ARM720T、ARM7TDMI、ARM7TDMI-S、ARM720T、ARM7EJ,其中ARM7TDMI是目前应用最广泛的32位嵌入式RISC处理器,属低端ARM处理器核。

ARM9系列微处理器主要应用于无线设备、仪器仪表、安全系统、机顶盒、高端打印机、数字照相机和数字摄像机等。ARM9系列微处理器包括ARM920T、ARM922T、ARM940T这3种类型。ARM9E系列微处理器是一种综合处理器,提供增强的DSP处理能力,适合同时使用DSP和微控制器的应用场合,应用于无线设备、数字消费品、成像设备、工业控制、存储设备和网络设备等领域。ARM9E系列包括ARM926EJ-S、ARM946E-S、ARM966E-S这3种类型。

ARM10E系列微处理器具有高性能低功耗的特点。由于采用新的体系结构,与同等的ARM9器件相比较,在同样的时钟频率下,其性能提高了近50%,同时,ARM10E系列采用了先进的节能方式,功耗极低。ARM10E系列主要应用于现代无线电设备、数字消费品、成像设备、工业控制通信和信息系统等领域。ARM10E系列包括ARM1020E、ARM1022E和ARM1026EJ-S这3种类型。

ARM11系列微处理器是ARM公司近年推出的新一代RISC处理器,在性能上有了巨大提升,拥有350~500MHz时钟频率的内核。ARM11处理器在提高性能的同时也允许在性能和功耗间折中以满足某些特殊应用,通过动态调整时钟频率和供电电压,完全可以控制这两者的平衡。ARM11系列主要有ARM1136J、ARM1156T2、ARM1176JZ这3个型号。

自从ARM11以后ARM公司对处理器的命名方式发生了变化,以Cortex来命名,针对不同的应用领域开发与之相适应的处理器。Cortex-A是高端应用处理器,可实现高达2GHz标准频率,从而支持下一代移动Internet设备。这些处理器具有单核和多核两类。主要应用在智能手机、智能本、上网本、电子书阅读器和数字电视等方面。

Cortex-R是实时处理器,应用在具有严格的实时响应嵌入式系统,主要应用在家庭消费性电子产品、医疗行业、工业和汽车行业。

Cortex-M系列处理器是主要针对微控制器领域开发的,是低成本和低功耗的处理器,主要应用在智能测量、人机接口设备、汽车和工业控制系统、大型家用电器、消费性产品和医疗器械等方面。

3. ARM 部分常用参数举例

以 AM4376 为例,AM4372 和 AM4377 为可替换部件,其部分参数如表 10.2 所列。

表 10.2　ARM 部分参数

指标项　　　　　型号	AM4376	AM4372	AM4377
ARM CPU(中央处理单元)	ARM Cortex-A9	ARM Cortex-A9	ARM Cortex-A9
ARM MHz(主频:Max)	300 800 1000	600 800	800 1000
DMIPS(每秒百万条指令)	750 2000 2500	1500 2000	2000 2500
DRAM(动态随机存取存储器)	DDR3 DDR3L LPDDR2	DDR3 DDR3L LPDDR2	DDR3 DDR3L LPDDR2
Display Outputs(显示输出)	1	1	1
Graphics Acceleration(图形加速)	N/A	N/A	N/A
Video Input Ports(视频输入口)	1	1	1
EMAC(以太网控制器)	2-Port 10/100 PRU EMAC 2-Port 1Gb Switch	2-Port 1Gb Switch	2-Port 10/100 PRU EMAC 2-Port 1Gb Switch

10.2.3　DSP

1. DSP 的发展

DSP 是在模拟信号变换成数字信号以后进行高速实时处理的专用处理器,其处理速度比最快的 CPU 还快 10～50 倍。在当今数字化时代背景下,DSP 已成为通信、计算机和消费类产品等领域的基础器件。业内人士预言,DSP 将是未来集成电路中发展最快的电子产品,并成为电子产品更新换代的决定因素。在 DSP 出现之前,数字信号处理只能依靠 MPU(微处理器)来完成,但 MPU 较低的处理速度无法满足高速实时的要求,因此,20 世纪 70 年代有人提出了 DSP 的理论和算法,而 DSP 仅仅停留在教科书上,即便是研制出来的 DSP 系统也只是分离元件组成的,其应用领域仅局限于军事、航空航天等部门。

随着大规模集成电路技术的发展,1982 年诞生了首枚 DSP 芯片,这种 DSP 器件采用微米工艺 NMOS 技术制作,虽然功耗和尺寸稍大,但是运行速度却比 MPU 快了几十倍,尤其在语音合成和编码解码器中得到了广泛的应用。DSP 芯片的问世,标志着 DSP 应用系统由大型系统向小型化迈进了一大步。随着 CMOS 技术的进步与发展,第二代基于 CMOS 工艺的 DSP 芯片应运而生,其存储容量和运算速度成倍提高,成为语音处理、图像硬件处理技术的基础。20 世纪 80 年代后期,第三代 DSP 芯片问世,运算速度进一步提高,应用范围逐步扩大到通信、计算机领域。90 年代 DSP 发展最快,相继出现了第四代和第五代 DSP 器件。现在的 DSP 属于第五代产品,它与第四代相比,系统集成度更高,将 DSP 芯片及外围组件综合集成在单一芯片上,这种集成度极高的 DSP 芯片不仅在通信、计算机领域大显身手,而且逐步渗透到人们日常消费领域,前景十分可观。如图 10.3 所示为 TI 公司 DSP 芯片的实物。

图 10.3　DSP 实物

2. DSP 的特点

DSP 系统是以数字信号处理为基础,因此除具有数字处理的全部特点外,相对其他处理器还有突出优点:

(1) 精度高。模拟网络中元件(R、L、C 等)精度很难达到 10^{-3} 以上,而 16 位数字系统可以达到 10^{-5} 的精度,定点 DSP 芯片字长 16 位,CALU(中央算术逻辑单元)和累加器 32 位,浮点 DSP 芯片字长 32 位,累加器 40 位。

(2) 可靠性强。DSP 系统以数字处理为基础,受环境温度以及噪声的影响较小,稳定性好。同时,由于 DSP 系统采用大规模集成电路,其故障率也远比采用分立元件构成的模拟系统低。

(3) 集成度高。DSP 系统中的数字部件有高度的规范性,便于大规模集成和生产。在 DSP 系统中,由于 DSP 芯片、CPLD、FPGA 等都是高集成度的产品,加上采用表面贴装技术,体积得以大幅度压缩。

(4) 接口方便。以现代数字技术为基础的系统或设备都是兼容的,系统接口方便。

(5) 灵活性好。模拟系统的性能受元器件参数性能变化大,而数字系统基本不受影响,因此数字系统便于测试、调试和大规模生产。

(6) 保密性好。DSP 系统隐蔽内部总线地址变化,做成 ASIC,保密性能几乎无懈可击。

(7) 时分复用。可使用一套 DSP 系统分时处理几个通道的信号,这与每一路都必须花费一套硬件的模拟系统比起来,可以大大降低成本。

3. DSP 的应用

在近 20 年里,DSP 芯片在信号处理、通信、雷达等许多领域得到广泛的应用。目前,DSP 芯片的价格越来越低,性能价格比日益提高,具有巨大的应用潜力。它的应用主要有:

(1) 信号处理。如数字滤波、自适应滤波、快速傅里叶变换、小波变换、相关运算、谱分析、卷积、模式匹配、加窗、波形产生等。

(2) 通信。如调制解调器、自适应均衡、数据加密、数据压缩、回波抵消、多路复用、传真、扩频通信、纠错编码、可视电话、个人通信系统、个人数字助手(PDA)等。

(3) 语音。如语音编码、语音合成、语音识别、语音增强、说话人辨认、说话人确认、语音邮件、语音存储、扬声器检验、文本转语音等。

（4）图形/图像。如二维和三维图形处理、图像压缩与传输、图像增强、动画与数字地图、机器人视觉、工作站等。

（5）军事。如保密通信、雷达处理、声呐处理、图像处理、导航、导弹制导等。

（6）仪器仪表。如频谱分析、函数发生、锁相环、数字滤波、地震处理等。

（7）自动控制。如引擎控制、声控、自动驾驶、机器人控制、电动机控制、磁盘控制等。

（8）医疗。如助听器、超声设备、诊断工具、病人监护、胎儿监控等。

（9）家用电器。如高保真音响、音乐合成、音调控制、玩具与游戏、数字电话与电视、电动工具等。

（10）汽车。如自适应驾驶控制、防滑制动器、发动机控制、导航及全球定位、振动分析等。

4. DSP 的发展前景

DSP 在其发展道路上不断满足人们日益提高的要求，正在逐渐朝向个人化和低功耗化方向发展，因此，DSP 的发展前景非常可观。

（1）系统级集成 DSP 是潮流。缩小 DSP 芯片尺寸始终是 DSP 技术的发展方向。当前的 DSP 多数基于 RISC（精简指令集计算）结构，这种结构的优点是尺寸小、功耗低、性能高。各 DSP 制造商纷纷采用新工艺，改进 DSP 芯核，并将几个 DSP 芯核、MPU 芯核、专用处理单元、外围电路单元、存储单元集成在一个芯片上，成为 DSP 系统级集成电路。

（2）可编程 DSP 是主导产品。可编程 DSP 为生产厂商提供了很大的灵活性。生产厂商可在同一个 DSP 平台上开发出各种不同型号的系列产品，以满足不同用户的需求。同时，可编程 DSP 也为广大用户提供了易于升级的良好途径。

（3）定点 DSP 是主流。从理论上讲，虽然浮点 DSP 的动态范围比定点 DSP 大，且更适合 DSP 的应用场合，但定点运算的 DSP 器件成本较低，对存储器的要求也较低，而且耗电量小。因此，定点运算的可编程 DSP 器件仍是市场上的主流产品。据统计，目前销售的 DSP 器件中的绝大多数属于 16 位定点可编程 DSP 器件，预计今后的比重将逐渐增大。

（4）追求更高的运算速度。目前，一般的 DSP 运算速度为 100MIPS，即每秒钟可运算一亿条指令。由于电子设备的个人化和客户化趋势，DSP 必须追求更高更快的运算速度，才能跟上电子设备的更新步伐。DSP 运算速度的提高，主要依靠新工艺改进芯片结构。当前 DSP 器件大都采用 $0.5 \sim 0.35 \mu m$ CMOS 工艺，按照 CMOS 的发展趋势，DSP 的运算速度再提高 100 倍（达到 1600GIPS）是完全有可能的。

10.2.4　集成电路的封装

封装是内含一个或多个半导体芯片的一种外壳，可提供电连接及机械和环境保护。

封装的发展趋势是具有更多的引脚数，更大的热耗散，更高的封装密度和多芯片封装，以便改进电子系统的性能，使其具有更多的功能及更强的能力。部分常用的集成电路的封装形式参见表 10.3。

表 10.3　部分常用封装形式表

	BGA(Ball grid array, 焊球阵列)		TQFP(Thin quad flat pack, 薄形四边引线扁平封装)
	PBGA(Plastic ball grid array,塑球焊球阵列)		SIP(Single in-line package, 单列直插)
	DIP(Dual in-line package, 双列直插封装)		SOJ(Small outline J lead, J 形引线的 SOP)
	LGA(Leadless(land) grid array,面或无引线焊点阵列)		SOP(Small outline package, 小外形封装)
	PGA(Pin grid array,针栅阵列)		SSOP(Shrink small outline package,缩小的小外形封装)
	PLCC(Plastic leaded chip carrier,塑料有引线片式载体)		QFP(Quad flat pack,四边引线扁平封装)

10.3　微处理器在 Multisim 的应用实例之交通灯控制器设计

本节将介绍在 Multisim 平台下设计实现基于单片机的交通灯控制器的设计和仿真过程。

用定时器和门电路配合指示灯来模拟交通灯是一个经典的实验,在 Multisim 平台上也可以实现类似的电路仿真。而实际上我们还可以通过单片机来达到这个目的。Multisim 平台中也有单片机的仿真功能,设计中以 8052 型号的单片机作为交通灯控制器配合其他元器件来模拟交通灯。由于 .asm 文件的特殊性,工程文件夹最好在全英文路径下建立,而且代码的输入也不能有中文注释。

10.3.1　交通灯控制器的需求分析

假设这次要模拟一个如图 10.4 所示的双向通行路口的交通灯。分别用 A 和 B 来代表左右两侧的交通灯。可以看出,需要用到单片机的 6 个端口来输出信号,为了便于模拟功能,还应该设置一个外部装置用于手动切换交通灯的信号。

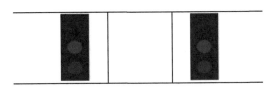

图 10.4　交通灯示意图

交通灯状态的一种切换循环如表 10.4 所列。

表 10.4　交通灯状态循环表

| A | 绿 | 黄 | 红 | 红 | | |
| B | 红 | | | 绿 | 黄 | 红 |

经过以上分析,我们可以使用 8052 单片机的 P1.0～P1.5 输出信号控制交通灯的状态和 P3.3 作为外部中断的输入口来实现控制交通灯的功能。

10.3.2　在 Multisim 中输入电路图

实现模拟交通灯的下一步就是在 Multisim 平台中搭建完整的电路。在本例中会用到 8052 单片机、交通灯、点触开关等多个元器件。

1.　放置 8052

8052 单片机是本例中的重要元器件,从它开始搭建电路。首先找到如图 10.5 所示的"放置 MCU"按钮。单击后,如图 10.6 所示,选择 805X 系列中的 8052。

图 10.5　放置 MCU 按钮图

然后会依次有如图 10.7 所示的三个向导步骤,首先需要做的是选择工作路径与工作区名称,然后是创建项目,这里选用的方法是直接在 Multisim 平

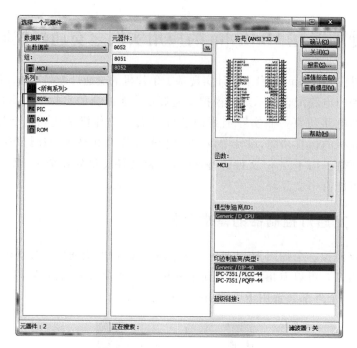

图 10.6　选择单片机型号窗口图

台中进行代码的编写。向导的最后一步是确定源文件名。经过这三步后，一个 8052 单片机就被放置在工作区了。

(a) 向导第一步窗口　　　　　　　　　　　　(b) 向导第二步窗口

(c) 向导第三部窗口

图 10.7　向导步骤窗口

接下来是为 8052 添加电源并接地,通过放置如图 10.8 和图 10.9 所示的 POWER_SOURCES 系列中的 VCC 与 DGND 来实现。

图 10.8 选择电源元器件窗口

图 10.9 选择接地元器件窗口

将这三部分如图 10.10 所示连线使 8052 能正常工作。

2. 为 8052 编写代码

下一步是编写 8052 的代码,双击工作区中的 8052,然后如图 10.11 所示,单击代码栏下的"属性"按钮。

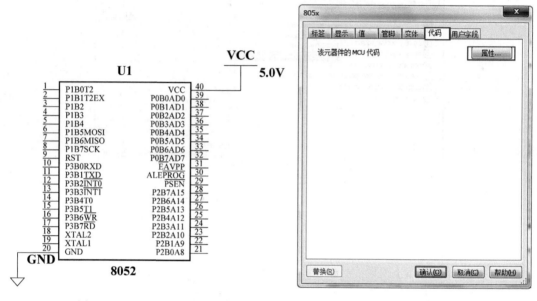

图 10.10 8052 连接示意图   图 10.11 8052 属性窗口

如图 10.12 所示,在弹出的窗口中双击 Traffic Light. asm,进入代码编写窗口。

图 10.12 8052 代码总管窗口

图 10.13 所示便是 8052 的代码编写窗口。

```
$MOD52   ; This includes 8052 definitions for the Metalink assembler

; Please insert your code here.

END
```

图 10.13　8052 代码编写窗口

以下是完整的运行代码,中文部分为注释,不用输入:

```
;
; Traffic Light Controller
;
$ MOD52

$ TITLE(TRAFFIC LIGHT)

        ;Defines
        AGRN   equ     P1.0
        ARED   equ     P1.1
        AYEL   equ     P1.2
        BGRN   equ     P1.3
        BRED   equ     P1.4
        BYEL   equ     P1.5


        LJMP   INIT              ; 跳转到 INIT

        ORG    0013H             ; EXT1 的中断入口地址
        LJMP   EXT1              ; 跳转到 EXT1 中断处理程序
        LJMP   MAIN              ; 跳转到 MAIN 循环

INIT:
        MOV    SP,#20H           ; 为 SP 赋值 20H
        LCALL  CLR_LCD
        LCALL  ENABLE_INTS       ; 调用 ENABLE_INTS 令中断待命

MAIN:
        CALLCLEAR_ALL
        SETBBRED
        SETBAGRN                 ; A 部分为绿,B 部分为红

        MOV    R0,#06H           ; 等待交通灯变换状态
LOOP1:  LCALL  ONESEC
        DJNZ   R0,LOOP1

        CALLCLEAR_ALL
        SETBBRED
        SETBAYEL                 ; A 部分从绿变为黄
```

```
            LCALL   ONESEC

            CALLCLEAR_ALL
            SETBARED
            SETBBRED                    ; A 部分从黄变为红

            LCALL   ONESEC

            CALLCLEAR_ALL
            SETBARED
            SETBBGRN                    ; B 部分从红变为绿

            MOV    R0, ♯06H           ; 等待交通灯变换状态
LOOP2:      LCALL   ONESEC
            DJNZ   R0,LOOP2

            CALLCLEAR_ALL
            SETBARED
            SETBBYEL                    ; B 部分从绿变为黄

            LCALL   ONESEC              ; B 部分从黄变为红

            CALLCLEAR_ALL
            SETBARED
            SETBBRED

            LCALL   ONESEC

            JMP   MAIN

;EXT1 的中断处理程序
EXT1:
            SETBACC.0                   ; 在 ACC 中设置一个标志位
            RETI

;其他子程序
CLR_LCD:
            MOV   P0, ♯00h
            RET

ENABLE_INTS:
            SETB   IT1                  ; 设置 EXT1 为下降沿触发
            SETB   EX1                  ; 启用 EXT1

            MOV   TMOD, ♯01H           ; 设置 T0 为 16 位模式

            SETB   EA                   ; 启用全局中断
            RET

CLEAR_ALL:
            MOV   P1, ♯00H            ; 使灯全灭
```

```
        CLR  ACC.0                  ; 清除中断标志位
        RET


ONESEC:
        MOV  R1, #14H              ; 令定时器循环 20 次相当于计时 1s
SEC_LOOP:
        MOV  TH0, #00H            ; 清空 T0
        MOV  TL0, #00H
        CLR  TF0                   ; 清除溢出标志位
        SETB TR0                   ; T0 开始计时
        JNB  TF0, $
        CLR  TR0                   ; T0 停止计时

        JNZ  BTN_PRESSED          ; 触发键被按下,跳出循环并改变交通灯状态

        DJNZ R1, SEC_LOOP


BTN_PRESSED:
        RET


HALT:   JMP  $


END
```

输入完代码后可以测试一下是否能够运行,单击图 10.14 所示的"步进"按钮。
在图 10.15 可以看到运行的结果是没有问题。

Traffic Light.asm
错误: Traffic Light.asm
汇编器结果: 0 - 错误 0 - 警告

图 10.14 8052 代码调试栏 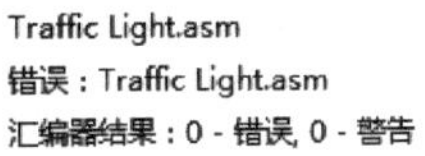   图 10.15 代码运行结果图

然后单击如图 10.16 所示的"停止"按钮,返回电路搭建界面
以进行下一步。

除了直接在 Multisim 平台中编写代码之外,还可以导入其
他软件生成的 .HEX 文件,方法是在向导的第二步中,如
图 10.17 所示,将项目类型改为外部十六进制文件。

图 10.16 "停止"按钮

之后再进入代码界面就会如图 10.18 所示,提示选择文件进行导入。

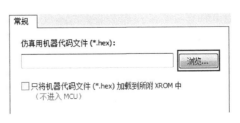

图 10.17 向导第二步窗口   图 10.18 导入文件窗口

3. 连接交通灯与外部触发开关

为了美化线路，会使用"总线"和"在页连接器"完成连接。首先连接交通灯，从 8052 引脚出来的信号需要先经过缓冲器才能连接到交通灯上，比起直接添加 6 个缓冲器，我们可以使用层次块，使电路显得更简洁。如图 10.19 所示，右键单击工作区然后选择新建层次块。

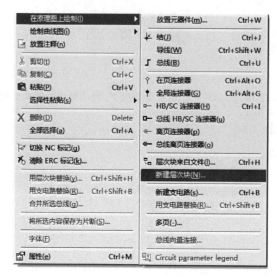

图 10.19　右键菜单窗口

然后输入需要的层次块名字与输入/输出引脚的数量，如图 10.20 所示。

如图 10.21 所示，进一步双击该层次块，打开子电路对内部进行编辑。

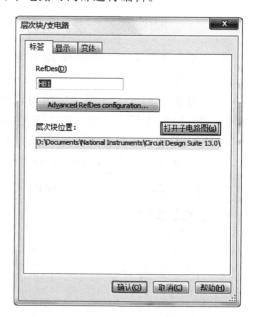

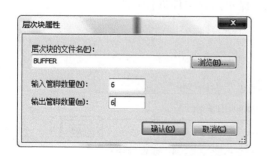

图 10.20　层次块创建窗口　　　　　　　图 10.21　层次块属性窗口

这里要用到的是如图 10.22 所示的，TIL 系列中的 6 个 BUFFER。将层次块的内部电路排列如图 10.23 所示。

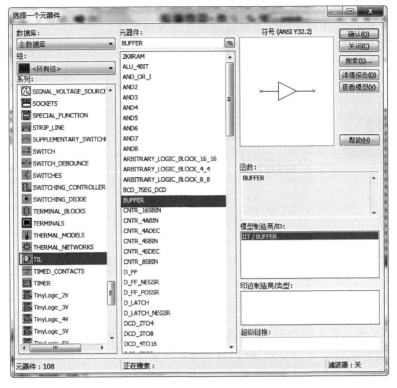

图 10.22　选择 TIL 元器件窗口

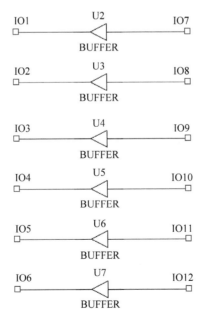

图 10.23　层次块内部电路

对层次块的编辑完成后,返回主工作区,将输入端依次连接到 8052 的 1～6 引脚,输出端连接到总线上。总线的绘制方法是,单击图 10.24 中的"总线"按钮,在工作区单击左键开始绘制,在转折处也是单击左键,在结束的地方需要双击左键完成绘制。

图 10.24　总线按钮

连接到总线后的电路如图 10.25 所示。

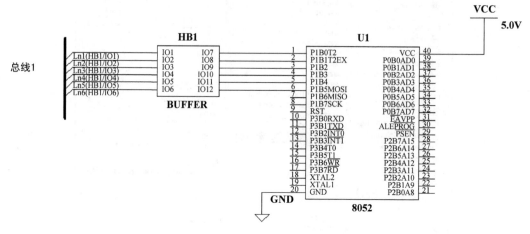

图 10.25　连接总线后的电路

为了便于区别总线上的每根导线,可以双击总线对线路做出如图 10.26 所示的重命名。其中 A.G 代表连接的是 A 部分的绿灯,其他依此类推。

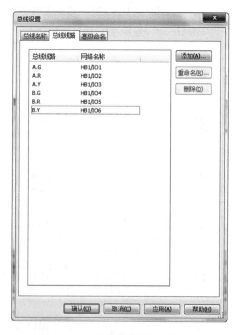

图 10.26　总线线路重命名窗口

另一个重要的元器件交通灯可以如图 10.27 所示,选择 MISC_PERIPHERALS 系列中的 TRAFFIC_LIGHT。

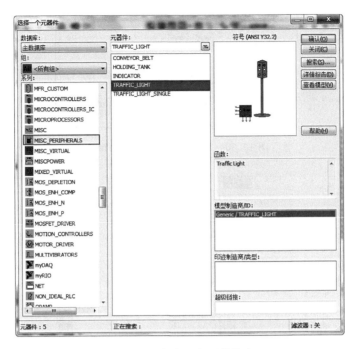

图 10.27　选择交通灯元器件窗口

　　放置后的交通灯如图 10.28 所示。可以看出，这个交通灯元器件正好有 6 个引脚对应由 8052 输出的 6 个信号。

　　此时如图 10.29 所示，绘制另一条"总线 1"把信号连接到交通灯上。在解决名称重复时选择如图 10.30 所示的"虚拟连接总线"。然后如图 10.31 所示，将交通灯的引脚连接到相应的总线线路上，之前对线路的重命名就是为了在这一步不出错。连接好的交通灯如图 10.32所示。

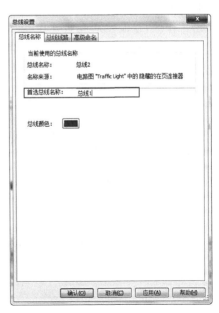

TRAFFIC_LIGHT

图 10.28　交通灯元器件图

图 10.29　总线绘制设置

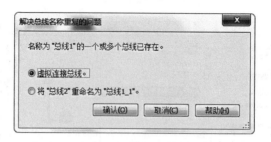

图 10.30　解决总线名称重复的窗口

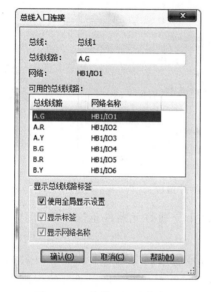

图 10.31　总线入口连接窗口

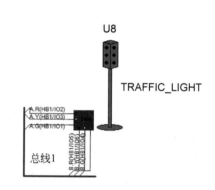

图 10.32　连接到总线的交通灯电路

最后的一部分是使用"在页连接器"将外部信号接入 8052 的 P3.3。首先如图 10.33 所示,右键单击工作区,绘制一对在页连接器。然后如图 10.34 和图 10.35 所示,输入连接器的名称,并将第二个与第一个连接在一起,生成如图 10.36 所示在页连接器。

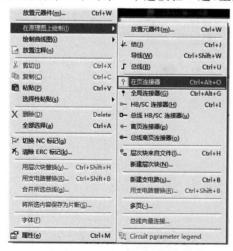

图 10.33　右键菜单窗口

图 10.34　创建在页连接器窗口

图 10.35　连接两个在页连接器窗口　　　图 10.36　在页连接器元器件

下一步是选用如图 10.37 所示的 SUPPLEMENTARY_SWITCHES 系列中的 PB_NO 和图 10.9 中的 DGND 来组成如图 10.38 所示的外部信号发生器,并通过在页连接器接入 8052。

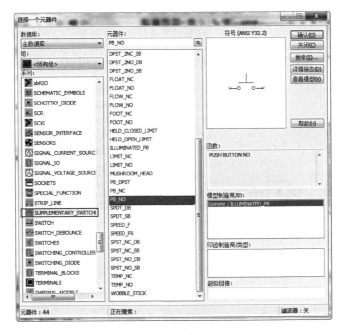

图 10.37　选择开关元器件窗口

图 10.38　外部信号发生器电路

完整的交通灯控制电路图如图 10.39 所示。

10.3.3　在 Multisim 中进行电路功能仿真

在搭建好完整的电路图之后,可以单击图 10.40 所示的"运行仿真"按钮进行仿真。而为了便于检测电路功能,可以通过图 10.41 所示的仿真下拉菜单,在如图 10.42 所示的交互

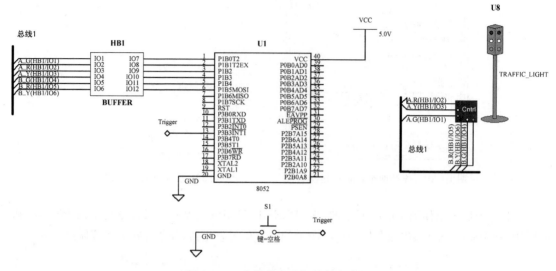

图 10.39　完整的交通灯控制电路图

仿真设置中,输入一个合适的 Maximum time step。本例选用 0.5s 进行仿真测试。

图 10.40　运行仿真按钮　　　　　　图 10.41　仿真下拉菜单

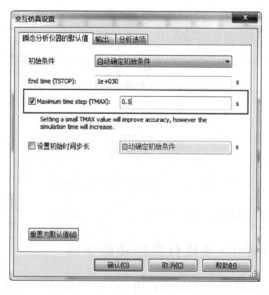

图 10.42　交互仿真设置窗口

通过等待交通灯自动切换状态,或者按下空格键手动改变状态,可以看到交通灯将按照图 10.43 所示的过程进行状态循环。可以看出仿真结果与设计要求是相符合的。

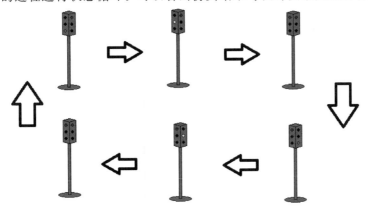

图 10.43 交通灯状态循环示意图

10.4 微处理器在 Multisim 的应用实例之计算器设计

在本节中将使用 Multisim 平台下的几个元器件进行配合,在熟悉元器件的同时完成一个简单的计算器设计。

10.4.1 计算器的设计与分析

本节中,要在 Multisim 平台下,通过电路仿真实现一个计算结果为 $0\sim9999$ 的正整数的四则运算的计算器。这就要求:

(1) 输入的数字和输出的结果应该能显示;

(2) 有一个复位键使状态能够重置;

(3) 当结果有溢出或除数为零时,能够提示错误。

以上三个为计算器的基本要求,除此之外还应该使用尽可能少的元器件以达到简化电路的目的。

为了显示一个四位的数字,可以使用四个数码管组成一个"显示器";对于数字的输入,可以通过 Multisim 中的"键盘"元器件实现;对于数字的存储、运算和输出,可以用 C51 单片机完成。

从上面的分析可以看出,使用到的主要元器件是四个数码管、一个"键盘"和 C51 单片机。C51 单片机的使用率高,功能性强,是一种广为熟知的器件。在本例中,C51 的 P1 端口连接"键盘"作为数据的输入端,P0 和 P2 端口连接"显示器"作为输出端,通过在 Multisim 平台下的编程完成数据的处理。

可以看出,一次计算的流程图如图 10.44 所示。

通过流程图,可以为编程代码提供思路。本例使用的代码较长,为了突出对元器件的使用,代码另外存放在附录 A 中。

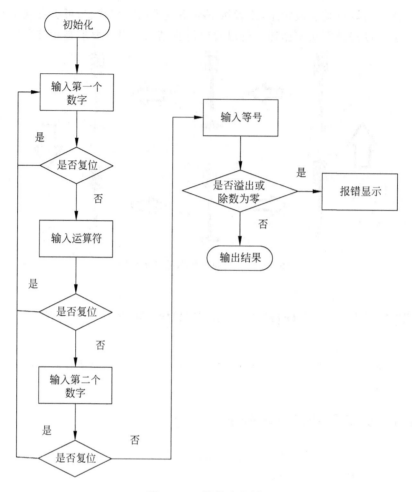

图 10.44　计算流程图

10.4.2　在 Multisim 中输入电路图

如前所述,首先在 Multisim 中放置四个数码管,这里用的是如图 10.45 所选的 HEX_DISPLAY 系列中的 DCD_HEX_DIG_RED,是一种自带编译器的数码管,能够将引脚输入的四位 BCD 码显示为十进制中的数字。四个引脚中,最左边的是最高位,最右边的是最低位。

下一个用到的是图 10.46 所示的 KEYPAD 系列中的 NUNERIC_KEYPAD_4X4。如图 10.47 所示,这个元器件有八个引脚,四个作为行选项的是高四位,四个作为列选项的是低四位。当某个按钮被按下,该行列所对应的引脚会输出高电平。例如:当等号"="被按下时,行选项的输出是"0001",列选项的输出是"0010",组合在一起就是"12H"。也就是说当 C5 的 P1 口输入为"12H"时,将要进入运算结果的流程。

第三个要添加的是 C51,可以如图 10.48 所示,在 805X 系列中找到 8051。同 10.3 节相似,这里同样需要有三个向导步骤来放置单片机(图 10.48),而且会用到 10.3 节中提到的 VCC 与 DGND 来为 C51 提供电源和接地。本例也与 10.3 节中所述的向导步骤一样,使

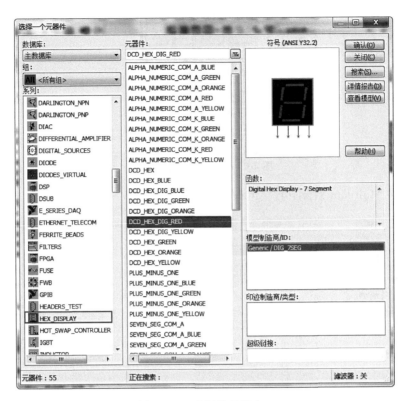

图 10.45　选择数码管窗口

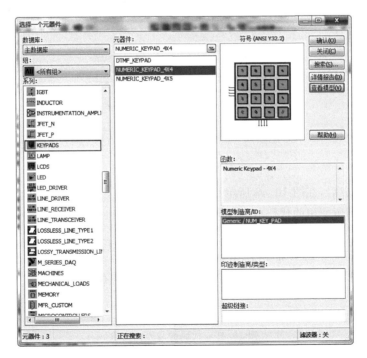

图 10.46　选择"键盘"元器件窗口

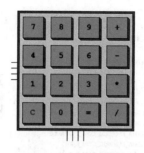

图 10.47　4×4 键盘器件图

用汇编语言在 Multisim 平台下直接编程。

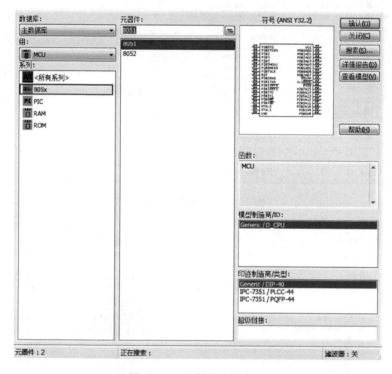

图 10.48　选择单片机窗口

器件放置完成后,在图 10.49 所示代码编写界面窗口,依照 10.3.2 节中的步骤进入代码编写界面,本例所使用的代码放在了附录中。

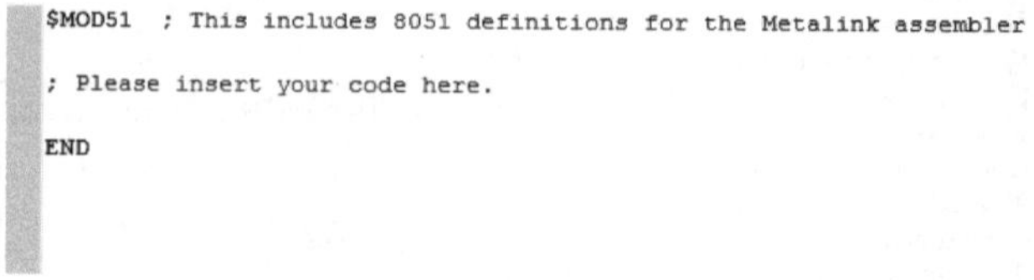

```
$MOD51  ; This includes 8051 definitions for the Metalink assembler

; Please insert your code here.

END
```

图 10.49　代码编写界面窗口

主要元器件的放置如图 10.50 所示,下一步是将这些元器件连接起来。

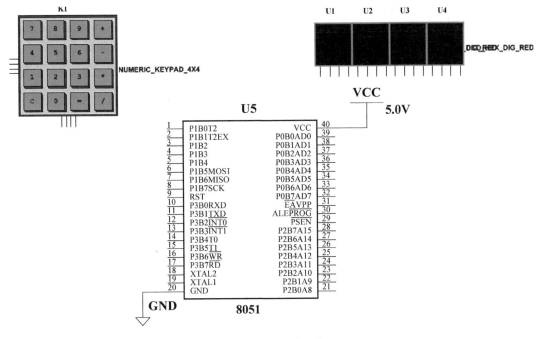

图 10.50 初步电路

首先将 C51 的 P1 端口与"键盘"相连。连接顺序如图 10.51 所示,高位接高位,低位接低位。

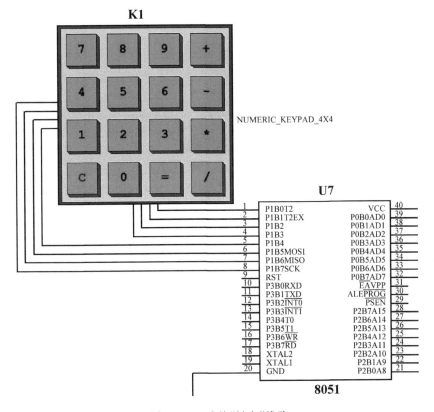

图 10.51 连接"键盘"线路

　　然后将 C51 的 P0 与 P2 端口与"显示器"相连接,这里同样要用到缓冲器组。为了简化电路,同样会用到层次块。本例中的层次块如图 10.52 所示,是一个 8 输入、8 输出的层次块进入层次块内部后,使用图 10.53 所示的 TIL 系列中的 BUFFER 将其编辑成如图 10.54 所示。

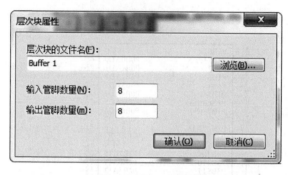

图 10.52　创建层次块窗口

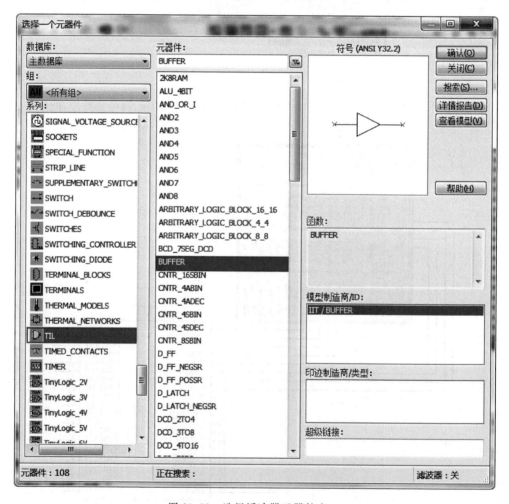

图 10.53　选择缓冲器元器件窗口

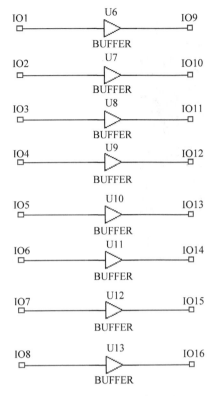

图 10.54 层次块内部电路

返回主工作区,添加一个该层次块的复制体。此时的电路如图 10.55 所示。

将 P0 和 P2 依次连接到两个层次块上。在本例中,编写的程序使用 P0 端口输出高位,P2 端口输出低位。所以,P0 端口的输出按照从 P0.7 到 P0.0 的顺序依次连接"显示器"的左起 8 位,P2 端口的输出按照从 P2.7 到 P2.0 的顺序从左到右依次连接"显示器"的剩下 8 位。连接线路如图 10.56 所示。

连接完整的电路图如图 10.57 所示。

10.4.3 在 Multisim 中进行电路功能仿真

在进行仿真前,同样先设置在 10.3 节中提到的 Maximum time step,如图 10.58 所示,本例使用的是 0.2s。

下面用三种情况来证明计算器的功能是否正确。

(1) 输入一个合理的四则运算,如图 10.59 所示输入"1234+5678=",查看结果是否计算无误。

(2) 输入一次溢出上限或者除数为零的运算。例如:输入"9999+1=",查看结果是否为报错(图 10.60)。

(3) 输入某个数字后用"C"清除,查看是否归位(图 10.61)。

综上可以看出,设计的计算器运行正确,达到设计要求。

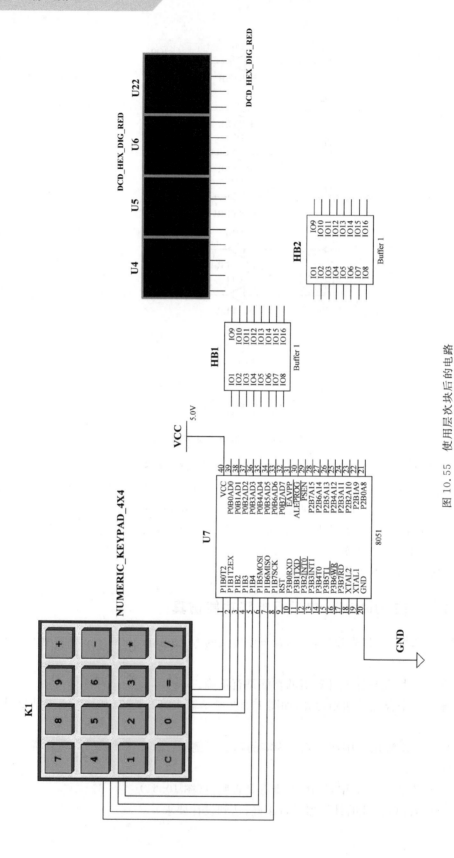

图 10.55 使用层次块后的电路

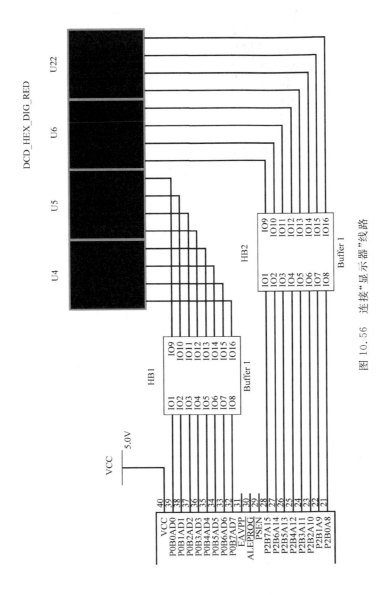

图 10.56 连接"显示器"线路

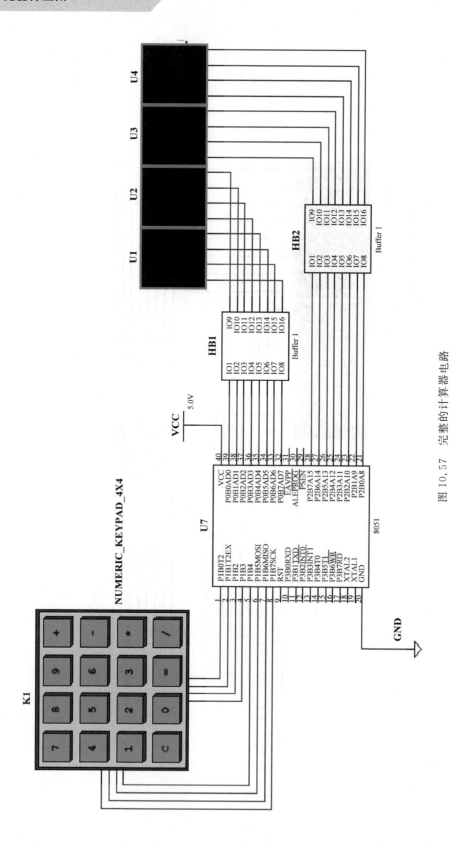

图 10.57　完整的计算器电路

图 10.58 交互仿真设置窗口图

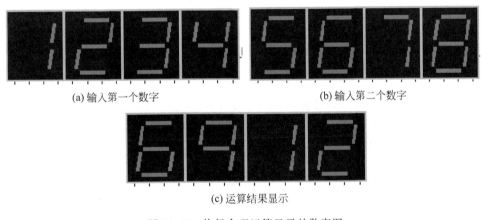

(a) 输入第一个数字　　　　　　　　　　　　　　(b) 输入第二个数字

(c) 运算结果显示

图 10.59 执行合理运算显示的数字图

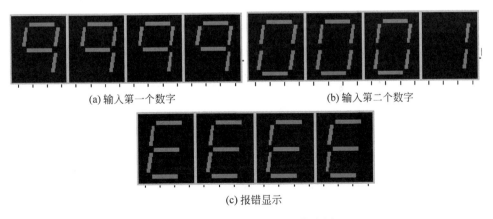

(a) 输入第一个数字　　　　　　　　　　　　　　(b) 输入第二个数字

(c) 报错显示

图 10.60 运算报错显示的数字图

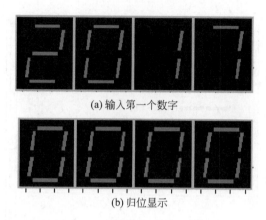

(a) 输入第一个数字

(b) 归位显示

图 10.61　清除操作显示的数字图

参考文献

[1]　刘仁杰. 谈 20 世纪美国微型处理器和计算机软件的发展[J]. 现代交际，2014,376(2)：26-26.

[2]　刘必慰,陈书明,汪东. 先进微处理器体系结构及其发展趋势[J]. 计算机应用研究，2007,24(3)：16-20.

[3]　王慧林. 单片机中电子技术的应用与发展[J]. 硅谷，2014(13)：70-70.

[4]　孙延岭,赵雪飞,张红芳,等. 基于 ARM 嵌入式系统的微型智能可编程控制器[J]. 电力系统自动化，2010,34(10)：101-104.

[5]　陈龙聪,胡国虎. 通用型 Intel 系列单片机在医学中的应用[J]. 北京生物医学工程，2003,22(4)：308-311.

[6]　施乐平,杨征宇,马宪民,等. ARM 嵌入式系统综述[J]. 中国测试，2012(s1)：14-16.

[7]　廖娜. DSP 应用技术综述[J]. 科技信息，2008,32(32)：78-78.

第11章

综合应用实例

本章主要结合前面章节的内容,介绍几种综合应用实例。

11.1 集成运算放大器在 Multisim 的应用实例

集成运算放大器是一种高放大倍数的直接耦合放大电路,同相比例放大电路是其经典的应用之一。

本例利用集成运算放大器对一有效值 3mV,频率 50Hz 的正弦交流电施加 100 倍的增益。

11.1.1 电路设计

为了实现上述的功能,首先进行电路原理图设计。为了实现 100 倍增益的放大,由公式

$$U_{\text{output}} = (1 + R_{14}/R_{13})U_{\text{input}}$$

可得

$$U_{\text{output}}/U_{\text{input}} = 1 + R_{14}/R_{13}$$

令 $U_{\text{output}}/U_{\text{input}} = 100$,得 $R_{14} = 99R_{13}$。

故令 $R_{13} = 1\text{k}\Omega, R_{14} = 99\text{k}\Omega$ 可基本实现要求,如图 11.1 所示。

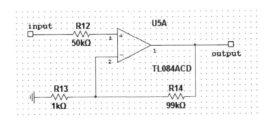

图 11.1 同相比例放大电路

11.1.2 在 Multisim 中输入电路图

设计完电路后,需要在 Multisim 中输入电路图。根据图 11.1 所示的原理图进行元件的选择和连接。

首先放置集成运算放大器,如图 11.2 所示,在 Multisim 图标中选择单击"放置模拟原

件"图标。接着选择 Analog 系列中的集成运放 TL084(TL084 是一款高输入电阻的四运放,不需要进行参数设定),如图 11.3 所示。TL084 是有源器件,需要分别在 4 脚、11 脚接通大小为 5V 的正负电源,如图 11.4 所示。

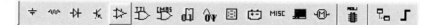

图 11.2 元器件图标

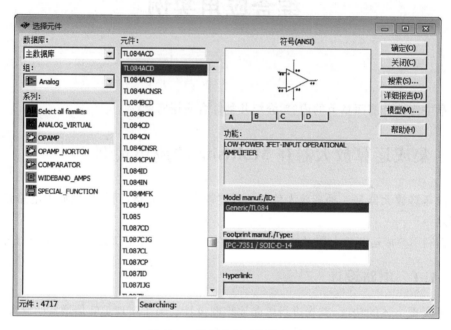

图 11.3 选择电源元器件窗口

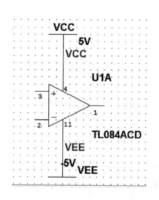

图 11.4 TL084 电源连接图

接着选择单击"放置基本"图标,选择 RESISTOR 系列,然后分别添加 3 个电阻,双击设置参数,如图 11.5 所示,3 个参数分别设置为 99kΩ、1kΩ 和 50kΩ。

最后放置电源,采用要求的 3mV、50Hz 信号源,并参照图 11.1 所示的电路原理图连接元器件,output 部分连接测试示波器,参见下一小节。

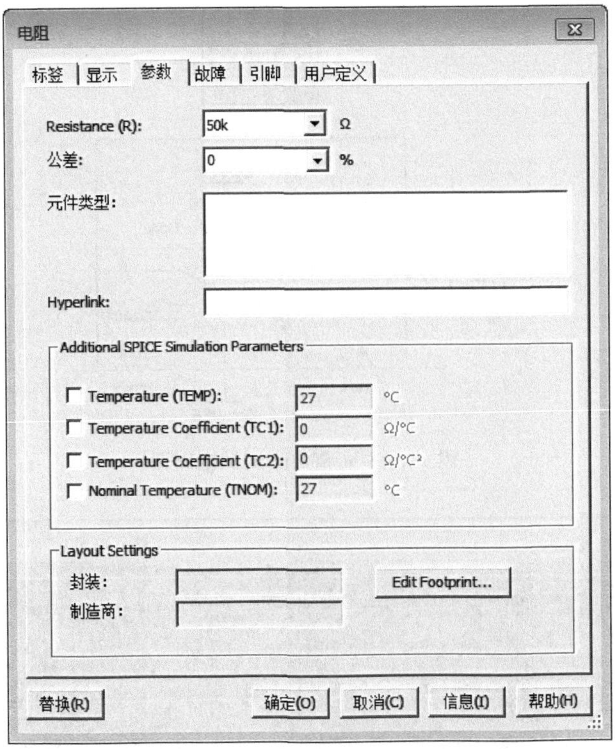

图 11.5 电阻参数设置窗口

11.1.3 在 Multisim 中进行电路功能仿真

参见图 11.6，添加虚拟示波器。

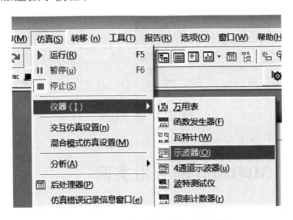

图 11.6 选择添加虚拟示波器

参照 11.7 连接示波器的 A、B 通道，并单击开始电路功能仿真。

在电路画布中双击示波器图标，出现图 11.8 所示的仿真结果窗。观察显示结果。可以看到输出中 A 通道最大值为 4.243mV，B 通道最大值为 424mV，在误差允许的范围内，满足了 100 倍增益的设计要求。

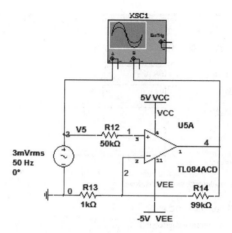

图 11.7 完整仿真测试电路图

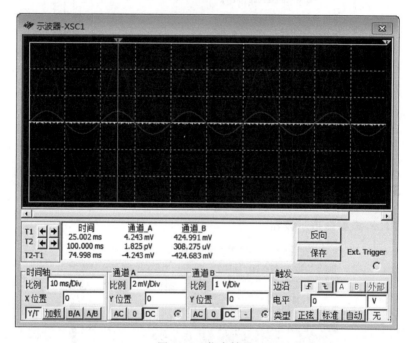

图 11.8 仿真结果

11.2 继电器在 Multisim 的应用实例

继电器是一种电控制器件,通常应用于自动化的控制电路中。它实际上是用小电流去控制大电流运作的一种"自动开关",故在电路中起着自动调节、安全保护、转换电路等作用。

本例利用－12V 的继电器回路对电压 1200V 的电机电路进行间接控制(可使人规避接近高电压电路带来的危险)。为了便于观察结果,额定电压为 1200V 的电机由 LED 灯替代。

11.2.1　电路设计

为了实现上述的功能,首先进行电路原理图设计。主电路采用 1200V 直流电源驱动 LED 测试灯,并串联继电器的开关部分,如图 11.9 所示;控制电路由 12V 驱动电源和继电器控制部分串联组成,如图 11.10 所示。

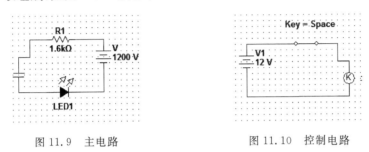

图 11.9　主电路　　　　　　　　　　　图 11.10　控制电路

11.2.2　继电器在 Multisim 中输入电路图

设计完电路后,需要在 Multisim 中输入电路图。根据图 11.9 与图 11.10 所示的原理图进行元件的选择和连接。

首先放置继电器并完成控制电路的连接,在 Multisim 图标中选择单击“放置模拟原件”图标。接着在 Basic 系列中的 Relay 部分选择 EMR011A05,如图 11.11 所示。EMR011A05 继电器需要接通电源,本例采用 12V 直流电源对其供电,并在 Basic→Switch 中选择开关,如图 11.12 所示,开关可以通过双击的方式选择控制按键,缺省值为“A”键,即通过按动键盘上的“A”键可控制室开关的打开与关闭。放置好后应如图 11.13 所示。检查完毕后,将几个部分串联连接,如图 11.10 所示.

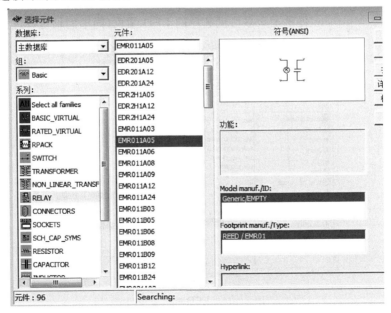

图 11.11　继电器元器件图标

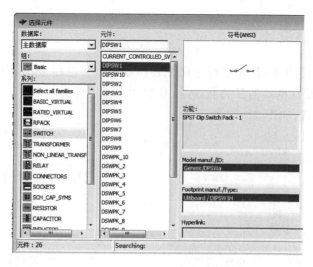

图 11.12　开关元器件图标

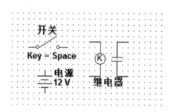

图 11.13　元器件放置图

接着完成主电路部分的连接。选择单击"放置基本"图标,选择 RESISTOR 系列,然后分别添加一个电阻做保护电阻,防止电路电流过大产生危险。双击电阻设置参数,本例中电阻参数设置为 $1.6\text{k}\Omega$。

电阻设置完毕后,选择 Diodes 系列 LED 组,添加一个 LED 灯模拟大功率发电机,如图 11.14所示。Multisim 提供了众多可供选择的 LED 颜色,同学们可自行进行选择。

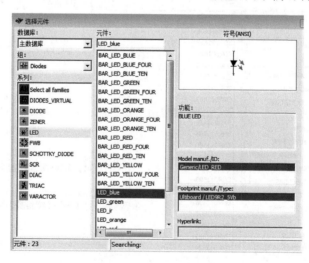

图 11.14　LED 灯放置窗口

最后放置电源,采用要求的1200V直流源,并参照图11.9和图11.10连接元器件。

11.2.3 在 Multisim 中进行电路功能仿真

连接好的完整电路图如图11.15所示,单击开始电路功能仿真。

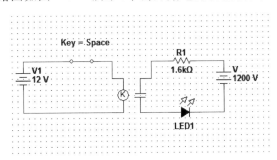

图11.15 完整仿真测试电路

开始仿真后,按动之前设置的开关键(本例中设置的开关键为空格键Space),可模拟控制电路闭合与断开电路的不同状态,即闭合状态(图11.16)和断开状态(图11.17)。可以认为,通过使用继电器,完成了对高电压大电流的电路的远程操控。

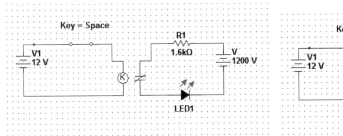

图11.16 闭合状态仿真结果

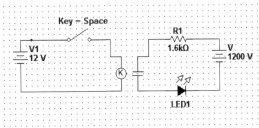

图11.17 断开状态仿真结果

11.3 心电信号放大滤波系统在 Multisim 的实现

11.3.1 系统设计要求

从人体体表获取的心电信号一般只有$10\mu V \sim 4mV$,典型值为$1mV$,人体心电信号的频率多集中在$0.05 \sim 100Hz$之间。由于心电信号是微弱信号,在信号测量中常遇到一些干扰因素,主要包括$50Hz$工频干扰、电子元器件噪声、肌电干扰等。根据心电信号的特征,设计一套心电信号的放大滤波电路并完成相关仿真测试。

11.3.2 子功能模块的仿真实现

本例设计实践电路图比较复杂,为了便于测试和查错,本例采用模块绘图的方式,即按功能将电路分为若干个模块,分别构图,最后再进行整合。则相当于采用了一种封装的方式,将电路图的一部分封装到一个黑盒之中,便于整体设计。

为了实现上述的功能,根据前几节的叙述,本例设计共分如下几个模块:

(1) 一级放大电路;

(2) 高通滤波电路;

(3) 带阻滤波电路;

(4) 二级放大电路;

(5) 低通滤波电路;

(6) 仿心电信号信号源(此部分为检验模块,在仿真一节中提及)。

首先单击"放置"选项卡里边的"新建子电路",如图 11.18 所示,在弹出的窗口里对其进行命名。连续操作 6 次后,将 6 个子模块都创建完毕,如图 11.19 所示。

图 11.18　建立子模块　　　　图 11.19　创建完毕后的 6 个子模块

之后分别进行设计与连接。

1. 一级放大电路

单击之前建立好的标题"一级放大",进入子模块。因本例心电信号过于微弱,需放大到 1V 左右,故需放大 1000 倍左右。采用同相比例放大电路时,若放大倍数如此大,会脱离其线性工作区间,使结果不可预测,因此采用两级 10×100 倍放大,本子模块执行 10 倍前置放大,电路如图 11.20 所示。

电路中 input、output 端口为子模块对外 I/O 端口设置的 HB/SC 连接,可以通过单击快捷键"Ctrl+I"放置,也可如图 11.21 所示选择,即在电路图内对应位置放置后,子模块封装后会出现对外引线,允许子模块间进行连接,如图 11.22 所示。

2. 高通滤波电路

高通滤波电路可以通过较高频率的信号,阻断低频信号,在本例中可帮助电路实现对 0.05Hz 以下的低频干扰滤除。单击左侧边栏中之前建好的"高通滤波"子模块,放置并连接电路,本例采用二阶高通滤波电路,电路图可参考图11.23。

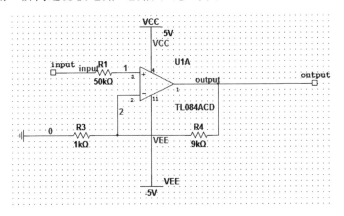

图 11.20 一级放大电路

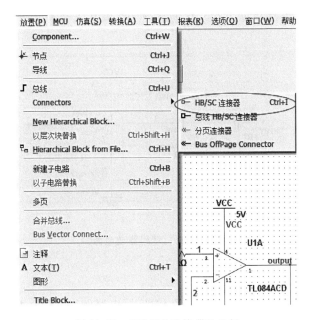

图 11.21 HB/SC 连接器的选择

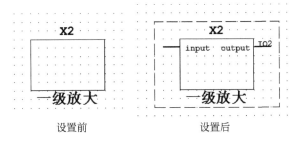

图 11.22 对外端口设置前后子模块封装比较

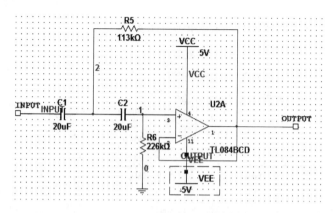

图 11.23　高通滤波电路图

3. 带阻滤波电路

带阻滤波电路为实现对 50 Hz 工频的滤除,防止其干扰心电信号的收集,电路图如图 11.24 所示。

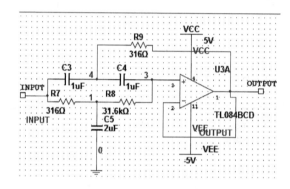

图 11.24　带阻滤波电路

4. 二级放大电路

二级放大电路作为主放大电路,实现 100 倍(实际电路例程电路放大了 101 倍)交变电压放大,同样采用同相比例放大电路,在参数选择上略做调整电阻阻值即可,电路参数可参考图 11.25。

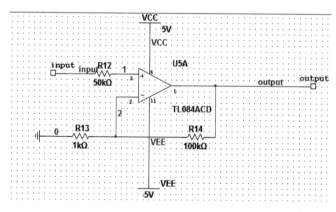

图 11.25　二级放大电路

5. 低通滤波电路

低通滤波电路允许低频通过,阻止高频。本例中为了防止 100Hz 以上的信号干扰,采用 100Hz 二阶低通滤波电路,如图 11.26。

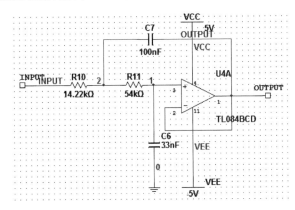

图 11.26 低通滤波电路

以上电路的主要五个模块便都设计完成了,在对其仿真实现之前还要加入待测试的信号源,并进行模块间的连接测试,这些内容将在下一小节介绍。

11.3.3 系统整合与仿真

模块设计完成后,先加入待测试电源。本例为了简化,不采用真正的心电信号进行测试,而使用数个不同频率不同幅值的交流信号源串联而成的复合源仿真心电信号,为了仿真与测试,采用幅值为 1mV,频率分别为 60Hz、50Hz、1000Hz、0.01Hz 的四个信号源串联作为仿真,同学们也可以加入更多的信号源来检测自己的电路是否完美,测试的同时进行参数调整,实现比例程更加优秀的电路。

单击"仿心电信号源"子模块,将几个信号源分别添加好并设置参数后,如图 11.27 所示。

子模块全部构建好之后,按图 11.28 所示连接各子模块,电路整体便完成了,接下来对其进行调试测试。

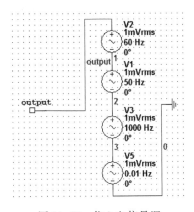

图 11.27 仿心电信号源

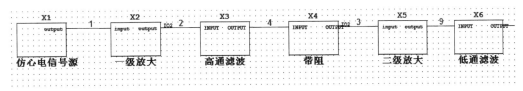

图 11.28 子模块间的连接

首先进行波形调试,本例目标是对心电信号滤波放大,因此,在对幅值为 1mV,频率分别为 60Hz、50Hz、1000Hz、0.01Hz 的四个叠加源滤波放大后,理想情况为得到幅值为 1V,频率为 60Hz(其他三个频率段都被滤掉了)的正弦波,先将示波器 B 通道接到电路输出端,并将 A 通道接上一个标准的 60Hz、1V 的交流电源,如图 11.29 所示。

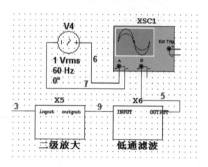

图 11.29　示波器接法

单击"开始仿真",调节 X 与 Y 轴,舍掉仿真刚开始时电容充放电引起的波形不稳定阶段,比较得到的波形,分析电路的优劣,如图 11.30 所示。

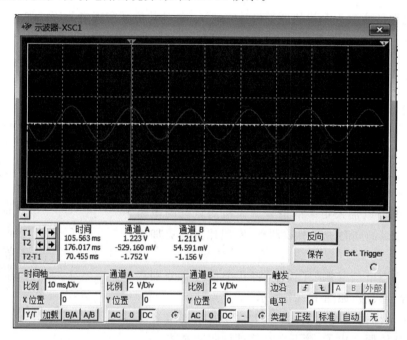

图 11.30　仿真波形

由此可见,经过滤波后的波形与标准波形无太大差距,同学们可以试着改变电路参数,观察波形稳定情况,比较方案的优劣。

再删除示波器,在"仿真"选项卡里找到"波特测试仪",如图 11.31 所示连接并设置好横纵坐标,可得到如图 11.32 所示波特图。由此可见,本例在高频部分表现不好,同学们可以思考一下,如何可以让其在高频段表现良好呢?

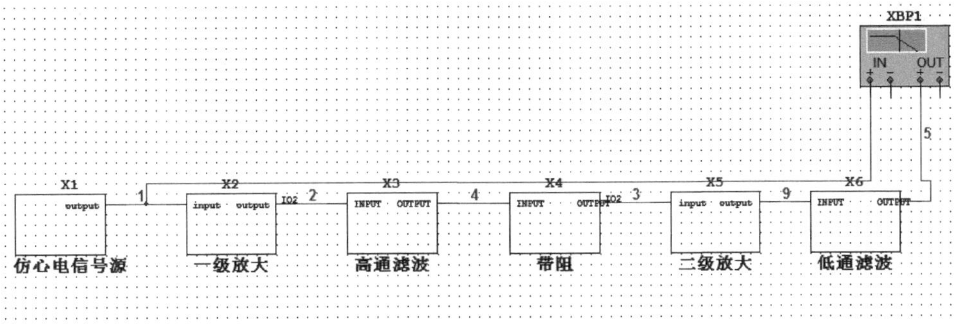

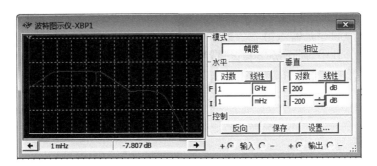

图 11.31 波特仪连接

图 11.32 波特仪参数设置与波特图

10.4节代码

计算器的操作顺序是输入第一个数字,输入一个四则运算符,输入第二个数字,然后按下"="显示结果。其中,两个数字和运算结果都是 0~9999 的正整数,当运算出错时会显示"EEEE"。以下是代码部分,中文部分为注释,不用输入。

```
; --------------------------------------------------------------
$ MOD51

$ TITLE

;
;定义变量
;
NUM1L     DATA   020H    ;第一个数字的低位
NUM1H     DATA   021H    ;第一个数字的高位
OPERATOR  DATA   022H    ;运算符
NUM2L     DATA   023H    ;第二个数字的低位
NUM2H     DATA   024H    ;第二个数字的高位
EWB       DATA   0F8H    ;跟踪特殊标志位

;程序开始

reset:
;重置 SP 指针,P0 端口和 P2 端口
    MOV SP, ＃28H

    MOV P0, ＃00H
    MOV P2, ＃00H

    JMP readystate

;初始化变量
initVar:
    MOV NUM1L, ＃00H
    MOV NUM1H, ＃00H
    MOV OPERATOR, ＃0FH
```

```
        MOV NUM2L, #00H
        MOV NUM2H, #00H
        MOV R5, #00H
        MOV R6, #00H
        RET

; 获取第一个数字
getnum1:
        MOV A, R1
        MOV A, R5
        MOV NUM1L, A
        MOV A, R6
        MOV NUM1H, A

        CALL keyscan
        CALL displaynum

        MOV A, R1
        XRL A, #03H        ; "C"键被按下
        JZ readystate
        MOV A, R1
        XRL A, #02H        ; " = "键被按下
        JZ getoperator
        MOV A, R1
        JZ getnum1op       ; 运算符被按下
        JMP getnum1        ; 继续获取

; 存储第一个数字并获取运算符
getnum1op:
        MOV R5, #00H
        MOV R6, #00H
        MOV A, R7
        MOV OPERATOR, A
        JMP getnum2

; 获取运算符
getoperator:
        MOV R5, #00H
        MOV R6, #00H

        CALL keyscan
        CALL displaynum

        MOV A, R1
        XRL A, #03H        ; "C"键被按下
        JZ readystate
        MOV A, R1
        XRL A, #02H        ; " = "键被按下
        JZ getoperator
        MOV A, R1
        JZ gotop           ; 运算符被按下
```

```
        JMP getnum1

; 存储运算符
gotop:
    MOV A, R7
    MOV OPERATOR, A
    JMP getnum2

; 等待键位输入.
readystate:
    CALL initVar

    CALL keyscan
    CALL displaynum

    MOV A, R1
    XRL A, ♯03H        ; "C"键被按下
    JZ readystate
    MOV A, R1          ; 运算符被按下
    JZ readystate
    MOV A, R1          ; " = "键被按下
    XRL A, ♯02H
    JZ readystate
    JMP getnum1

; 获取第二个数字
getnum2:
    MOV A, R5
    MOV NUM2L, A
    MOV A, R6
    MOV NUM2H, A

    CALL keyscan
    CALL displaynum

    MOV A, R1
    XRL A, ♯03H        ; "C"键被按下
    JZ readystate
    MOV A, R1
    XRL A, ♯02H        ; " = "键被按下
    JZ getoperator
    MOV A, R1
    JZ gotop           ; 运算符被按下
    JMP gettingnum2    ; 继续获取

gettingnum2:
    MOV A, R5
    MOV NUM2L, A
    MOV A, R6
    MOV NUM2H, A
```

```
        CALL keyscan
        CALL displaynum

        MOV A, R1
        XRL A, ♯03H          ; "C"键被按下
        JZ readystate
        MOV A, R1
        XRL A, ♯02H          ; " = "键被按下
        JZ calcgetop          ; 执行运算
        MOV A, R1
        JZ calcgetnum2        ; 运算符被按下
        JMP gettingnum2

; 计算结果并获取下一个数字
calcgetop:
        CALL calculate

        MOV A, R0
        XRL A, ♯0EEH
        JNZ calcgetopend
        MOV A, R1
        XRL A, ♯0EEH
        JZ readystate
calcgetopend:
        MOV A, R0
        MOV NUM1L, A
        MOV A, R1
        MOV NUM1H, A
        JMP getoperator

calcgetnum2:
        CALL calculate

        MOV A, R0
        XRL A, ♯0EEH
        JNZ calcgetnum2end
        MOV A, R1
        XRL A, ♯0EEH
        JZ readystate
calcgetnum2end:
        MOV A, R0
        MOV NUM1L, A
        MOV A, R1
        MOV NUM1H, A
        MOV A, R7
        MOV OPERATOR, A
        MOV R5, ♯00H
        MOV R6, ♯00H
        JMP getnum2

; 以下是四则运算过程
```

```
; 输入的是变量 NUM1L, NUM1H, OPERATOR, NUM2L, NUM2H
; 输出时,将运算结果的高位保存在 R1,低位保存在 R0
; 当结果出错或超过 270FH(十进制下的 9999)时,R1 和 R0 中的值都是 ♯0EEh
calculate:
    PUSH ACC
    MOV A, R2
    PUSH ACC
    MOV A, R3
    PUSH ACC
    MOV A, R5
    PUSH ACC
    MOV A, R6
    PUSH ACC

    MOV R0, NUM1L
    MOV R1, NUM1H
    MOV R2, NUM2L
    MOV R3, NUM2H
calcAdd:
    MOV A, OPERATOR
    CJNE A, ♯0CH, calcSub
    CALL ADD16
    ;检查是否溢出
    MOV A, ♯027H
    SUBB A, R1
    JC calcoverflow
    JNZ calcAddEnd
    MOV A, ♯0FH
    SUBB A, R0
    JC calcoverflow
calcAddEnd:
    JMP calcDisplay

calcSub:
    MOV A, OPERATOR
    CJNE A, ♯08H, calcMul
    CALL SUB16
    MOV A, ♯027H
    SUBB A, R1
    JC calcoverflow
    JNZ calcSubEnd
    MOV A, ♯0FH
    SUBB A, R0
    JNC calcSubEnd
    JMP calcoverflow
calcSubNeg:              ; 减法结果为负数时同样视为溢出
    MOV A, R0
    MOV R2, A
    MOV A, R1
    MOV R3, A
    MOV R0, ♯00H
```

```
        MOV R1, #00H
        CALL SUB16
        SETB C
calcSubEnd:
        JMP calcDisplay

calcMul:
        MOV A, OPERATOR
        CJNE A, #04H, calcDiv
        CALL UMUL16
        ; 检查是否溢出
        MOV A, R3
        JNZ calcoverflow
        MOV A, R2
        JNZ calcoverflow

        MOV A, #027H
        SUBB A, R1
        JC calcoverflow
        JNZ calcMulEnd
        MOV A, #0FH
        SUBB A, R0
        JC calcoverflow
calcMulEnd:
        JMP calcDisplay

calcDiv:
        MOV A, OPERATOR
        CJNE A, #00H, calcError
        ; 检查除数是否为零
        MOV A, R2
        JNZ calcDoDiv
        MOV A, R3
        JZ calcDivByZero
calcDoDiv:
        CALL UDIV16
        JMP calcDisplay

; 报错显示
calcError:
; 除数为零
calcDivByZero:
; 结果溢出
calcoverflow:
        MOV R0, #0EEH
        MOV R1, #0EEH
        MOV A, #0EEH
        MOV P2, A
        MOV P0, A
        CALL delay
        JMP calcEnd
```

```
; 显示运算结果
calcDisplay:
    MOV A, R0
    MOV R5, A
    MOV A, R1
    MOV R6, A
    CALL HEXtoDEC
    MOV A, R5
    MOV P2, A
    MOV A, R6
    MOV P0, A
    CALL delay

calcEnd:
    POP ACC
    MOV A, R6
    POP ACC
    MOV A, R5
    POP ACC
    MOV A, R3
    POP ACC
    MOV A, R2
    POP ACC
    RET

;将获取到的键位代码保存到 R7
; Row #  --------------------------
;8  | 7  8  9  + |
;4  | 4  5  6  - |
;2  | 1  2  3  * |
;1  | C  0  =  / |
; --------------------------
;Col #   8  4  2  1
keyscan:
    PUSH ACC
    MOV A, R0
    PUSH ACC
    MOV A, R1
    PUSH ACC
    MOV A, R3
    PUSH ACC

    MOV P1, #00FH

waitkeyuploop:
    MOV A, P1
    ANL A, #00FH
    XRL A, #00FH
    JNZ waitkeyuploop
```

```
        MOV P1, #00FH

anykeyloop:
        MOV A, P1
        ANL A, #00FH
        XRL A, #00FH
        JZ anykeyloop
        MOV R0, A
        XRL A, #00FH
        MOV R3, A

        CALL lineclear
        MOV P1, #0EFH
        MOV R1, #010H
        NOP
        MOV A, P1
        ANL A, #00FH
        XRL A, R3
        MOV R2, #000H
        JZ scanmatch

        CALL lineclear
        MOV P1, #0DFH
        MOV R1, #020H
        NOP
        MOV A, P1
        ANL A, #00FH
        XRL A, R3
        MOV R2, #001H
        JZ scanmatch

        CALL lineclear
        MOV P1, #0BFH
        MOV R1, #040H
        NOP
        MOV A, P1
        ANL A, #00FH
        XRL A, R3
        MOV R2, #002H
        JZ scanmatch

        CALL lineclear
        MOV P1, #07FH
        MOV R1, #080H
        NOP
        MOV A, P1
        ANL A, #00FH
        XRL A, R3
        MOV R2, #003H
        JZ scanmatch
```

```
    MOV P1, ＃00FH
    JMP keyscan
scanmatch:
    MOV A, R1
    ORL A, R0              ; combine into scancode

    MOV R7, A             ;

keyscanend:
    POP ACC
    MOV R3, A
    POP ACC
    MOV R1, A
    POP ACC
    MOV R0, A
    POP ACC
    RET
```

;输入是 R7（保存了当前的键位代码）、R2（保存了输入当前数字的键位代码）、
; R5 和 R6（ 以十六进制保存了当前的数字）
;输出保存在 R5 和 R6(以十六进制)

```
displaynum:
    MOV A, R7
    MOV R4, A
    MOV A, R2
    MOV B, ＃04H
    MUL AB
    MOV R2, A
    MOV A, R4
    ANL A, ＃00FH
    MOV R4, ＃000H
getnumloop:
    INC R4
    RR A
    ANL A, ＃00FH
    JNZ getnumloop
    DEC R4
    MOV A, R2
    ADD A, R4
    MOV R1, A

checknum2:
    CJNE A, ＃02H, checknum5
    MOV A, ＃00H
    JMP numfound
checknum5:
    CJNE A, ＃05H, checknum6
    MOV A, ＃03H
    JMP numfound
checknum6:
    CJNE A, ＃06H, checknum7
```

```
      MOV A, ♯02H
      JMP numfound
checknum7:
      CJNE A, ♯07H,checknum9
      MOV A, ♯01H
      JMP numfound
checknum9:
      CJNE A, ♯09H,checknum10
      MOV A, ♯06H
      JMP numfound
checknum10:
      CJNE A, ♯0AH,checknum11
      MOV A, ♯05H
      JMP numfound
checknum11:
      CJNE A, ♯0BH,checknum13
      MOV A, ♯04H
      JMP numfound
checknum13:
      CJNE A, ♯0DH,checknum14
      MOV A, ♯09H
      JMP numfound
checknum14:
      CJNE A, ♯0EH,checknum15
      MOV A, ♯08H
      JMP numfound
checknum15:
      CJNE A, ♯0FH, checkclear
      MOV A, ♯07H
      JMP numfound
checkclear:
      CJNE A, ♯03H, checkplus
      JMP cleardisplay

checkplus:
      CJNE A, ♯0CH, checkminus
      JMP operatorfound
checkminus:
      CJNE A, ♯08H, checkmultiply
      JMP operatorfound
checkmultiply:
      CJNE A, ♯04H, checkdivide
      JMP operatorfound
checkdivide:
      CJNE A, ♯00H, checkequalop
      JMP operatorfound
checkequalop:
      CJNE A, ♯01H, numnotfound
      JMP equalfound

equalfound:
```

```
        MOV R1, ♯02H
        MOV R7, A
        JMP displaynumend

operatorfound:
        MOV R1, ♯00H
        MOV R7, A
        JMP displaynumend

numnotfound:
        MOV R7, ♯0FFH
        JMP displaynumend

numfound:
        MOV R1, ♯01H
        MOV R7, A

        ; 将十六进制转为十进制
        CALL HEXtoDEC

        ; 左移数字
        CALL shiftnumleft

        ; 显示十进制的数字
        MOV A, R5
        MOV P2, A

        MOV A, R6
        MOV P0, A
        CALL delay

        ;从十进制转为十六进制并保存
        CALL DECtoHEX

displaynumend:
        RET

; R7 保存了新的结果 contains the new value
; R5 和 R6 分别保存需要左移的数字的低位和高位
shiftnumleft:
        PUSH ACC
shiftnumleftstart:
        MOV A, R7
        PUSH ACC

        MOV A, R6
        MOV R7, ♯004H
checkhighnumloop:
        RLC A
        JC noshift
        DJNZ R7, checkhighnumloop
```

```
        JMP doshift

noshift:
    POP ACC
    MOV R7, A
    JMP shiftnumleftend

doshift:
    POP ACC
    SWAP A
    MOV R7, #004H

shiftbitleft:
    RLC A
    PUSH ACC
    ; 使进位作用到 R5 中
    MOV A, R5
    RLC A
    MOV R5, A
    MOV A, R6
    RLC A
    MOV R6, A
    POP ACC
    DJNZ R7, shiftbitleft

shiftnumleftend:
    POP ACC
    RET

cleardisplay:
    MOV R5, #00H
    MOV A, R5
    MOV P2, A
    MOV R6, #00H
    MOV A, R6
    MOV P0, A
    CALL delay

    MOV R1, #03H
    JMP displaynumend

; 等待输入结束
lineclear:
    MOV P1, #0FFH
lineclearloop:
    MOV A, P1
    XRL A, #0FFH
    JNZ lineclearloop
    RET

delay:
```

```
        JB EWB.0,delayend    ;进入 EWB 模式
        PUSH ACC
        MOV A, R5
        PUSH ACC
        MOV A, R6
        PUSH ACC
        MOV R5, ♯50          ;设置软延时时长
        CLR A

outerdelay:
        MOV R6, A
        CALL innerdelay
        DJNZ R5, outerdelay

        POP ACC
        MOV R6, A
        POP ACC
        MOV R5, A
        POP ACC
delayend:
        RET
innerdelay:
        NOP
        NOP
        NOP
        NOP
        NOP
        DJNZ R6, innerdelay
        RET

;加法运算
; R3, R2 = X
; R1, R0 = Y
; R1, R0 = SUM S = X + Y
; 当结果溢出时置位进位标志
ADD16:
        PUSH ACC
        MOV A, R0
        ADD A, R2
        MOV R0, A
        MOV A, R1
        ADDC A, R3
        MOV R1, A

        MOV C, OV

        POP ACC
        RET

;减法运算
; R1, R0 = X
```

```
; R3, R2 = Y
; R1, R0 = signed difference D = X - Y
; 当结果溢出时置位进位标志
SUB16:
    PUSH ACC
    MOV A, R0
    CLR C
    SUBB A, R2
    MOV R0, A
    MOV A, R1
    SUBB A, R3
    MOV R1, A
    MOV C, OV
    POP ACC
    RET

; 乘法运算
; R1, R0 = X
; R3, R2 = Y
; R3, R2, R1, R0 = product P = X * Y
UMUL16:
    PUSH ACC

    PUSH B
    PUSH DPL
    MOV A, R0
    MOV B, R2
    MUL AB              ; 低位相乘
    PUSH ACC            ; 保存结果的低位
    PUSH B              ; 保存结果的高位
    MOV A, R0
    MOV B, R3
    MUL AB              ; 结果的低位与第二个数的高位相乘
    MOV R0, A
    POP ACC
    ADD A, R0
    MOV R0, A
    CLR A
    ADDC A, B
    MOV DPL, A
    MOV A, R2
    MOV B, R1
    MUL AB              ; 结果的高位与第二个数的低位相乘
    ADD A, R0
    MOV R0, A
    MOV A, DPL
    ADDC A, B
    MOV DPL, A
    CLR A
    ADDC A, #00H
    PUSH ACC            ; 保存中间进位
```

```
        MOV A, R3
        MOV B, R1
        MUL AB                  ; 高位相乘
        ADD A, DPL
        MOV R2, A
        POP ACC                 ; 回复中间进位
        ADDC A, B
        MOV R3, A
        MOV A, R0
        MOV R1, A
        POP ACC                 ; 回复结果的低位
        MOV R0, A

        POP DPL
        POP B

        POP ACC
        RET


; 除法运算
; R1, R0  = Dividend X
; R3, R2  = Divisor Y
; R1, R0  = quotient Q of division Q  =  X/Y
; R3, R2  = remainder
; 影响到的寄存器：acc, B, dpl, dph, r4, r5, r6, r7
UDIV16:
        PUSH ACC
        MOV A, R4
        PUSH ACC
        MOV A, R5
        PUSH ACC
        MOV A, R6
        PUSH ACC
        MOV A, R7
        PUSH ACC

        MOV R7, ♯0H          ; 清除中间余数
        MOV R6, ♯0H
        MOV B, ♯016          ; 设置循环次数

DIV_LOOP:
        CLR C                ; 清除进位标志
        MOV A, R0
        RLC A
        MOV R0, A
        MOV A, R1
        RLC A
        MOV R1, A
        MOV A, R6            ; 保留过渡余数的低位
        RLC A
        MOV R6, A
```

```
    MOV A, R7
    RLC A
    MOV R7, A
    MOV A, R6              ; 从过渡余数中减去除数
    CLR C
    SUBB A, R2
    MOV DPL, A
    MOV A, R7
    SUBB A, R3
    MOV DPH, A
    CPL C                 ; 补充借位
    JNC DIV_1             ; 更新过渡余数
    MOV R7, DPH
    MOV R6, DPL
DIV_1:
    MOV A, R4             ; 将结果转到过渡商数
    RLC A
    MOV R4, A
    MOV A, R5
    RLC A
    MOV R5, A
    DJNZ B, DIV_LOOP
    MOV A, R5            ; 将商数保存到 R0 和 R1 中
    MOV R1, A
    MOV A, R4
    MOV R0, A
    MOV A, R7            ; 在最后一次相减时保存余数
    MOV R3, A
    MOV A, R6
    MOV R2, A

    POP ACC
    MOV R7, A
    POP ACC
    MOV R6, A
    POP ACC
    MOV R5, A
    POP ACC
    MOV R4, A
    POP ACC
    RET

; 将十进制数字转为十六进制
; 输入和输出均为 R5,R6 中的值
DECtoHEX:
    PUSH ACC
    MOV A, R0
    PUSH ACC
    MOV A, R1
    PUSH ACC
    MOV A, R2
```

```
        PUSH ACC

        MOV A, R3
        PUSH ACC
        MOV A, R4
        PUSH ACC

        MOV A, R5
        ANL A, ＃0FH
        MOV R3, A
        MOV A, R5
        SWAP A
        ANL A, ＃0FH
        MOV B, ＃0AH
        MUL AB
        ADD A, R3
        MOV R3, A
        MOV A, B
        MOV R4, ＃0H
        ADDC A, R4
        MOV R4, A

        MOV A, R6
        ANL A, ＃0FH
        MOV B, ＃064H
        MUL AB
        MOV R0, A
        MOV R1, B
        MOV A, R3
        MOV R2, A

        MOV A, R4
        MOV R3, A

        CALL ADD16
        MOV A, R0
        MOV R3, A
        MOV A, R1
        MOV R4, A

        MOV A, R6
        SWAP A
        ANL A, ＃0FH
        MOV R0, A
        MOV R1, ＃00H
        MOV R2, ＃0E8H
        MOV A, R3          ;保存 R3 中的值
        PUSH ACC
        MOV R3, ＃03H
        CALL UMUL16        ;结果不应大于 270FH(十进制下的 9999)
```

```
    POP ACC                ; 恢复 R3 的值
    MOV R2, A
    MOV A, R4
    MOV R3, A
    CALL ADD16
    MOV A, R0
    MOV R5, A
    MOV A, R1
    MOV R6, A

    POP ACC
    MOV R4, A
    POP ACC
    MOV R3, A
    POP ACC
    MOV R2, A
    POP ACC
    MOV R1, A
    POP ACC
    MOV R0, A
    POP ACC
    RET

; 将十六进制数字转为十进制
; 输入和输出均为 R5,R6 中的值
HEXtoDEC:
    PUSH ACC
    MOV A, R0
    PUSH ACC
    MOV A, R1
    PUSH ACC
    MOV A, R2
    PUSH ACC

    MOV A, R3
    PUSH ACC
    MOV A, R4
    PUSH ACC

    MOV A, R5              ; 设置被除数
    MOV R0, A
    MOV A, R6
    MOV R1, A
    MOV R3, ♯0H           ; 设置除数
    MOV R2, ♯0AH
    CALL UDIV16
    MOV A, R2
    MOV R5, A
    MOV R6, ♯0H
    MOV R2, ♯0AH
    MOV R3, ♯0H
```

```
        CALL UDIV16
        MOV A, R5
        SWAP A
        ADD A, R2
        SWAP A
        MOV R5, A
        MOV R2, ♯0AH
        MOV R3, ♯0H
        CALL UDIV16
        MOV A, R2
        SWAP A
        ADD A, R0
        SWAP A
        MOV R6, A

        POP ACC
        MOV R4, A
        POP ACC
        MOV R3, A

        POP ACC
        MOV R2, A
        POP ACC
        MOV R1, A
        POP ACC
        MOV R0, A
        POP ACC
        RET

    END
```

各国晶体三极管型号命名方法

1. 中国半导体器件型号命名方法

半导体器件型号由五部分组成(场效应器件、半导体特殊器件、复合管、PIN 型管、激光器件的型号命名只有第三、四、五部分)。五个部分意义如下:

第一部分:用数字表示半导体器件有效电极数目,2—二极管,3—三极管。

第二部分:用汉语拼音字母表示半导体器件的材料和极性。表示二极管时:A—N 型锗材料,B—P 型锗材料,C—N 型硅材料,D—P 型硅材料。表示三极管时:A—PNP 型锗材料,B—NPN 型锗材料,C—PNP 型硅材料,D—NPN 型硅材料。

第三部分:用汉语拼音字母表示半导体器件的内型。P—普通管,V—微波管,W—稳压管,C—参量管,Z—整流管,L—整流堆,S—隧道管,N—阻尼管,U—光电器件,K—开关管,X—低频小功率管($F<3\mathrm{MHz}$,$P_c<1\mathrm{W}$),G—高频小功率管($f>3\mathrm{MHz}$,$P_c<1\mathrm{W}$),D—低频大功率管($f<3\mathrm{MHz}$,$P_c>1\mathrm{W}$),A—高频大功率管($f>3\mathrm{MHz}$,$P_c>1\mathrm{W}$),T—半导体晶闸管(可控整流器),Y—体效应器件,B—雪崩管,J—阶跃恢复管,CS—场效应管,BT—半导体特殊器件,FH—复合管,PIN—PIN 型管,JG—激光器件。

第四部分:用数字表示序号。

第五部分:用汉语拼音字母表示规格号。

例如:3DG18 表示 NPN 型硅材料高频三极管。

2. 日本半导体分立器件型号命名方法

日本生产的半导体分立器件,由 5～7 部分组成。通常只用到前五个部分,其各部分的符号意义如下:

第一部分:用数字表示器件有效电极数目或类型。0—光电(即光敏)二极管、三极管及上述器件的组合管,1—二极管,2—三极或具有两个 PN 结的其他器件,3—具有四个有效电极或具有三个 PN 结的其他器件,依此类推。

第二部分:日本电子工业协会 JEIA 注册标志。S 表示已在日本电子工业协会 JEIA 注册登记的半导体分立器件。

第三部分:用字母表示器件使用材料极性和类型。A—PNP 型高频管,B—PNP 型低频管,C—NPN 型高频管,D—NPN 型低频管,F—P 控制极可控硅,G—N 控制极可控硅,

H—N 基极单结晶体管,J—P 沟道场效应管,K—N 沟道场效应管,M—双向可控硅。

第四部分:用数字表示在日本电子工业协会 JEIA 登记的顺序号。两位以上的整数,从 11 开始,表示在日本电子工业协会 JEIA 登记的顺序号;不同公司的性能相同的器件可以使用同一顺序号;数字越大,越是近期产品。

第五部分:用字母表示同一型号的改进型产品标志。A、B、C、D、E、F 表示这一器件是原型号产品的改进产品。

3. 美国半导体分立器件型号命名方法

美国晶体管或其他半导体器件的命名法较混乱。美国电子工业协会半导体分立器件命名方法如下:

第一部分:用符号表示器件用途的类型。JAN—军级,JANTX—特军级,JANTXV—超特军级,JANS—宇航级,(无)—非军用品。

第二部分:用数字表示 PN 结数目。1—二极管,2—三极管,3—三个 PN 结器件,n—n 个 PN 结器件。

第三部分:美国电子工业协会(EIA)注册标志。N—该器件已在美国电子工业协会(EIA)注册登记。

第四部分:美国电子工业协会登记顺序号。多位数字—该器件在美国电子工业协会登记的顺序号。

第五部分:用字母表示器件分档。A、B、C、D—同一型号器件的不同档别。例如,JAN2N3251A 表示 PNP 硅高频小功率开关三极管,JAN—军级,2—三极管,N—EIA 注册标志,3251—EIA 登记顺序号,A—2N3251A 档。

4. 国际电子联合会半导体器件型号命名方法

德国、法国、意大利、荷兰、比利时等欧洲国家以及匈牙利、罗马尼亚、波兰等东欧国家,大都采用国际电子联合会半导体分立器件型号命名方法。这种命名方法由四个基本部分组成,各部分的符号及意义如下:

第一部分:用字母表示器件使用的材料。A—器件使用材料的禁带宽度 $E_g = 0.6 \sim 1.0\text{eV}$,如锗;B—器件使用材料的 $E_g = 1.0 \sim 1.3\text{eV}$,如硅;C—器件使用材料的 $E_g > 1.3\text{eV}$,如砷化镓;D—器件使用材料的 $E_g < 0.6\text{eV}$,如锑化铟;E—器件使用复合材料及光电池使用的材料。

第二部分:用字母表示器件的类型及主要特征。A—检波开关混频二极管,B—变容二极管,C—低频小功率三极管,D—低频大功率三极管,E—隧道二极管,F—高频小功率三极管,G—复合器件及其他器件,H—磁敏二极管,K—开放磁路中的霍尔元件,L—高频大功率三极管,M—封闭磁路中的霍尔元件,P—光敏器件,Q—发光器件,R—小功率晶闸管,S—小功率开关管,T—大功率晶闸管,U—大功率开关管,X—倍增二极管,Y—整流二极管,Z—稳压二极管。

第三部分:用数字或字母加数字表示登记号。三位数字—代表通用半导体器件的登记序号,一个字母加二位数字—表示专用半导体器件的登记序号。

第四部分:用字母对同一类型号器件进行分档。A、B、C、D、E 表示同一型号的器件按某一参数进行分档的标志。

除四个基本部分外,有时还加后缀,以区别特性或进一步分类。常见后缀如下:

(1) 稳压二极管型号的后缀。其后缀的第一部分是一个字母,表示稳定电压值的容许误差范围,字母 A、B、C、D、E 分别表示容许误差为±1%、±2%、±5%、±10%、±15%;其后缀第二部分是数字,表示标称稳定电压的整数数值;后缀的第三部分是字母 V,代表小数点,字母 V 之后的数字为稳压管标称稳定电压的小数值。

(2) 整流二极管后缀是数字,表示器件的最大反向峰值耐压值,单位是伏特(V)。

(3) 晶闸管型号的后缀也是数字,通常标出最大反向峰值耐压值和最大反向关断电压中数值较小的那个电压值。

例如,BDX51—表示 NPN 硅低频大功率三极管,AF239S—表示 PNP 锗高频小功率三极管。